普通高等教育"十一五"国家级规划教材

普通高等院校计算机基础教育规划教材·精品系列

C语言程序设计实验教程

（第二版）

罗　坚　李雪斌　主　编

徐文胜　傅清平　副主编

U0310747

中国铁道出版社

CHINA RAILWAY PUBLISHING HOUSE

内 容 简 介

本书是《C语言程序设计（第四版）》（罗坚和徐文胜主编、傅清平和李雪斌副主编，中国铁道出版社出版）的配套实验指导用书，包括配套主教材中的全部习题解答、上机实验指导、模拟试题3部分。

本书讲解透彻、深入浅出，题型多样、题量丰富，既重视理论知识的讲授，更强调实践能力的提高，为读者学习C语言提供了更多的帮助。全书自成体系，可以单独使用。

本书适合作为高等院校C语言程序设计课程的教学参考书，也可作为全国计算机等级考试（二级）辅导用书及培训教材。

图书在版编目（CIP）数据

C语言程序设计实验教程/罗坚，李雪斌主编. —2版.
—北京：中国铁道出版社，2016.2（2017.1重印）
普通高等院校计算机基础教育规划教材. 精品系列
ISBN 978-7-113-21366-4

Ⅰ. ①C… Ⅱ. ①罗… ②李… Ⅲ. ①C语言－程序设
计－高等学校－教材 Ⅳ. ①TP312

中国版本图书馆CIP数据核字（2016）第035307号

书　　名：C语言程序设计实验教程（第二版）
作　　者：罗　坚　李雪斌　主编

策　　划：刘丽丽　　　　　　　　　　读者热线：（010）63550836
责任编辑：周　欣　曹莉群　冯彩茹
封面设计：一克米工作室
责任校对：汤淑梅
责任印制：郭向伟

出版发行：中国铁道出版社（100054，北京市西城区右安门西街8号）
网　　址：http:// www.51eds.com
印　　刷：三河市兴达印务有限公司
版　　次：2009年2月第1版　2016年2月第2版　2017年1月第2次印刷
开　　本：787 mm×1 092 mm　1/16　印张：17　字数：410千
印　　数：3 001～6 500册
书　　号：ISBN 978-7-113-21366-4
定　　价：36.00元

版权所有　侵权必究

凡购买铁道版图书，如有印制质量问题，请与本社教材图书营销部联系调换。电话：（010）63550836

打击盗版举报电话：（010）51873659

前言（第二版）

C 语言是一种非常出色的程序设计语言，被广泛应用于计算机应用程序开发领域和计算机课程的专业教学。国内外许多高校都将 C 语言程序设计列为理工科专业大学生学习编程的首选语言，同时 C 语言也成为全国计算机等级考试二级考试的主考语种之一。

本书是《C 语言程序设计（第四版）》（罗坚和徐文胜主编、傅清平和李雪斌副主编，中国铁道出版社出版）的配套实验指导书，主要采用 Visual C++ 6.0 作为开发平台，提供的例题和习题解答的源程序均在 Visual C++ 6.0 下调试通过。

以本套书作为主讲教材、由王昌晶博士和罗坚共同主持，本书其他作者作为主要成员参与的"C 语言程序设计"课程研究，被评为"2015 年度江西省高等学校（本科）省级精品资源共享课"和江西师范大学优质精品共享课，相关的课程网站（http://ntp.jxnu.edu.cn/G2S/site/preview#/home/v?currentoc=926）正在积极完善中，内含最新教学通知、师资队伍、课程介绍、教学资源、教学视频、科研课题、教学成果和文献资源等版块。

本书作者长期从事高校 C 语言课程的教学，亲身感受到学生在学习过程中遇到的各种困难，了解到学生迫切需要一本学习 C 语言编程的辅导用书及参加计算机等级考试的备考复习资料，本书涵盖了《全国计算机等级考试二级 C 语言程序设计考试大纲》的有关内容，因此希望本书的出版能为读者提供方便。

C 语言程序设计是一门实践性很强的基础课程，初学者不妨借鉴"阅读→模仿→改写→设计"的模式来学习 C 编程，理论联系实际，通过大量的上机编程训练，逐步把握 C 语言编程的特点，总结经验，进而提高该语言的应用能力。

本书共 12 章，除了为配套主教材《C 语言程序设计（第四版）》提供全部的习题解答外，还精心设计了与教学同步的实验题，提供了 5 套模拟试题供读者进行自测。

本书归纳了配套主教材中每章的知识重点，分析了问题的重点和难点，给出了主教材中全部习题的详细解答，并充实了一些新题，鼓励学生多读多练，帮助学生深入理解教材内容，巩固所学基本概念，检验学习成果，为培养良好的程序设计习惯打下基础。

在上机实验指导部分，强调了实践性环节的重要性，根据教学进度精心安排了同步的上机实验，并通过实验题选讲的形式详细介绍程序的调试方法和技巧，激发学生自主学习的热情。

在本书所提供的 5 套模拟测试题中，题型均为全国计算机等级考试的常考题型。在这些测试题的后面附加了详细的求解过程，提供了参考答案，以帮助读者尽快掌握这些题目的解题方法与技巧，为参加各类 C 语言考试做好充分准备。

根据实验教学工作的经验，本书第二版随配套教材第四版的修订而变化。在原书第一版的基础上，新版教材删除了 Turbo C 上机指导内容，新增了在 Code::Blocks（简称 CB）环境下程序的上机调试方法；修正了上一版教材中的错误，调整了各章课后的习题，并对第 10 章实验题选讲和第 11 章上机实验安排这两章的内容进行了较大幅度的改写，删减了部分实用性弱的题目，补充了一些技巧性强的练习，确保所有源程序均能在 Visual C++ 6.0 环境下运行通过。

本书由罗坚、李雪斌任主编，徐文胜、傅清平任副主编。各章编写分工如下：第 1 章、第 3 章、第 9 章和附录 A 由傅清平编写，第 2 章和第 4 章由李雪斌编写，第 5 章和第 6 章由徐文胜编写，第 7 章、第 8 章和附录 B 由罗坚编写，第 10 章至第 12 章由傅清平、李雪斌、徐文胜和罗坚共同编写。全书最后由罗坚审核、修改及定稿。

在本套书的编写过程中，江西师范大学计算机信息工程学院的老师给予了很大的支持，对本书提出了宝贵的意见，在此表示感谢！中国铁道出版社的领导及编辑为本书的校审出版提供了无私的帮助，一并表示感谢！此外，在编写过程中还参考了大量文献资料，在此谨向这些文献资料的作者表示感谢。

由于时间仓促，编者水平有限，书中难免存在疏漏和不足之处，恳请各位专家、读者不吝批评指正。

编　者

2015 年 12 月于江西师范大学

目　录

C 语言程序设计入门 ‹‹‹ ▶ 第 1 章

📚 1.1 本章要点

1. 一个最小的 C 程序。

每一个 C 程序都有一个且只能有一个 main()函数，通常称为主函数，函数中的语句用一对花括号{ }括起来，C 程序的运行都是从 main()函数开始的。

2. 如何显示文字。

主函数 main()通常要调用其他函数来协助完成某项任务，被调用的函数可以是库函数（也称为标准函数），也可以是用户自定义函数。函数 printf()属于库函数，它既可以用来显示文字信息，也可以计算并显示一个表达式的结果。

3. 如何做一些计算。

表达式是由常量、变量或其他操作数与运算符共同组成的一个式子，程序中的计算一般是通过表达式来实现的。在实际编程时，应该掌握如何把数学式子转换成 C 语言中合法表达式的方法，否则结果将不正确。

4. 如何做重复的计算。

语句的执行过程除了按顺序逐条执行外，还可以根据条件选择执行和根据条件重复执行。例如 for 循环重复计算。

5. 自己写一个函数。

为完成用户特定的功能，可以使用自定义函数。其优点是在其他地方使用时不必重新写代码，只需要知道如何使用即可。

6. 关键字、标识符。

在 C 语言中规定了 32 个符号，它们具有特定含义，必须用小写字母，不能用作他用，被称为关键字。为了区别各个变量、各个函数、各种类型，都必须为它们取不同的名字，这些名字称为标识符。C 语言规定，标识符以字母或下画线开头，后跟若干个字母、下画线或数字，大小写字母组成的标识符是不同的，标识符的长度没有限制。C 语言还规定了其他一些符号，例如运算符（+、-、*、/、…）、分隔符（/*、*/、;、[、]、…）等。

7. 上机调试步骤。

从书面上的 C 语言源程序代码，到能在计算机操作系统平台上运行的可执行程序文件，这之间需要经历 4 个上机环节：编辑（Edit）、编译（Compile）、连接（Link）、运行（Run）。

8. Visual C++ 6.0 的简单使用。

Visual C++ 6.0 集成开发环境（IDE）的界面是一个 Windows 应用程序的窗口，主要由标题栏、菜单栏、工具栏、项目工作台窗口、正文窗口、输出窗口和状态栏组成。其中正文窗口编辑显示 C 程序的源文件，项目工作台窗口的"文件显示"（FileView）选项卡显示项目中的各个文件，输出窗口显示程序调试操作结果。

9. 编辑、编译和连接操作。

Visual C++ 6.0 源程序编辑器的操作类似于 Word 的操作，可以使用"Edit"菜单、工具和热键。在正确编辑 C 源程序以后，接下来就可以进行编译、连接、调试，生成可运行文件。在编译和连接阶段出现的错误有致命错误（Error）、警告错（Warnings）。出现警告错误时仍然可以继续进行下一步的操作，但最好进行纠正。

1.2 主教材习题解答

编程题

1. 编写一个程序，要求在命令提示符窗口中显示以下内容：

```
*******************************
    This is my first C!
*******************************
```

【答案】

```c
#include<stdio.h>
void main()
{
  printf("*******************************\n");
  printf("    This is my first C! \n");
  printf("*******************************\n");
}
```

2. 从键盘上输入矩形的长和宽，要求编程计算这个矩形的面积。

【答案】

```c
#include<stdio.h>
void main()
{
  float length,width,area;
  printf("Input length,width: ");
  scanf("%f,%f",&length,&width);
  area=length*width;
  printf("Area=%f\n",area);
}
```

3. 已知 1 英里相当于 1.609 千米，假设地球与月球之间的距离大约是 238 857 英里，请编写 C 程序，在屏幕上显示出地球与月球之间大约是多少千米？

【答案】

```c
#include<stdio.h>
void main()
{
    float d;
    d=238857.0f*1.609f;
    printf("%f\n",d);
}
```

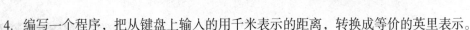

4. 编写一个程序，把从键盘上输入的用千米表示的距离，转换成等价的英里表示。

【答案】

```c
#include<stdio.h>
void main()
{
    float x,y;
    printf("Please input x (km): ");
    scanf("%f",&x);
    y=x/1.609f;
    printf("%fkm=%fmiles\n",x,y);
}
```

5. 已知华氏温度与摄氏温度之间的转换关系如下：

$$C=(5/9)\times(F-32)$$

编写一个程序，在屏幕上分别显示华氏温度 0℉，10℉，20℉，…，100℉ 与摄氏温度的对照表。请分别利用整数和浮点数表示两种温度，阐述在程序中使用这两种数据的区别。

使用整数表示温度的程序：

```c
#include<stdio.h>
void main()
{
    int f,c;
    printf("\t        c        f        \n");
    for(f=0;f<=100;f+=10)
    {
      c=(5/9)*(f-32);
      printf("\t%10d=%10d\n",c,f);
    }
}
```

运行结果如图 1-1 所示。

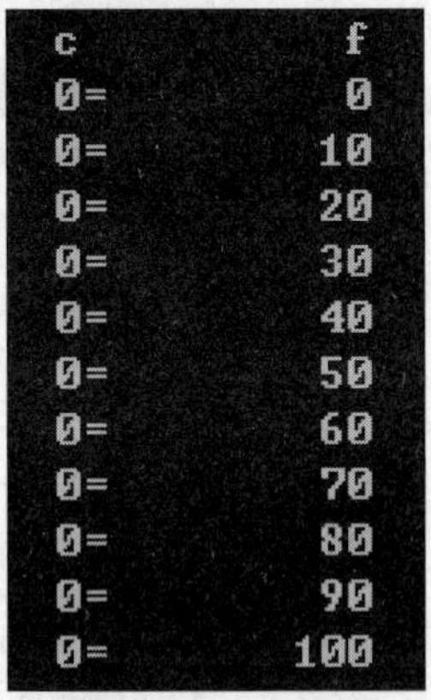

c	f
0=	0
0=	10
0=	20
0=	30
0=	40
0=	50
0=	60
0=	70
0=	80
0=	90
0=	100

图 1-1　运行结果

改写程序：

```c
#include<stdio.h>
void main()
{
    int f,c;
    printf("\t        c        f        \n");
    for(f=0;f<=100;f+=10)
    {
      c=5*(f-32)/9;
      printf("\t%10d=%10d\n",c,f);
    }
}
```

运行结果如图 1-2 所示。

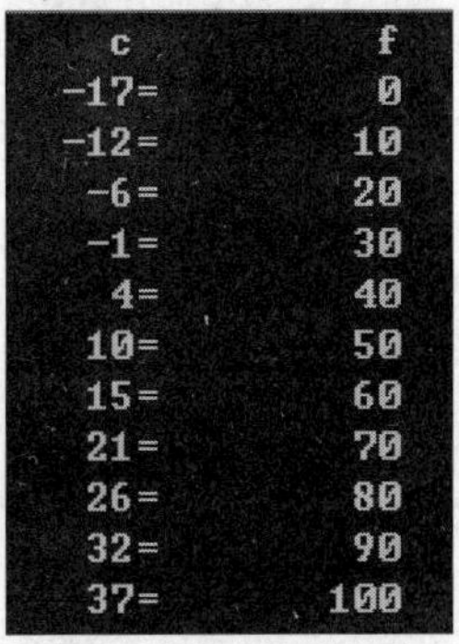

c	f
-17=	0
-12=	10
-6=	20
-1=	30
4=	40
10=	50
15=	60
21=	70
26=	80
32=	90
37=	100

图 1-2　使用整型数据
表示温度

使用浮点数据表示温度的程序：

```c
#include<stdio.h>
void main()
{
    int f;
```

```
    float c;
    printf("\t            c          f           \n");
    for(f=0;f<=100;f+=10)
    {
      c=(5.0/9.0)*(f-32);
      printf("\t%10.1f=%10d\n",c,f);
    }
  }
```

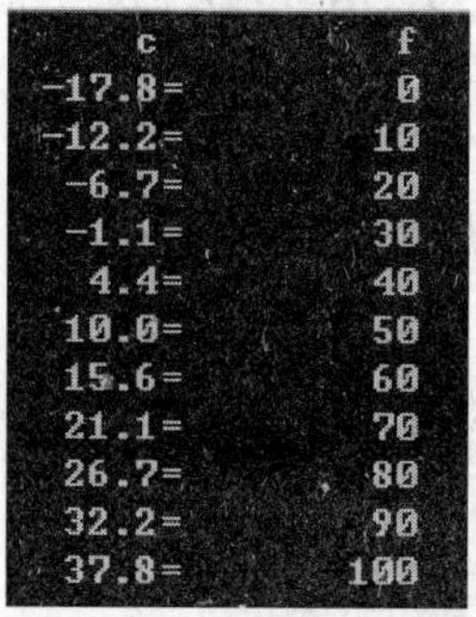

运行结果如图1-3所示。

第一个程序由于(5/9)的结果为0，所以c为0；第二个程序因为使用整型数据表示温度，所以不精确；第三个程序使用浮点数据表示温度，计算结果是精确的。

图1-3 使用浮点数据表示温度

6. 国际田联标准的田径场整体呈环形，中间部分为矩形，两端为同半径的半圆形。整个场地由8个环形跑道组成，最里面的跑道称为第一道次，由里往外数，最外面的跑道称为第八道次。已知中间矩形直道的长度为85.96 m，宽度为72.6 m，实际上这个宽度也就是第一道所对应的半圆的直径，而相邻两个跑道的间隔为1.25 m。假设两个人进行比赛，张三跑最里面的第一道次，李四跑最外面的第八道次，两人从同一根起跑线（比方说从100 m终点的位置）开始跑，问这样跑一圈下来，张三和李四分别跑了多少米？李四比张三多跑了多少米？

【答案】

```
#include<stdio.h>
void main()
{
    double diameter3,diameter4,pi=3.1415926;
    double perimeter3,perimeter4,distance;
    diameter3=72.6;                          /*第1道的直径*/
    diameter4=72.6+2*(8-1)*1.25;             /*第8道的直径*/
    perimeter3=pi*diameter3+2*85.96;         /*张三跑一圈的距离*/
    perimeter4=pi*diameter4+2*85.96;         /*李四跑一圈的距离*/
    distance=perimeter4-perimeter3;          /*两人一圈的距离差*/
    printf("一圈下来张三跑了%f 米\n",perimeter3);
    printf("一圈下来李四跑了%f 米\n",perimeter4);
    printf("李四比张三多跑了%f 米\n",distance);
}
```

运行结果如下：

一圈下来张三跑了 399.999623 米
一圈下来李四跑了 454.977493 米
李四比张三多跑了 54.977870 米

1.3 典型例题选讲

设计一个打印下列图形的程序，并上机调试：

```
@@@@@@@@@@@@@@@@@@@@@@@@@@
@@@@@@@@@@@@@@@@@@@@@@@@@@
       How do you do
@@@@@@@@@@@@@@@@@@@@@@@@@@
@@@@@@@@@@@@@@@@@@@@@@@@@@
```

【分析】将图形划分成3块，两行@，一行文字"How do you do"，两行@。本题中利用自定义函数output()打印两行@。

【答案】

```
#include<stdio.h>
void output();              /*自定义函数的声明*/
void main()
{
  output();                 /*调用函数*/
  printf("\t   How do you do \n");
  output();                 /*调用函数*/
}
void output()               /*定义函数*/
{
  printf("\t@@@@@@@@@@@@@@@@@@@@@@\n");
  printf("\t@@@@@@@@@@@@@@@@@@@@@@\n");
}
```

① 使用 Visual C++ 6.0 建立、编辑源程序，如图1-4 所示。

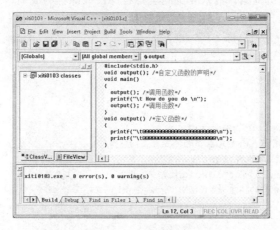

图1-4　编辑源程序

② 单击编译工具栏中的 按钮，弹出询问是否建立项目空间的对话框，单击"是"按钮，如图1-5 所示。

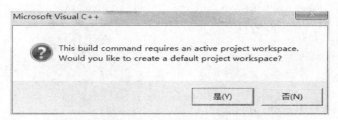

图1-5　询问是否建立项目空间的对话框

③ 弹出如图 1-6 所示的是否保存对话框，单击"是"按钮。若编译没有报错，再单击编译工具栏中的 按钮进行连接。

④ 若连接成功，再单击编译工具栏中的 ! 按钮运行，其结果如图1-7 所示。

C语言程序设计实验教程 第二版

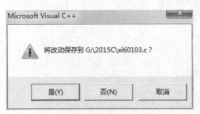

图1-6　是否保存的对话框

图1-7　运行结果

 1.4　练习及参考答案

编程题

1. 已知1 kg等于2.20462 lb（磅）。输入你的体重，把用千克表示的体重转成磅数来表示。
2. 输入两个实数，计算它们的差并上机调试。
3. 编写程序并上机调试，输入4位同学C程序设计课程的成绩，求他们的平均分。

参考答案

1.
```c
#include<stdio.h>
void main()
{
    float kgweight,pweight;
    printf("请输入用千克表示的体重: ");
    scanf("%f",&kgweight);
    pweight=2.20462f*kgweight;
    printf("等价的体重是%f磅\n",pweight);
}
```

2.
```c
#include<stdio.h>
void main()
{
    float x,y,z;
    printf("请输入两个实数: ");
    scanf("%f%f",&x,&y);
    z=x-y;
    printf("它们的差是%f\n",z);
}
```

3.
```c
#include<stdio.h>
void main()
{
    int s1,s2,s3,s4;
    printf("请输入四个成绩:\n");
    scanf("%d,%d,%d,%d",&s1,&s2,&s3,&s4);
    printf("平均分是%f\n",(s1+s2+s3+s4)/4.0f);
}
```

数据类型、运算符和表达式 «««

第 2 章

2.1 本章要点

1. 数据在计算机内存中的表示。

无论处理什么数据，计算机都要先将其调入内存进行保存。不同类型的数据在内存中存放的格式不同：整数按补码形式，实数按浮点数形式，字符按 ASCII 码形式。

2. 整型数据类型。

整型常量分为基本型、长整型、无符号型；整型变量分为有符号基本整型、无符号基本整型、有符号短整型、无符号短整型、有符号长整型、无符号长整型。

3. 实型数据类型。

实型常量有两种表示方法：十进制小数形式、指数形式。实型常量分为单精度实数、双精度实数；实型变量分为 float 型（单精度实型）、double 型（双精度实型）、long double（长双精度实型）。

4. 字符数据类型。

字符常量、字符串常量、字符型变量。

5. 算术运算符与算术表达式。

基本算术运算符包括+、−、*、/、%，两个类型相同的操作数进行运算，其结果类型与操作数类型相同。求余运算要求运算符%两边的操作数必须为整数，余数的符号与被除数符号相同。用算术运算符和括号将运算对象连接起来的式子称为算术表达式，运算对象包括常量、变量、函数等。C 语言规定了算术运算符的优先级。在将复杂的数学算式写成 C 语言表达式时，常常要使用到一些标准数学函数。

6. 赋值运算符和赋值表达式。

赋值运算符的作用是将一个表达式的值赋给一个变量，由赋值运算符组成的表达式称为赋值表达式，赋值表达式的值就是被赋值的变量的值，在赋值表达式中赋值符号的左边只能是变量。

7. 强制类型转换运算符。

可以利用强制类型转换运算符将一个表达式转换成所需要的类型。

8. 自加（或称加 1）运算符与自减（或称减 1）运算符。

用于使其运算分量加 1、减 1，常常用于 for 循环语句和指针变量。

9. 逗号运算符和逗号表达式。

逗号运算符和逗号表达式是用逗号将表达式连接起来的式子。在实际使用中，使用逗号表达式只是希望分别得到各个表达式的值，而不是刻意要得到整个逗号表达式的值。

10. 位运算。

位运算是对一个数的二进制位的运算。C 语言提供了 6 个用于位操作的运算符，这些运算符只能作用于整型数据或字符型数据。

11. 有格式的输入函数。

scanf() 函数是有格式的输入函数，可以按照格式字符串指定的格式读入数据，并把它们存入参数地址表指定的地址单元。格式控制字符串包括两种成分：格式转换符和分隔符。

12. 有格式的输出函数。

printf() 函数是有格式的输出函数，能够对任意类型的内部数值、按照指定格式的字符形式显示。格式控制字符串包括两种成分：按照原样输出的普通字符和用于控制 printf() 中形参转换的转换规格说明，转换规格说明由一个 "%" 开头，由一个格式字符结尾。

2.2 主教材习题解答

一、选择题

1. 下面选项中，均是合法标识符的选项是（　　　）。

A. _a　　　void　　　zhangsan　　　　　B. _12　　　5.2　　　include

C. _888　　　fun　　　_INT　　　　　　　D. –12　　　const　　　2*a

【分析】在 C 语言中有 32 个关键字，每个都具有特定作用，必须用小写字母，不能被作为他用。程序中各个变量、函数和符号常量的命名称为标识符，标识符的命名不能用这些关键字。标识符必须以字母或下画线开头，后跟若干个字母、下画线或数字，大小写字母组成的标识符是不同的，标识符的长度没有限制。因此，A、B、D 中都有关键字，只有 C 中的所有选项都符合标识符的定义。

【答案】C

2. 下列算术运算符中，只能用于整型数据的是（　　　）。

A. -　　　　　　B. +　　　　　　C. /　　　　　　D. %

【分析】C 语言中基本算术运算符包括：+（加法运算符，或正值运算符）、–（减法运算符，或负值运算符）、*（乘法运算符）、/（除法运算符）和%（求余运算符或模运算符）。

其中求余运算要求运算符 "%" 两边的操作数必须为整数，余数的符号与被除数符号相同。其他运算则是：两个类型相同的操作数进行运算，其结果类型与操作数类型相同。不同类型的数据要先按转换的规则转换成同一类型，然后进行运算。

【答案】D

3. 以下错误的变量定义语句是（　　　）。

A. float _float;　　　B. int int8;　　　C. char Char;　　　D. int 8int;

【分析】C 语言中为了区别各个变量、函数和符号常量，必须为它们取不同的名字。这些名字称为标识符。标识符以字母或下画线开头，后跟若干个字母、下画线或数字，大小写字母组成的标识符是不同的。所以变量名不能以数字开头。

【答案】D

4. 设有如下的变量定义：

```
int i=8,k,a,b;
unsigned long w=5;
double x=1,y=5.2;
```

则以下符合 C 语言语法的表达式是（　　　　）。

A. a+=a-=(b=4)*(a=3)　　　　　　　　B. x%(-3)

C. a=a*3=2　　　　　　　　　　　　　D. y=int(i)

【分析】对于选项 B：求余运算要求运算符"%"两边的操作数必须为整数，而 x 是实型数。对于选项 C：在赋值表达式中赋值号的左边只能是变量，而选项 C 中出现了 a*3=2。对于选项 D：int 是一个关键字，不能够作为他用，如果作为强制类型转换，应写成 y=(int)(i)；。选项 A：赋值表达式中的表达式又可以是一个赋值表达式，赋值运算符按照"自右而左"的结合顺序，因此 a+=a-=(b=4)*(a=3)的求解步骤如下：①依题意有 a=3，b=4；②计算 a-=(b=4)*(a=3)，a 的值为 3-12 = -9；③计算 a+=a，相当于 a = a+a，最后 a 的值为-18。

【答案】 A

5. 假定有以下变量定义：

```
int k=7,x=12;
```

在下面的多个表达式中，值为 3 的是（　　　　）。

A. x%=(k%=5)　　　　　　　　　　　B. x%=(x-k%5)

C. x%=k+k%5　　　　　　　　　　　　D. (x%=k)+(k%=5)

【分析】选项 A 的求解步骤如下：①计算（k%=5）即 k=k%5=2；②计算 x%=2，最后结果 x=0，由于此时赋值表达式的值就是变量 x 的值，故该表达式的值为 0。选项 B 的求解相当于 x=x%(x-k%5)，最后 x 的值为 2，表达式的值亦为 2。选项 C 的求解相当于 x=x%(k+k%5)，结果 x 的值为 3，表达式的值亦为 3。选项 D 的求解步骤如下：①计算(x%=k)，x 的值为 5，该项值亦为 5；②计算(k%=5)，该项的值为 2；③计算 5＋2，所以表达式的值为 7。

【答案】C

6. 以下叙述中正确的是（　　　　）。

A. 输入项可以是一个实型常量，如 scanf("%f",3.5);

B. 只有格式控制，没有输入项，也能正确输入数据到内存，如 scanf("a=%d ,b=%d");

C. 当输入一个实型数据时，格式控制部分可以规定小数点后的位数，如 scanf ("%4.2f", &d);

D. 当输入数据时，必须指明变量地址，如 float f; scanf("%f",&f);

【分析】scanf()函数是有格式的输入函数，可以按照格式字符串指定的格式读入数据，并把它们存入参数地址表指定的地址单元。scanf()函数的参数只能是格式控制字符串和参数地址表，所以 A、B 错误；格式控制字符串包括格式转换符和分隔符，格式转换符不能规定精度.n，所以 C 也是错误的。

【答案】D

7. 以下程序的输出结果是（　　　　）。

```
#include<stdio.h>
```

```
void main()
{ int a=12,b=12;
  printf("%d%d\n",--a,++b);
}
```

  A. 10 11   B. 11 13   C. 11 10   D. 11 12

  【分析】由程序可知,整型变量 a 中已存放了 12,整型变量 b 中也存放了 12,printf()函数要输出两个表达式—a、++b 的值,先取出 a 和 b,做自减和自加以后再输出。如果是 printf("%d%d\n",a--,b++);,则要输出以后再进行自减和自加,修改后的结果为 12 12。

  【答案】B

  8. 若已定义 x 和 y 为 double 类型,则表达式 x=1、y=x+3/2 的值是( )。

  A. 1.0   B. 1.5   C. 2.0   D. 2.5

  【分析】根据 C 语言算术运算类型处理的规则,两个类型相同的操作数进行运算,其结果类型与操作数类型相同。所以 3/2 的结果值为整型数 1,又因为 x 是 double 型,所以根据不同类型的数据要先转换成同一类型,然后进行运算。转换的规则为:

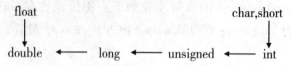

  【答案】C

  9. 若有定义 int a=2,i=3;,则合法的语句是( )。

  A. a==1   B. ++i;   C. a=a++=5;   D. a=int(i*3.2);

  【分析】①选项 A 不是一条语句,因为其后没有分号。②C 语言中,凡是二元(二目)运算符,均可以与赋值符一起组成复合赋值符,选项 C 中的 a++=5 是非法的。③int 是一个关键字,不能作为他用,如果作为强制类型转换,应写成 y=(int)(i*3.2);。

  【答案】B

  10. 若有以下程序段:

```
int c1=2,c2=3,c3;
c3=1.0/c2*c1;
```

  则执行后,c3 中的值是( )。

  A. 0   B. 3   C. 1   D. 2

  【分析】在赋值语句 c3=1.0/c2*c1;中,运算符"/"和"*"的优先级相同,而两者的运算顺序为自左至右,因此是先"/"后"*"。计算 1.0/c2 后的结果是 0.333333,乘以 c1 得到的结果为 0.666667;由于是给 int 型的变量 c3 赋值,而 C 语言中实数对整型变量的赋值采用的是"截尾取整"的原则(即只保留整数部分,小数部分一律删除),因此 c3 的值就是 0。

  【答案】A

  11. 有如下程序:

```
#include<stdio.h>
void main()
{ int x=6,y=3,z=2;
    printf("%d+%d+%d=%d\n",x,y,z,x+y+z);
}
```

  运行该程序的输出结果是( )。

A. x+y+z=11   B. x+y+z=x+y+z   C. 6+3+2=x+y+z   D. 6+3+2=11

【分析】printf()函数的一般格式为 printf(格式控制字符串,输出值参数表列);printf()函数的格式控制字符串包括两种成分:按照原样输出的普通字符和用于控制 printf()函数中形参转换的转换规格说明。输出值参数表列是一些要输出的数,可以是表达式。

【答案】D

12. 在 C 语言中,合法的字符常量是( )。

    A. '\084'   B. '\x48'   C. 'ab'   D. "\0"

【分析】字符常量是一个整数,写成用单引号括住单个字符的形式,所以 C 和 D 显然不合法;A 和 B 要考虑转义字符的用法,但是 A 表示的八进制数不可出现8。

【答案】B

13. 若有以下定义和语句:

```
int u=070,v=0x10,w=10;
printf("%d,%d,%d\n",u,v,w);
```

则输出结果是( )。

    A. 8,16,10   B. 56,16,10   C. 8,8,10   D. 8,10,10

【分析】整型常量可以用下面 3 种形式表示:十进制整数,如 2001,w 是十进制整数;八进制整数,在八进制整数的前面加一个 0。如 02001 表示$(2001)_8$,u 是八进制整数;十六进制整数,在十六进制整数的前面加一个 0x,如 0x2001 表示$(2001)_{16}$,v 是十六进制整数。

【答案】B

14. 若有以下定义和语句:

```
char c1='a',c2='f';
printf("%d,%c\n",c2-c1,c2-'a'+'B');
```

则输出结果是( )。

    A. 2,M   B. 5,G   C. 2,E   D. 5,E

【分析】字符常量的值就是该字符的 ASCII 码值,'a' 的 ASCII 码值是 97,'f'的 ASCII 码值是 102,所以 c2-c1 是 5,'B'的 ASCII 码值是 66,66+5=71 就是'G'的 ASCII 码值。

【答案】B

15. 若有定义:int x,y;char a,b,c;,并有以下输入数据(此处✓代表换行符,□代表空格):

    1□2✓
    A□B□C✓

则能给 x 赋1,给 y 赋2,给 a 赋'A',给 b 赋'B',给 c 赋'C'的正确程序段是( )。

    A. scanf("x=%d y=%d",&x,&y);a=getchar();b=getchar();c=getchar();

    B. scanf("%d %d",&x,&y);a=getchar();b=getchar();c=getchar();

    C. scanf("%d%d%c%c%c",&x,&y,&a,&b,&c);

    D. scanf("%d%d%c%c%c%c%c",&x,&y,&a,&a,&b,&b,&c,&c);

【分析】

① 对于选项 A 而言,由于 scanf()的格式控制字符串是"x=%d y=%d"而不是"%d %d",因此在上机运行时正确的输入格式应该是 x=? y=?(注:这里的?代表某个整数),该输入格式与题目指定的输入格式不符,故选项 A 错误。

② 选项 B 中的函数getchar()用来从键盘上读入一个字符,按指定的输入格式输入数据时,

读取的字符因受换行符的影响而不正确，故选项 B 错误。选项 B 的正确输入是 1 2ABC。

③ 选项 C 中 5 个变量同在一个 scanf() 中完成输入，按指定的格式输入数据时，读取的字符同样会受换行符的影响，故选项 C 错误。选项 C 的正确输入是 1 2ABC 或 1✓2ABC。

④ 选项 D 中的双 a、双 b、双 c 的输入格式能准确接收数据，刚好对应着输入的 AuBuC，其中在读入双 a（双 b、双 c 也一样）时，读入的第一个值是虚读，目的是为了保证读到第二个值，故选项 D 正确。

【答案】D

16. 下列不正确的转义字符是（　　　）。

A. '\\'　　　　　　　　　B. '\"'　　　　　　　　C. '074'　　　　　　　　D. '\0'

【分析】转义字符是以 "\" 开头的字符序列。

【答案】C

17. 若有定义: int x=3, y=2; float a=2.5, b=3.5; 则表达式(x+y)%2+(int)a/(int)b 的值是(　　　)。

A. 0　　　　　　　B. 2　　　　　　　C. 1.5　　　　　　　D. 1

【分析】x、y 是整型，% 是求余运算符，所以(x+y)%2 的值为 1；(int) 是强制整型转换运算符，将实型 a、b 均强制转换为整型后，(int)a/(int)b 等价于 2/3，由于 2、3 都是整型，所以(int)a/(int)b 的值为 0，其最终结果是 1。

【答案】D

18. 当 c 的值不为 0 时，在下列选项中能正确地把 c 的值同时赋给变量 a 和变量 b 的是（　　　）。

A. c=b=a;　　　　　B. (a=c) || (b=c);　　　　　C. (a=c)&&(b=c);　　　　　D. a=c=b;

【分析】赋值语句的格式是: 变量=表达式，因此选项 A 和选项 D 明显不符合要求。依题意 c 的值不为 0，则选项 B 中表达式(a=c)的值为真，逻辑或只要有一个真，其结果就为真，所以不再对(b=c)求值，此处变量 b 仍为原来的值而不是变量 c 的值。

【答案】C

19. 下列变量定义中合法的是（　　　）。

A. short _a=1-.Le-1;　　　　　　　　B. double b=1+5e2.5;

C. long ao=0xfdaL;　　　　　　　　D. float 2_and=1-e-3;

【分析】①C 语言规定，标识符以字母或下画线开头，后跟若干个字母、下画线或数字，所以选项 D 是不合法的。②指数形式的实型常量中指数应该是整数，所以选项 B 是不合法的。③指数形式的实型常量中 e 前面必须有数字，而选项 A 中 e 前面出现了字符.L。

【答案】C

20. 下列程序段的输出结果是（　　　）。

```
int a=9876;
float b=987.654;
double c=98765.56789;
printf("%2d,%2.1f,%2.1f\n",a,b,c);
```

A. 无输出　　　　　　　　　　　　B. 98, 98.7, 98.6

C. 9900, 990.7, 99000.6　　　　　　D. 9876, 987.7, 98765.6

【分析】对整型和实型整数部分而言，若格式符规定的整数部分输出宽度小于实际整数部分宽度，则规定无效，仍按实际宽度输出。

【答案】D

二、填空题

1. 若想通过格式输入语句使变量 x 中存放字符串 1234，变量 y 中存放整数 5，则键盘输入语句是_____。

【分析】scanf()函数是有格式的输入函数，可以按照格式字符串指定的格式读入数据，并把它们存入参数地址表指定的地址单元。scanf(格式控制字符串,参数地址表);中格式控制字符串包括两种成分：格式转换符和分隔符，在输入数据时要输入与分隔符相同的字符。

【答案】
```
scanf("%s,%d",&x,&y);
1234,5✓
```

2. 以下程序的输出结果是_____。
```
#include<stdio.h>
void main()
{
    unsigned short a=655;
    int b;
    printf("%d\n",b=a);
}
```

【分析】C 语言并没有具体规定 short 型数据的长度，只要求 short 型不长于 int 型，在不同编译器下的值不同。在 Visual C++ 6.0 中，short 类型的存储长度为 16 位、int 型为 32 位，而在 Turbo C 中 short 型与 int 型一样，都是 16 位。程序中表达式 b=a 的值就是 b 的值。

【答案】655

3. 若有定义 int a=7,b=8,c=9;，接着顺序执行下列语句后，变量 c 中的值是_____。
```
c=(a-=(b-5));
c=(a%11)+(b+3);
```

【分析】按运算次序：①(b-5)为 3；②则 a-=(b-5)为 a=a-3 为 4；③c=4；④(a%11)即 4%11 为 4；⑤最后结果就是 4+3=7。

【答案】7

4. 请写出以下数学式的 C 语言表达式_____。

$\cos 60° + 8e^y$

【分析】$\cos 60°$ 需要使用常用的标准函数 $\cos(x)$，e^y 需要使用常用的标准函数 $\exp(x)$。

【答案】cos(3.14159*60.0/180.0)+8*exp(y)

5. 若有以下定义：
```
char a;
unsigned int b;
float c;
double d;
```
则表达式 a*b+d-c 值的类型为_____。

【分析】C 语言中各类数值型数据可以混合运算，因为字符型数据可以和整型数据通用，所以本题的表达式是正确的。但在运算时，不同类型的数要先转换成同一类型，然后运算。①执行 a*b 的运算，将字符型数 a 转换成无符号整型数，运算结果是无符号整型数；②d 是双精度实型数，将 a*b 的结果转换成双精度实型数，相加的结果是双精度实型数；③将 c 转换成双精度实型数，运算结果是双精度实型。

【答案】双精度实型或 double

6. 设有如下定义：int x=1,y=-1;，则语句 printf("%d\n",(x--&++y));的输出结果是_____。

【分析】表达式(x--&++y)的求解顺序为++→&→--，即等价于(x&++y)然后再 x=x-1。由题意 y=-1，故++y 为 0，对于按位与运算&而言，(x&++y)值一定为 0。printf 语句执行之后，x 和 y 的值都为 0。

【答案】0

7. 以下程序的输出结果是_____。

```
#include<stdio.h>
void main()
{
    float x,y;;
    x=12.34f;
    y=(int)(x*10+0.5)/10.0f;
    printf("y=%f\n",y);
}
```

【分析】y=(int)(x*10+0.5)/10.0 的运算顺序是：x*10+0.5 的结果是 123.9，(int)123.9 的结果是 123，123/10.0 的结果是 12.3。最后按%f 格式输出 y=12.300000。

【答案】y=12.300000

8. 语句 printf("%d\n",'A'-'a');的输出结果是_____。

【分析】字符'A'的 ASCII 码值是 65，字符'a'的 ASCII 码值是 97，则'A'-'a'的值是-32。

【答案】-32

9. 设 int b=24;，表达式(b>>1)/(b>>2)的值是_____。

【分析】b 右移一位相当于除以 2，右移二位相当于除以 4。

【答案】2

10. 执行下列程序时输入 1□2□3456789✓(注：□代表空格)，则输出结果是_____。

```
#include<stdio.h>
void main()
{ char s[100];
    int c,i;
    scanf("%c",&c);
    scanf("%d",&i);
    scanf("%s",s);
    printf("%c,%d,%s\n",c,i,s);
}
```

【分析】scanf()语句在输入时，遇空格认为输入数据结束。

【答案】1,2,3456789

三、简答题

1. 由下面的输入语句：

```
float x;
double y;
scanf("%f,%le",&x,&y);
```

使 x 的值为 78.98，y 的值为 $98\,765\times10^{12}$，写出正确的键盘输入数据形式。

【分析】在 scanf()语句的格式控制字符串中使用了分隔符逗号","来区分 x 和 y。

【答案】78.98,9.8765e16

2. 分析下列程序，写出运行结果。

```c
#include<stdio.h>
void main()
{ double d;
  float f;
  long l;
  int i;
  l=f=i=d=80/7;
  printf("%d,%ld,%f,%f\n",i,l,f,d);
}
```

【分析】表达式 80/7 的结果是 11，赋值运算符自右而左结合；整型和长整型的数据均按实际结果输出，单精度实型和双精度实型在输出时小数部分为 6 位；实型数据对整型数据的转换为"截尾取整"，即只保留整数部分。

【答案】11,11,11.000000,11.000000

3. 分析下列程序，写出运行结果。

```c
#include<stdio.h>
void main()
{ int x=6,y,z;
  x*=18+1;
  printf("%d\n",x--);
  x+=y=z=11;
  printf("%d\n",x);
  x=y==z;
  printf("%d\n",-x++);
}
```

【分析】+运算符优先级高于*=，所以 x*=18+1 的结果是 6*(18+1)=114；printf()语句执行以后 x 自减后的结果为 x=113；+=和+同优先级，结合次序自右而左，所以 z=11，y=11，x=x+y=113+11=124；==运算符优先级高于=，由于 y 和 z 同为 11，故 y==z 为真，其值是 1，-和++的优先级相同，结合次序自右而左，故此时输出结果为-1。

【答案】

```
114
124
-1
```

4. 求下列整数的十六进制数补码表示，假设存储长度为 16 位。

（1）100 　　　（2）-100 　　　（3）-255 　　　（4）255

【分析】本题考查的是有关补码的表示方法。①正整数的补码表示与原码表示相同，100 对应的十六进制数（补码、字长 16 位）为 0x0064，255 对应的十六进制数（补码、字长 16 位）为 0x00ff；②对于负数，数符位为 1，其数值部分就是该整数的绝对值取反后最低位再加 1，-100 对应的十六进制数（补码、字长 16 位）为 0xff9c，-255 对应的十六进制数（补码、字长十六位）为0xff01。

【答案】

（1）0x0064　　　　（2）0xff9c　　　　（3）0xff01　　　　（4）0x00ff

四、编程题

1. 已知圆的周长为 L，编写 C 程序，计算出它的面积。要求从键盘输入周长值，在屏幕上显示出相应的面积值。

【答案】

```
#include<stdio.h>
void main()
{
    float l,area;
    printf("L=");
    scanf("%f",&l);
    area=(l*l)/(4*3.14f);
    printf("Area=%f\n",area);
}
```

2. 编写 C 程序，从键盘输入一个介于'B'～'Y'之间的字母，在屏幕上显示出其前后相连的 3 个字母。例如输入'B'，则屏幕显示 ABC。

【答案】

```
#include<stdio.h>
void main()
{
    char c;
    c=getchar();
    if(c>'a' && c<'z' || c>'A' && c<'Z')
    printf("%c%c%c",c-1,c,c+1);
}
```

3. 从键盘输入能够构成三角形的三条边长，要求编程计算该三角形的面积。

【答案】

```
#include<stdio.h>
#include<math.h>
void main()
{
    float a,b,c,s,area;
    printf("input a,b,c\n");
    scanf("%f,%f,%f",&a,&b,&c);
    s=(a+b+c)/2;
    area=(float)sqrt(s*(s-a)*(s-b)*(s-c));;
    printf("area=%f\n",area);
}
```

2.3 典型例题选讲

一、填空题选讲

C 语言表达式-b+sqrt(b*b-4.0*a*c) 的数学算式是_____。

【分析】本题的主要测试点是标准数学函数的使用。

【答案】$-b+\sqrt{b^2-4ac}$

二、选择题选讲

下列不正确的表达式是（　　　）。

A. 10%3+5%3

B. 10/3+5/3

C. 10%3/2

D. (10.0/3.0%3)/2

【分析】本题的主要测试点是运算符的使用，% 要求两边的操作数是整型数，而 10.0/3.0 的结果是浮点数。

【答案】D

三、简答题选讲

写出下列程序的运行结果：

```
#include<stdio.h>
void main()
{
    printf("Decimal number=%d\n",65);
    printf("Octal number=%o\n",65);
    printf("Hexadecimal number=%x\n",65);
}
```

【分析】本题的测试点是对格式控制字符的理解。"%d"表示按十进制整数输出，"%o"表示按八进制整数输出，"%x"表示按十六进制整数输出，而与十进制整数 65 等价的八进制整数是 101、十六进制整数是 41。

【答案】

```
Decimal number=65
Octal number=101
Hexadecimal number=41
```

四、编程题选讲

从键盘上输入一行字符，以回车作为结束，要求编程将其中的小写字母全部转换为大写字母，而其余字符照原样输出。

【分析】一行字符的结束符为换行符'\n'，此处用作循环的判断条件。判断一个字符 c 是否是小写字母的表达式是 c>='a' && c<='z'，而将小写字母 c 转换为大写字母的表达式为 c=c-'a'+'A'。

【答案】

```
#include<stdio.h>
void main()
{
    char c;
    printf("Let us being...\n");
    c=getchar();
    while(c!='\n')          /*判断一行是否结束*/
    { if(c>='a' && c<='z')c=c-'a'+'A';
      putchar(c);
      c=getchar();
    }
```

```
        printf("\n");
    }
```
运行结果示例：
```
    C/c++ proGRam.✓        {输入一行字符}
    C/C++ PROGRAM.          {显示输出结果}
```

2.4 练习及参考答案

一、单项选择题

1. 下面不属于 C 语言整型常量的是（　　　）。
   A. 01   B. 0x1   C. 08   D. 8

2. -11 的补码是（　　　）。
   A. 0000000000001011   B. 1000000000001011
   C. 1111111111110100   D. 1111111111110101

3. 若变量 a、b、c 已经定义并赋值，下面正确的表达式是（　　　）。
   A. a=b=c+1   B. c=ab   C. 3=a   D. a=a+3=b+c

4. 将 3002.168 写成指数形式，其规范化指数形式是（　　　）。
   A. 300.2168e1   B. 30.02168e2   C. 0.3002168e4   D. 3.002168e3

5. 下列实型数中，表示单精度实型数的是（　　　）。
   A. 2004.04   B. 2004.04f   C. 2.00404e3   D. 0.200404e4

6. 作为字符串的结束标记的转义字符是（　　　）。
   A. '\0'   B. "\0"   C. '\n'   D. "\n"

7. 若有 int a=4,b=5，则 a / b、a%b、a++、--a 四个表达式的值分别为（　　　）。
   A. 0.8、4、4、3   B. 0.8、0、5、3
   C. 0、0.8、4、4   D. 0、4、4、3

8. 以下正确的整型变量说明是（　　　）。
   A. INT x;   B. int x;   C. x INT;   D. x int;

9. 以下正确的 scanf() 函数用法是（　　　）。
   A. scanf("f",&f);   B. scanf("%f",&f);
   C. scanf("&f",%f);   D. scanf("%f",f);

10. 语句 temp = x;x = y; y=temp; 的功能是（　　　）。
    A. 把 x、y、temp 从小到大排列   B. 把 x、y、temp 从大到小排列
    C. 交换 x 和 y   D. 无确定的结果

二、填空题

1. 表达式 0x14&0x18 的值是_____。

2. 测试 char 型变量 b 左边第 5 位是否为 1 的表达式是_____。

3. 当从键盘输入 20□35✓（注：□代表空格）时，输出结果是_____。
```
#include<stdio.h>
void main()
{
```

```
      unsigned char a,b;
       scanf("%x",&a);
       scanf("%x",&b);
       printf("%x",a&b);
    }
```

4. 写出与判断条件 -10≤x≤10 等价的 C 语言表达式_____。

5. 若 a 是 double 型数据，表示数学关系 |a|>20.0 的 C 语言关系表达式是_____。

三、编程题

1. 编写一个程序，从键盘输入一个字符，判断它是否是阿拉伯数字，如果是则打印"Yes"，否则打印"No"。

2. 设计一个累加器，从键盘输入 10 个正整数，输出它们的和。

3. 已知一个立方体的长 a=10 m，宽 b=8 m，高 c=5 m，求它的体积，要求用 scanf() 函数输入数据。

参考答案

一、单项选择题

1. C 2. D 3. A 4. D 5. B

6. A 7. D 8. B 9. B 10. C

二、填空题

1. 0x10

2. b & 0x10

3. 20

4. (x>=-10) && (x<=10)

5. fabs(a)>20.0

三、编程题

1.
```
#include<stdio.h>
void main()
{
  char ch;
  printf("Input a character: ");
  ch=getchar();
  if(ch>='0'&&ch<='9')printf("Yes\n");
  else printf("No\n");
}
```

2.
```
#include<stdio.h>
void main()
{
  unsigned int x,s=0;
  int i;
  for(i=0;i<10;i++)
  { scanf("%d",&x);
```

```
    s+=x;
  }
  printf("sum is %d\n",s);
}
```

3.

```
#include<stdio.h>
void main()
{
  unsigned int a,b,c;
  scanf("%d,%d,%d",&a,&b,&c);
  printf("v=%d\n",a*b*c);
}
```

第 3 章

算法与程序设计基础 ‹‹‹

3.1 本章要点

1. if 选择结构。

if 语句构成的选择结构称为双分支选择结构，它有如下两种形式：

格式 1：if(表达式)语句;

格式 2：if(表达式)语句 1;

　　　else 语句 2;

2. switch 选择结构。

switch 语句构成的选择结构称为多分支选择结构，一般形式如下：

```
switch(表达式)
{ case 常量表达式 1:语句 1;
  case 常量表达式 2:语句 2;
  …
  case 常量表达式 n:语句 n;
  default:语句 n+1;
}
```

3. for 循环结构。

for 语句构成的循环结构称为 for 循环。一般形式如下：

```
for(表达式 1;表达式 2;表达式 3)  循环体
```

4. while 循环结构。

由 while 语句构成的循环也称"当型"循环。一般形式如下：

```
while(表达式)  循环体
```

5. do…while 循环结构。

由 do…while 语句构成的循环也称"直到型"循环。一般形式如下：

```
do
{ 循环体 }
while (表达式);
```

6. continue 语句。

用来结束本次循环，继续循环条件的判定。一般形式如下：

```
continue;
```

7. break 语句。

break 语句也称间断语句，可以用在循环结构和多分支选择结构中，其作用是跳出循环和 switch 语句体。一般形式如下：

```
break;
```

3.2 主教材习题解答

一、选择题

1. 读下面的程序，正确的输出结果是（　　　）。

```
#include<stdio.h>
void main()
{ int a=50,b=20,c=10;
  int x=5,y=0;
  if(a<b)
    if(b!=10)
      if(!x)
        x=1;
      else
      if(y) x=10;
  x=-9;
  printf("%d",x);
}
```

A. 10　　　　　　　B. -9　　　　　　　C. 1　　　　　　　D. 5

【分析】本题主要测试对 if 语句和 if 语句嵌套的理解，C 语言规定：else 总是与其前面没有配对的最近的 if 语句配对。程序中的 else 是与 if(!x)配对的，不是与 if(b!=10)，更不是与 if(a<b) 配对。可以通过对程序画框架来理解。框架如下：

```
#include<stdio.h>
void main()
{ int a=50,b=20,c=10;
int x=5,y=0;
if(a<b)
        if(b!=10)
                if(!x)
                    x=1;
                else
                    if(y) x=10;
x=-9;
printf("%d",x);
    }
```

第一条 if 语句　第二条 if 语句　第三条 if 语句

从上面可以看出语句 x=-9;不属于任一个 if 语句。

【答案】B

2. 下列程序的输出结果是（　　　）。

```
#include<stdio.h>
void main()
{ float c=3.0,d=4.0;
  if(c>d)  c=5.0;
  else
    if(c==d) c=6.0;
    else c=7.0;
  printf("%.1f\n",c);
}
```

A. 4.0   B. 5.0   C. 6.0   D. 7.0

【分析】本题的测试点与上题一样。上例中的 if 语句主要嵌套在 if 后面的语句中，本题的 if 语句嵌套在 else 后面的语句中，请注意 C 语言中 if 语句灵活的书写格式。

【答案】D

3. 读下列程序，正确的输出结果是（   ）。

```c
#include <stdio.h>
void main()
{ int x=10,y=5;
  switch(x)
  { case 1:x++;
    default:x+=y;
    case 2:y--;
    case 3:x--;
  }
  printf("x=%d,y=%d",x,y);
}
```

A. x=15,y=5   B. x=10,y=5   C. x=14,y=4   D. x=15,y=4

【分析】switch 语句的执行过程如下：首先计算表达式的值，然后用此值来查找各个 case 后面的常量表达式，直到找到一个等于表达式值的常量表达式，则转向该 case 后面的语句去执行；若表达式的值不等于任何一个 case 后面的常量表达式的值，则转向 default 后面的语句去执行，不管 default 放在 switch 语句模块中的任何位置，如果没有 default 部分，则将不执行 switch 开关语句中的任何语句，而直接去执行 switch 后面的语句。如果要跳出 switch 语句，则要用 break 语句，否则一直执行下去，直到 switch 语句结束。此程序中没有一个常量表达式的值与 x 的值相等，因此执行 default 后面的语句，因为没有 break 语句，所以又依次执行语句 y--;和 x--;，故答案应为 C。

【答案】C

4. 读下列程序，正确的输出结果是（   ）。

```c
#include<stdio.h>
void main()
{ int i=0,j=9,k=3,s=0;
  for(;;)
  { i+=k;
    if(i>j)break;
    s+=i;
  }
  printf("%d",s);
}
```

A. 死循环，无输出   B. 30   C. 18   D. 3

【分析】本题主要测试对循环语句 for(;;)的理解，虽然 for(;;)中没有循环结束条件，但循环体内通过选择语句 if 来判断，若条件 i>j 成立，则执行 break 语句，跳出循环体，否则继续执行循环语句。在循环体中，①执行 i+=k;语句，此时变量 i 的值是 3，i>j 为假，执行 s+=i;语句，s 的值为 3；②转到循环开始，执行 i+=k;语句，此时变量 i 的值为 6，条件 i>j 为假，执行 s+=i;语句，s 的值为 9；③转到循环开始处，执行 i+=k;语句，变量 i 的值为 9，条件 i>j 仍为假，执行 s+=i;语句，s 的值为 18；④转到循环开始处，执行 i+=k;，变量 i 的值为 12，条件 i>j 为真，执行 break;语句，跳出循环，输出变量 s 的值为 18。

【答案】C

5. 读下列程序，正确的输出结果是（　　　）。

```
#include<stdio.h>
void main()
{ int y=10;
  while(y--);
  printf("y=%d\n",y);
}
```

A. y=0　　　　　　　　　　　　B. while 构成无限循环语句

C. y=1　　　　　　　　　　　　D. y=-1

【分析】本题主要测试对 while 循环语句的理解，同时又要注意条件 y--，先判断 y 的值是否为 0，再执行自减操作。在 C 语言中，0 为假，非 0 为真。当 y 为 0 时，跳出循环，y 自减后，则为-1。

【答案】D

6. 在嵌套使用 if 语句时，C 语言规定 else 总是（　　　）。

A. 和之前与其具有相同缩进位置的 if 配对　　B. 和之前与其最近的 if 配对

C. 和之前与其最近的且不带 else 的 if 配对　　D. 和之前的第一个 if 配对

【分析】C 语言规定 else 总是和之前与其最近的且不带 else 的 if 配对。

【答案】C

7. 下列叙述中正确的是（　　　）。

A. break 语句只能用于 switch 语句

B. 在 switch 语句中必须使用 default

C. break 语句必须与 switch 语句中的 case 配对使用

D. 在 switch 语句中，不一定使用 break 语句

【分析】C 语言规定，break 语句可用于 switch 语句和循环语句中的跳转，但 switch 语句中不一定要有 break 语句，也不一定要 default 语句。

【答案】D

8. 下列叙述正确的是（　　　）。

A. for 循环只能用于循环次数已经确定的情况

B. for 循环同 do while 语句一样，执行循环体再判断循环条件

C. 不管哪种循环语句，都可以从体内转到体外

D. for 循环体内不可以出现 while 语句

【分析】for 循环可以用在任何情况下的循环语句，其执行是先判断条件再执行循环体的，各种循环可以相互嵌套，即 for 循环体内可以出现 while 循环，while 循环体也可以出现 for 循环。

【答案】C

9. 下列程序段

```
for(k=0,m=4;m;m-=2)
```

```
for(n=1;n<4;n++)
    k++;
```

循环体语句 k++;执行的次数为（　　　）。

A. 16　　　　　　　　B. 12　　　　　　　　C. 6　　　　　　　　D. 8

【分析】本题主要测试计算内循环体的执行次数。内循环体的执行次数=外循环的次数*内循环的次数，本题中，外循环的次数是2，内循环的次数是3。

【答案】C

10. 有以下 for 循环语句

```
for(x=0,y=0; (y!=123) && (x<4); x++);
```

下列说法正确的是（　　　）。

A. 是无限次循环　　　B. 循环次数不定　　　C. 执行4次循环　　D. 执行3次循环

【分析】本题的循环体是一条空语句，主要测试读者对循环条件的理解。

【答案】C

二、填空题

1. 设有如下程序段：

```
int x=0,y=1;
do
{ y+=x++;
}while(x<4);
printf("%d\n",y);
```

上述程序段的输出结果是_____。

【分析】本题主要测试对 do 循环语句和赋值语句 y+=x++;的理解。do 循环语句是先执行循环体，再判断条件，若条件成立，则继续执行循环体，否则退出循环。语句 y+=x++，相当于先执行语句 y=y+x，再执行语句 x=x+1。

【答案】7

2. 设有如下程序：

```
#include<stdio.h>
void main()
{
    int a=0,i;
    for(i=1;i<5;i++)
    {
    switch(i)
    {
      case 0:
      case 3: a+=2;
      case 1:
      case 2: a+=3;
      default: a+=5;
    }
    }
    printf("%d\n",a);
}
```

上述程序的输出结果是_____。

【分析】本题主要测试对 for 循环中 switch 语句的理解, 尤其是 switch 语句中各 case 语句后面没有 break 语句的执行情况的理解。

【答案】31

3. 有如下程序段:

```
x=3;
do
{
  printf("%d",x--);
}
while(!x);
```

该程序段的输出结果是_____。

【分析】本题主要测试对 do while 循环的理解, 该循环是先执行循环体, 再判断条件。条件是 x 为 2 (非零值), 即为真, 但在前面有!运算符, 即进行非运算, 所以!x 的结果为假, 即条件为假退出循环。

【答案】3

4. 执行下列程序段后, i 的值是_____ 。

```
#include<stdio.h>
void main()
{
  int i,x;
  for(i=1,x=1;i<=20;i++)
  {
    if(x%2==1)
    {x+=5;continue;}
    if(x>=10)break;
    x-=3;
  }
}
```

【分析】本题主要测试对 for 循环体内 continue 语句和 break 语句的理解, continue 语句的作用是继续从循环开始处执行下一次循环, break 语句的作用是退出循环, 执行循环体外的第一条语句。此程序中变量 i 是循环变量, 也用于统计循环体执行的次数。

【答案】6

5. 以下程序的输出结果是_____ 。

```
#include<stdio.h>
void main()
{
  int n=12345,d;
  while(n!=0)
  {
    d=n%10;
    printf("%d",d);
    n/=10;
  }
}
```

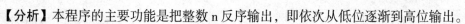

【分析】本程序的主要功能是把整数 n 反序输出，即依次从低位逐渐到高位输出。

【答案】54321

6. 以下程序的功能是：输出 a、b、c 3 个变量中的最小值，请填空。

```
#include<stdio.h>
void main()
{
  int a,b,c,t1,t2;
  scanf("%d%d%d",&a,&b,&c);
  t1=a<b?_____;
  t2=c<t1?_____;
  printf("d\n",t2);
}
```

【分析】本题主要测试条件运算符（？：），条件表达式的格式如下：

　　条件? 表达式1: 表达式2

其含义是若条件为真，则计算表达式 1 的值，并以表达式 1 的结果作为整个条件表达式的结果，反之，则计算表达式 2 的值，并以表达式 2 的结果作为整个条件表达式的结果。

【答案】

```
a:b
c:t1
```

三、编程题

1. 编写程序，输入一个整数，打印出它是奇数还是偶数。

【分析】本题主要学习用 if 语句编程。判断一个数是否能被另一个数整除的方法有多种，下面给出其中的 3 种：a%2==0、a/2*2==a 或者 a-a/2*2==0。

【答案】

```
#include<stdio.h>
void main()
{ int a;
  printf("\na=");                          /*输出提示信息 a=*/
  scanf("%d",&a);                          /*从键盘输入一个数赋给变量 a*/
  if(a%2==0)                               /*判断 a 是否能被 2 整除*/
    printf("\n%d is an even number!",a);   /*若能，则输出 a 是一个偶数的英文提示*/
  else
    printf("\n%d is an odd number!",a);    /*若不能，则输出 a 是一个奇数的英文提示*/
}
```

2. 编写程序，根据输入的 x 值，计算 z 的值。

$$z=\begin{cases} -2*x/\pi & (x<0) \\ 0 & (x=0) \\ 2*x/\pi & (x>0) \end{cases}$$

【分析】本题主要学习用 if 语句编程，有多种解题方法可以实现，下面给出其中的两种，可以从中看出不同的方法实现同一问题的难易程度不一样。其 N–S 流程图如图 3–1 和图 3–2 所示。

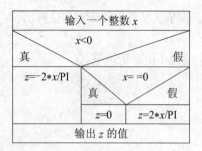

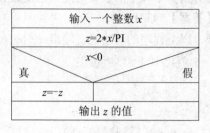

图 3-1　解题方法（一）　　　　　图 3-2　解题方法（二）

【答案】

解题方法一：

```
#define PI 3.14
#include<stdio.h>
void main()
{ float x,z;
  printf("x=");
  scanf("%f",&x);
  if(x<0) z=-2*x/PI;
  else
    if(x==0) z=0;
    else z=2*x/PI;
  printf("z=%f",z);
}
```

解题方法二：

```
#define PI 3.14
#include<stdio.h>
void main()
{ float x,z;
  printf("x=");
  scanf("%f",&x);
  z=2*x/PI;
  if(x<0) z=-z;
  printf("z=%f",z);
}
```

3.　从键盘上输入 3 个整数 a、b 和 c，编写程序将它们按从小到大的顺序排序。

【分析】有两种方法可以实现，方法一不改变原变量中的值，按从小到大排序输出；方法二是改变变量中的值，使得 a 最小，c 最大，b 次之，然后输出 a，b，c。N-S 流程图如图 3-3 和图 3-4 所示。

【答案】

解题方法一：

```
#include<stdio.h>
void main()
{ int a,b,c;
  printf("a="); scanf("%d",&a);
  printf("b="); scanf("%d",&b);
  printf("c="); scanf("%d",&c);
```

```c
if(a<b&&a<c)
  if(b<c)
    printf("\n%d,%d,%d\n",a,b,c);
  else
    printf("\n%d,%d,%d\n",a,c,b);
if(b<a&&b<c)
  if(a<c)
    printf("\n%d,%d,%d\n",b,a,c);
  else
    printf("\n%d,%d,%d\n",b,c,a);
if(c<a&&c<b)
  if(a<b)
    printf("\n%d,%d,%d\n",c,a,b);
  else
    printf("\n%d,%d,%d\n",c,b,a);
}
```

解题方法二：

```c
#include<stdio.h>
void main()
{ int a,b,c,temp;
  printf("Please input three numbers:");
  scanf("%d%d%d",&a,&b,&c);
  if(a>b)                  /*保证a<=b*/
  { temp=a;a=b;b=temp; }
  if(a>c)                  /*保证a<=c*/
  {temp=a;a=c;c=temp; }
  if(b>c)                  /*保证b<=c*/
  {temp=c;c=b;b=temp; }
  printf("Three numbers after sorted: %d,%d,%d\n",a,b,c);
}
```

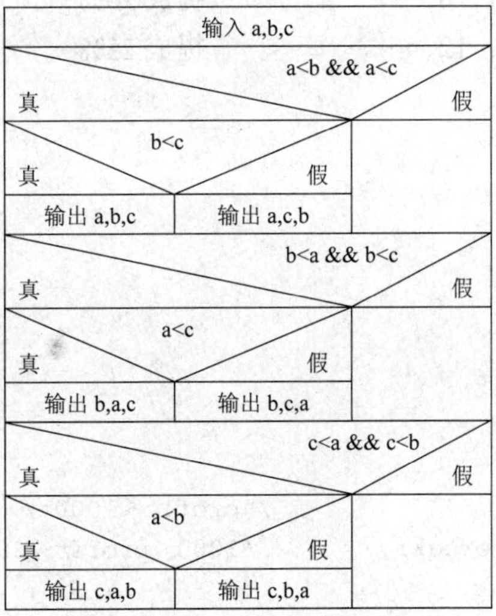

图 3-3　解题方法（一） 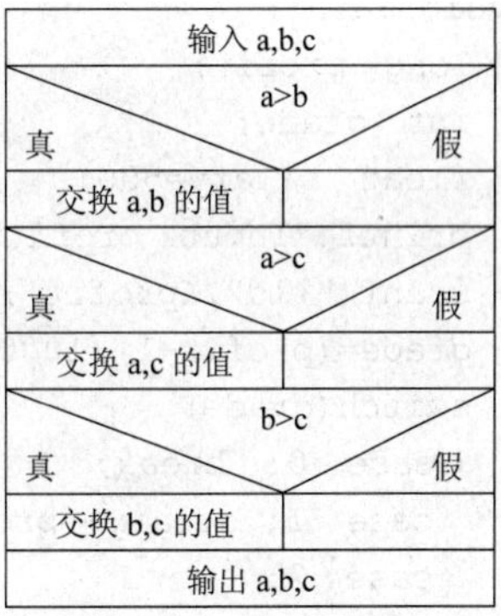　　　　图 3-4　解题方法（二）

4. 已知某公司员工的保底薪水为 500，某月所接工程的利润 profit（整数）与利润提成的关系如下（计量单位：元）：

profit≤1 000	没有提成
1 000 < profit≤2 000	提成 10%
2 000 < profit≤5 000	提成 15%
5 000 < profit≤10 000	提成 20%
10 000 < profit	提成 25%

要求输入某员工的某月的工程利润，输出该员工的实领薪水。

【分析】

为使用 switch 语句，必须将利润 profit 与提成的关系转换成某些整数与提成的关系。分析本题可知，提成的变化点都是 1 000 的整数倍（1 000，2 000，5 000、…），如果将利润 profit 整除 1 000，则：

利润	利润/1000	提成比例
profit≤1 000	对应 0，1	没有提成
1 000 < profit≤2 000	对应 1，2	提成 10%
2 000 < profit≤5 000	对应 2，3，4，5	提成 15%
5 000 < profit≤10 000	对应 5，6，7，8，9，10	提成 20%
10 000 < profit	对应 10，11，12，…	提成 25%

为解决相邻两个区间的重叠问题，最简单的方法是，利润 profit 先减 1（最小增量），然后再整除 1 000，即：

利润-1	(利润-1)/1 000	提成比例
profit-1<1 000	对应 0	没有提成
1 000≤profit-1 < 2 000	对应 1	提成 10%
2 000≤profit-1 < 5 000	对应 2，3，4	提成 15%
5 000≤profit-1 < 10 000	对应 5，6，7，8，9	提成 20%
10 000≤profit-1	对应 10，11，12、…	提成 25%

【答案】

```c
#include<stdio.h>
void main()
{ long profit;
  int grade;
  float salary=500;
  printf("Input  profit: ");
  scanf("%ld",&profit);
  grade=(profit-1)/1000;
  switch(grade)
  { case  0:  break;                          /*profit≤1000*/
    case  1: salary+=profit*0.1; break;       /*1000<profit≤2000*/
    case  2:
    case  3:
    case  4: salary+=profit*0.15; break;      /*2000<profit≤5000*/
    case  5:
    case  6:
```

```
    case  7:
    case  8:
    case  9: salary+=profit*0.2; break;        /*5000<profit<=10000*/
    default: salary+=profit*0.25;              /*10000<profit*/
  }
  printf("salary=%.2f\n", salary);
}
```

5. 编程求 100 以内所有 3 的倍数的累计和。

【分析】本例要用循环来实现，一般情况下，要实现累加或累乘都要用循环来实现，且在进入循环之前，要对累加变量赋初值为 0，累乘变量赋初值为 1。算法 N–S 流程图如图 3–5 所示。

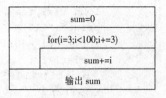

图 3–5　题 5 图

【答案】

```
#include<stdio.h>
void main()
{ int i,sum=0;
  for(i=3;i<100;i+=3) sum+=i;
  printf("\nsum=%d\n",sum);
}
```

6. 编程显示[100,200]范围内所有被 7 除余 2 的整数，按每行 5 个的格式显示。

【分析】把[100,200]中的每一个数除以 7，看其余数是否为 2，若为 2，则把该数输出。代码中的变量 n 用于控制每行输出 5 个数，使得输出结果成行输出，更加清晰。算法 N–S 流程图如图 3–6 所示。

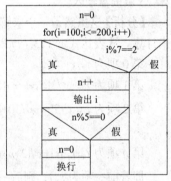

图 3–6　题 6 图

【答案】程序清单如下：

```
#include<stdio.h>
void main()
{ int i,n=0;
  printf("\n");
  for(i=100;i<=200;i++)
    if(i%7==2)              /*判断 i 能被 7 除余 2*/
    { n++;                  /*若能，则 n 计数*/
      printf("%6d",i);      /*输出 i，占 6 个宽度*/
      if(n==5)              /*若 n 为 5，则 n=0，换行*/
      { n=0;
        printf("\n");
      }
    }
}
```

7. 编程求 Fibonacci 数列的前 40 个数。该数列的生成方法为 $f_1=1$，$f_2=1$，$f_n=f_{n-1}+f_{n-2}$（$n \geqslant 3$），即从第 3 个数开始，每个数等于前 2 个数之和。

【分析】从 Fibonacci 数列通项 $f_n=f_{n-1}+f_{n-2}$ 可知，要求 f_3，必须知道 f_1，f_2，即要求 f_n，必须

先求f_{n-1}和f_{n-2}，由此可以顺序地求出数列的各项。算法 N-S
流程图如图 3-7 所示。

【答案】程序清单如下：

```
#include<stdio.h>
void main()
{ int i,n=2;    /*n 控制一行的个数，因为先输出了 f1*/
                /*和 f2，故初值为 2*/
  long f1=1,f2=2,f3;
  printf("%10ld  %10ld ",f1,f2);
  for(i=3;i<=40;i++)
  { f3=f1+f2;          /*求数列的下一项*/
    printf("%10ld  ",f3);
    f1=f2;             /*f1 中放数列的前两项的值*/
    f2=f3;             /*f2 中放数列的前一项的值*/
    n++;
    if(n%5==0)    /*每一行输出 5 个数*/
      printf("\n");
  }
}
```

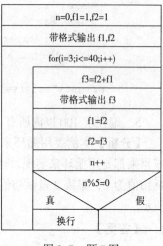

图 3-7　题 7 图

8. 编程，计算 $\sin(x)=x-x^3/3!+x^5/5!-x^7/7!+\cdots$，直到最后一项的绝对值小于 10^{-7} 时，停止计
算，x 由键盘输入。

【分析】这虽然是一个求解数学式，但用一般的数学方法是解不出来的，只有借助计算机
来计算。从表达式 $x-x^3/3!+x^5/5!-x^7/7!+\cdots$ 中可以看出：

第 0 项为 $t_0=x$；

第 1 项为 $t_1=-x^3/3!=x*(-x^2/(2*3))=t_0*(-x^2/(2*3))=t_0*(-x^2/(2*1*(2*1+1)))$；

第 2 项为 $t_2=x^5/5!=(-x^3/3!)*(-x^2/(4*5))=t_1*(-x^2/(2*2*(2*2+1)))$；

……

第 n 项为 $t_n=t_{n-1}*(-x^2/(2*n*(2*n+1)))$；

即若前一项为 t_{n-1}，则后一项 t_n 为 $t_{n-1}*(-x^2/(2n*(2n+1)))$。

算法 N-S 流程图如图 3-8 所示。

【答案】

```
#include<stdio.h>
#include<math.h>
void main()
{ int n=1;                        /*n 用来控制第 n 项*/
  float x,p,t;
  scanf("%f",&x);
  p=x;                            /*把第 0 项赋给 p*/
  t=x;                            /*t 为前 n 项之和*/
  do
  { p=-p*x*x/(2*n*(2*n+1));       /*计算下一项的值*/
    t=t+p;                        /*计算前 n 项之和*/
    n++;
  }while(fabs(p)>=1e-7);          /*判断第 n 项的绝对值大于等于 10⁻⁷*/
  printf("\nsin(%f)=%f\n",x,t);
}
```

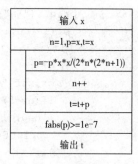

图 3-8　题 8 图

9. 相传国际象棋是古印度舍罕王的宰相达依尔发明的。舍罕王十分喜欢象棋，决定让宰相自己选择何种赏赐。这位聪明的宰相指着 8×8 共 64 格的象棋盘说：陛下，请您赏给我一些麦子吧，就在棋盘的第一个格子中放 1 粒，第 2 格中放 2 粒，第 3 格放 4 粒，以后每一格都比前一格增加一倍，依此放完棋盘上的 64 个格子，我就感恩不尽了。舍罕王让人扛来一袋麦子，他要兑现他的许诺。国王能兑现他的许诺吗？试编程计算舍罕王共要多少麦子赏赐他的宰相，这些麦子合多少立方米？（已知 1 m³ 麦子约 1.42e8 粒）（提示：要用双精度数据类型）

【分析】上述故事说明，国际象棋的棋盘，第 1 格中麦子数为 2^0，第 2 格为 2^1，第 3 格为 2^2，第 4 格为 2^3，依次类推，第 n 格为 2^{n-1}，第 64 格应为 2^{63}。

因此麦子的总粒数应为：

$$s=2^0+2^1+2^2+2^3+\cdots+2^{63}$$

后一格的麦子数是前一格麦子数*2 所得，所以使用循环结构来求解，在循环体中既有累加（求前 n 个格子的麦子数之和），也有累乘（求 2^n）。

算法 N-S 流程图如图 3-9 所示。

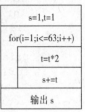

| s=1,t=1 |
| for(i=1;i<=63;i++) |
| t=t*2 |
| s+=t |
| 输出 s |

图 3-9 题 9 图

【答案】

```c
#include<stdio.h>
void main()
{
  int i;
  double s=1,t=1;    /*s用于累加的和，t为第 i 项的麦子数*/
  for(i=1;i<=63;i++)
  {
    t=t*2;
    s+=t;
  }
  printf("麦子的总粒数=%e\n 麦子的体积为=%e\n",s,s/1.42e8);
}
```

10. 编程：输入一个正整数，输出它的各位数字之和。例如输入 1869，则输出 9+6+8+1=24。（提示：正整数的位数不确定）

【分析】其算法流程图如图 3-10 所示。

【答案】

```c
#include<stdio.h>
void main()
{
int num,s=0,n;
printf("Please input num:");
scanf("%d",&num);
while(num)
{
  n=num%10;
  s=s+n;
  printf("%d",n);
  if(num/10)printf("+");
  else printf("=");
  num=num/10;
```

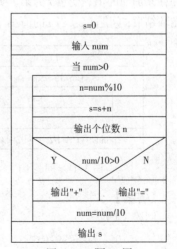

| s=0 |
| 输入 num |
| 当 num>0 |
| n=num%10 |
| s=s+n |
| 输出个位数 n |
| Y   num/10>0   N |
| 输出"+"   输出"=" |
| num=num/10 |
| 输出 s |

图 3-10 题 10 图

```
    }
    printf("%d\n",s);
    }
```

11. 将一个正整数分解质因数。例如，输入 120，打印出 120=2*2*2*3*5。

【分析】 对 n 进行分解质因数，应先找到一个最小的质数 k，然后按下述步骤完成：

（1）如果这个质数恰等于 n，则说明分解质因数的过程已经结束，打印即可。

（2）如果 $n \neq k$，但 n 能被 k 整除，则应打印出 k 的值，并用 n 除以 k 的商，作为新的正整数 n，重复执行第一步。

（3）如果 n 不能被 k 整除，则用 $k+1$ 作为 k 的值，重复执行第一步。

【答案】

```c
#include<stdio.h>
void main()
{ int n,i;
  printf("\nPlease input a number:");
  scanf("%d",&n);
  printf("%d=",n);
  for(i=2;i<=n;i++)
    while(n!=i)
      if(n%i==0)
      { printf("%d*",i);
        n=n/i;
      }
      else break;
  printf("%d\n",n);
}
```

12. 求 $e \approx 1+\dfrac{1}{1!}+\dfrac{1}{2!}+\dfrac{1}{3!}+\cdots+\dfrac{1}{n!}$。

（1）直到第 50 项。

（2）直到最后一项小于 10^{-6}。

【分析】 从表达式中可以看出，第 m 项是前一项值除以 m 所得的结果。因此本题可以使用循环结构，逐步求出每一项的值，并进行累加，最后的结果即为所求值 e。程序中变量 s 保存累加和的值，变量 t 为第 i 项的值。问题（1）只要求前 50 项的结果，即当 i 大于 50 时，循环结束；问题（2）当 t 的值小于 10^{-6} 时结束，其算法流程图分别如图 3-11 和图 3-12 所示。

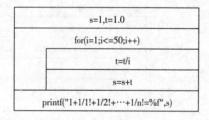

图 3-11 问题（1）

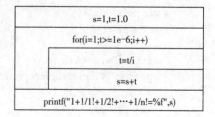

图 3-12 问题（2）

【答案】

问题（1）

```c
#include<stdio.h>
void main()
```

```
{ int i;
  float s=1,t=1.0;
  for(i=1;i<=50;i++)
  { t=t/i;
    s=s+t;
  }
  printf("1+1/1!+1/2!+…+1/n!=%f\n",s);
}
```

问题（2）

```
#include<stdio.h>
void main()
{ int i;
  float s=1,t=1.0;
  for(i=1;t>=1e-6;i++)
  { t=t/i;
    s=s+t;
  }
  printf("\n1+1/1!+1/2!+…+1/n!=%f\n",s);
}
```

13. 编程用循环程序实现在屏幕中央输出如下图形。在 C 语言中，认为每行由 80 列组成，屏幕中央即为 40 列。

A

ABA

ABCBA

ABCDCBA

ABCDEDCBA

ABCDEFEDCBA

ABCDEDCBA

ABCDCBA

ABCBA

ABA

A

【分析】该图形上下左右是对称的，在每一行输出前要先输出空格，因为题目要求在屏幕中央输出，具体看注释。

【答案】

```
#include<stdio.h>
#define N 6
void main()
{   int i,j;
    char c;
    for(i=1;i<=N;i++)              /*输出上半部分*/
    {
      for(j=1;j<40-i;j++)
        printf(" ");              /*控制图形居中输出空格*/
      c='A';                       /*每行从 A 开始*/
      for(j=1;j<=i;j++)           /*输出本行前半部分字符*/
```

```
        printf("%c",c++);
        c=c-2;                          /*准备输出本行后半部分字符*/
        for(j=1;j<i;j++)
          printf("%c",c--);            /*输出本行后半部分字符*/
        printf("\n");                    /*换行*/
      }
      for(i=N-1;i>=1;i--)              /*输出下半部分*/
      {
        for(j=1;j<40-i;j++)
          printf(" ");
        c='A';
        for(j=1;j<=i;j++)
          printf("%c",c++);
        c=c-2;
        for(j=1;j<i;j++)
          printf("%c",c--);
        printf("\n");
      }
    }
```

14. 编程验证哥德巴赫猜想：任意大于等于 4 的偶数，可以用两个素数之和表示。例如：

    4=2+2   6=3+3   8=3+5   98=19+79   32 764=16 073+16 691

用键盘输入一个充分大的偶数，输出该偶数的所有可表示的素数之和，如：

    98=19+79   98=31+67   98=37+61

【分析】该问题可分以下几步进行：

（1）输入一个满足条件的偶数 n。

（2）i=2;。

（3）若 i>n/2，则结束程序。

（4）判断 i 是否为素数，若 i 为素数，则转到步骤⑤执行，否则 i++，转到③执行。

（5）j=n-i，判断 j 是否为素数，若 j 也为素数，则按格式要求输出 n=i+j。

（6）i++，转到③执行。

关于素数的求解算法，前面已经做了介绍，这里不再叙述。本例的算法如图 3-13 所示。

【答案】程序清单如下：

```
#include<stdio.h>
#include<math.h>
void main()
{
  int i,j,k,m,n,counter=0;
  do
  {
  printf("\n Please enter a even number to n:");
  scanf("%d",&n);
  }while(n<4||n%2!=0);  /*该循环保证输入的是一个大于等于 4 的偶数*/
  for(i=2;i<=n/2;i++)
  {
    for(k=2;k<=sqrt(i);k++)
```

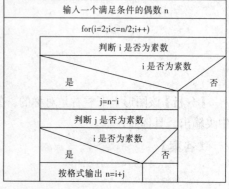

图 3-13 题 14 图

```
     if(i%k==0)break;
   if(k>sqrt(i))
   {
     j=n-i;
     for(m=2;m<=sqrt(j);m++)
       if(j%m==0)break;
     if(m>sqrt(j))
     { counter++;
       printf("%5d=%4d+%4d ",n,i,j);
       if(counter%4==0)
         printf("\n");
     }
   }
   }              /*for i=2*/
  }
```

3.3 典型例题选讲

一、填空题选讲

1. 阅读下述程序，填空说明其输出结果。

```
#include<stdio.h>
void main()
{ int a=3,b=4;
  printf("%d\n",a=a+1,b+a,b=1);        /*输出结果（ (1) ）*/
  printf("%d\n",(a=a+1,b=a,a=1));      /*输出结果（ (2) ）*/
}
```

【分析】第一条输出语句中，printf()函数带有 4 个参数，第一个参数表示格式控制，后面的参数表示输出表达式，但在格式控制参数中只有一个格式控制符%d，只能输出第一个表达式 a=a+1 的值，该表达式先进行赋值，再输出，所以输出结果为 4，其余两个表达式忽略。

在第二个输出语句中，printf()函数带有两个参数，第一个参数表示格式控制，后面的为输出项，用括号括起来了，表示一个参数。括号中是一个逗号表达式，依次执行括号中的每一个表达式，最后一个表达式的结果作为整个逗号表达式的结果输出，所以为 1。

【答案】（1）4 （2）1

2. 以下程序不借助任何变量把 a，b 中的值进行交换，请填空。

```
#include<stdio.h>
void main()
{ int a,b;
  printf("input a,b:");
  scanf("%d,%d",(1) );
  a+=( (2) );
  b=a-( (3) );
  a-=( (4) );
  printf("a=%d,b=%d\n",a,b);
}
```

【分析】第一个空为输入变量 a、b 的值，所以为&a,&b，要不借助中间变量交换 a，b 的值，首先第一条赋值语句是把变量 a、b 的和赋给变量 a 保存起来，即 a 的值为 a+b，所以第二个空应为 b；第二条赋值语句是把原来的变量 a 的值赋给变量 b，所以第三个空应为 b；第三条赋值语句应把原来变量 b 的值赋给变量 a，所以第四个空也为 b。

【答案】（1）&a,&b　　　（2）b　　　（3）b　　　（4）b

3. 下列程序的输出结果是_____。

```
void main()
{ int i;
  for(i=1;i+1;i++)
  {
    if(i>4)
    { printf("%d\n",i);
      break;
    }
    printf("%d\n",i++);
  }
}
```

【分析】①当变量 i 为 1 时，i+1 为真，进入循环 i>4 为假，不执行 if 语句内的语句块，执行下面的 printf 语句，输出变量 i 的值后，再进行自增，变量 i 的值为 2；②变量 i 再自增，值为 3，i+1 为真（非零），进入循环，i>4 为假，不执行 if 语句内的语句块，执行下面的 printf 语句，输出变量 i 的值后，再进行自增，变量 i 的值为 4；③变量 i 再自增，值为 5，i+1 为真，进入循环，i>4 为真，执行 if 语句，输出变量 i 的值，执行 break 语句，退出循环，结束程序。

【答案】
```
1
3
5
```

4. 下列程序的输出结果是_____。

```
#include<stdio.h>
void main()
{ int s=0,k;
  for(k=7;k>4;k--)
    switch(k)
    { case 1:
      case 4:
      case 7: s++; break;
      case 2:
      case 3:
      case 6: break;
      case 0:
      case 5: s+=2; break;
    }
  printf("s=%d\n",s);
}
```

【分析】①当 k=7 时，k>4，进入循环体，执行 switch 语句中的 case 7:后的语句块，变量 s 的值为 1；②k--，此时变量 k 的值为 6，k>4，进入循环体，执行 switch 语句中的 case 6:后的语句块，变量 s 的值不变；③k--，此时变量 k 的值为 5，k>4，进入循环体，执行 switch 语句中的 case 5:后面的语句块，变量 s 的值为 3；④k--，此时变量 k 的值为 4，k>4 为假，退出循环，输出 s 的结果，结束程序。

【答案】

```
s=3
```

5. 下列程序的输出结果是_____。

```c
#define B 100
void main()
{ int i=0,sum=0;
  do{
    if(i==(i/2)*2) continue;        /*若 i 能被 2 整除*/
    sum+=i;
  } while(++i<B);
  printf("%d\n",sum);
}
```

【分析】该程序的主要功能是求 100 以内的奇数和，程序中 if(i==(i/2)*2)是用来判断 i 是否能被 2 整除，若能则执行 continue 语句，continue 的作用是结束本次循环，继续下一次循环。若不能，则执行 sum+=i 语句。

【答案】

```
2500
```

二、选择题选讲

1. 下列程序的输出结果是（　　　　）。

```c
#include<stdio.h>
void main()
{ int x=-1,y=4;
  int k;
  k=x++<=0&&!(y--<=0);
  printf("%d,%d,%d\n",k,x,y);
}
```

A. 0,0,3   B. 0,1,2   C. 1,0,3   D. 1,1,2

【分析】本题的主要测试点也是运算符的优先级和结合性，表达式 k=x++<=0&&!(y-- <=0)的运行顺序是：①先取 x 的值与 0 比较，-1<=0 成立，为真，x 再进行自增，值为 0；&&运算符前面的表达式为真，所以要计算后面的表达式；②表达式（y--<=0）的计算顺序是先取 y 的值与 0 比较，为假，y 再进行自减，值为 3；③表达式!(y--<=0)是对(y--<=0)的值取反，所以为真；④&&运算符后面的表达式也为真，所以整个表达式结果为真，其值表示为 1，最后赋给变量 k。

【答案】C

2. 下列程序的输出结果是（　　　　）。

```c
#include<stdio.h>
void main()
{ int a=0,b=0,c=0;
  if(++a>0||++b>0) ++c;
  printf("\na=%d,b=%d,c=%d\n",a,b,c);
}
```

A. a=0,b=0,c=0   B. a=1,b=1,c=1   C. a=1,b=0,c=1   D. a=0,b=1,c=1

【分析】if 中的表达式执行顺序为：①先执行++a，a 的值为 1，再执行比较运算 a>0，此时 a>0 为真；②运算符"‖"前的操作数为真，不管后面的操作数是否为真，整个表达式的值均为真。因为 C 语言规定，若运算符"‖"前面的操作数为真，后面不必计算，整个表达式为真。同理，若运算符"&&"前面的操作数为假，后面不必计算，整个表达式的值为假。本题中的表达式++b>0 不会进行计算。

【答案】C

3. 下述程序片段中，执行（　　）后变量 i 的值为 4。

A. int i=1,j=1,m;　　　　　　　　　　　　B. int i=0,j=0;
　　i=j=((m=3)++);　　　　　　　　　　　　(i=2,i+(j=2));

C. int i=1,j=1;　　　　　　　　　　　　　D. int i=0,j=1;
　　i+=j+=2;　　　　　　　　　　　　　　(j==i)?i+=3:i=2;

【分析】①答案 A 中语句 i=j=((m=3)++);是一条错误的语句。因为在 C 语言中规定自增、自减只能对变量进行，不能对表达式进行，而语句中是对赋值表达式进行自增，所以是错误的；　②答案 B 中语句(i=2,i+(j=2));是一条逗号表达式语句，是正确的，但执行后逗号表达式的值为 4，变量 i、j 中的值均为 2；③答案 C 中语句 i+=j+=2;是一条复合赋值语句，是正确的，其执行顺序是：先执行 j+=2，此时变量 j 的值为 3，再执行 i+=j，此时变量 i 的值为 4；④答案 D 中语句(j= =i)?i+=3:i=2;是条件表达式语句，是正确的，其执行顺序是：先判定条件，此时条件不成立，则执行表达式 i=2，执行完后，整个表达式的值为 2，变量 i 的值也为 2。

【答案】C

4. 若下述程序运行时输入的数据是 3.6 和 2.4，则输出结果是（　　）。

```c
#include<math.h>
#include<stdio.h>
void main()
{ float x,y,z;
  scanf("%f%f",&x,&y);
  z=x/y;
  while(1)
  { if(fabs(z)>1.0)
    { x=y;
      y=z;
      z=x/y;
    }
    else break;
  }
  printf("%f\n",y);
}
```

A. 1.500000　　　　B. 1.600000　　　　C. 2.000000　　　　D. 2.400000

【分析】当输入 3.6、2.4 时变量 x 的值为 3.6，变量 y 的值为 2.4，变量 z 的值为 3.6/2.4，即 1.5，while(1)是一个永真循环，此时要跳出循环时循环体中必须有 break 语句。①进入循环体后判断 if 语句的条件，fabs(z)是一个求实数绝对值的函数，条件为真，执行 if 后面的语句，此时 x=2.4，y=1.5，z=1.6；②if 的条件仍然为真，再执行 if 后面的语句，此时 x=1.5，y=1.6，z=0.9375；③if 的条件为假，执行 else 后面的 break 语句跳出循环体，输出变量 y 的值。

【答案】B

5. 现已定义整型变量 int i=1;，执行循环语句 while(i++<5);后，i 的值为（　　）。

A. 1 　　　　　　 B. 5 　　　　　　 C. 6 　　　　　　 D. 7

【分析】循环语句 while(i++<5);中的循环体是一条空语句，后面只有一个分号，循环条件是 i++<5，其执行顺序是先用变量 i 中的值与 5 比较，再执行变量 i 的自增运算，当变量 i 的值为 5 时，i<5 不成立，为假，再执行变量 i 自增，此时变量 i 的值为 6，退出循环。

【答案】C

6. 若程序执行时的输入数据是 3563，则下述程序的输出结果是（　　）。

```c
#include<stdio.h>
void main()
{ int c;
  while((c=getchar())!='\n')
  { switch(c-'2')
    { case 0:
      case 1: putchar(c+4);
      case 2: putchar(c+4); break;
      case 3: putchar(c+3);
      default: putchar(c+2);
    }
  }
}
```

A. 778 788 　　　 B. 778 977 　　　 C. 7 787 877 　　　 D. 7 788 777

【分析】①在 C 语言程序中，字符型数据和整型数据在一定范围内可以通用。在本程序中定义变量 c 为整型，却当作字符型数据使用；②程序的功能是：循环地从键盘上读入字符，然后输出变换后的字符，直到输入换行符结束。当输入字符'3'时，表达式 c-'2'的值为 1，执行 case 1 后面的语句 putchar(c+4);，输出字符'7'，因为后面没有 break 语句，则执行下一语句 putchar(c+4);，又输出字符'7'，执行 break 语句，跳出 switch 语句，从键盘输入下一个字符'5'，此时表达式 c-'2'的值为 3，则执行 case 3 后面的语句 putchar(c+3);，输出字符'8'，因为后面没有 break 语句，继续执行下一条语句 putchar(c+2);，输出字符'7'，结束 switch 语句。从键盘上再输入字符'6'，表达式 c-'2'的值为 4，不和 case 后的常量相配，执行 default 的后面的语句 putchar(c+2);，输出字符'8'。再从键盘输入字符'3'，和前面一样连续输出两个字符'7'。最后按【Enter】键，结束循环，也结束了程序。

【答案】C

三、编程题选讲

1. "谁做的好事"：有四位同学中的一位做了好事，不留名，表扬信来了之后，校长问这四位"好事是谁做的"。A 说："不是我。"，B 说："是 C。"，C 说："是 D"，D 说："C 在说谎"。已知 4 人当中有 3 个人说的是真话，1 个人说的是假话。现在根据这些信息，要找出做了好事的人。

【分析】本例采用穷举法解题，并利用了对关系表达式求解结果的特点（即真值用 1 表示，假值用 0 表示）。变量名 sum 表示 4 人中说真话的人数，变量名 good 表示做好事的人，它对 A、B、C 和 D 四个人进行筛选。若 sum 的值为 3，则表示有 3 个人说了真话，满足题目的条件，立即输出变量 good 的值。

【答案】

```c
#include<stdio.h>
void main()
{ int good,sum;
  for(good='A';good<='D';good++)
  {
    sum=((good!='A')+(good=='C')+(good=='D')+(good!='D'));
    if(sum==3)printf("做好事者为%c\n",good);
  }
}
```

运行结果如下：

做好事者为 C

2. 一个整数，它加上 100 后是一个完全平方数，再加上 168 又是一个完全平方数，请问该数是多少？（注：如果一个数的平方根的平方等于该数，这说明此数是完全平方数）

【分析】在 10 万以内判断，先将该数加上 100 后再开方，再将该数加上 168 后再开方，如果开方后的结果满足条件，即是结果。

【答案】

```c
#include "math.h"
void main()
{
  long int i,x,y,z;
  for(i=1;i<100000;i++)
  { x=sqrt(i+100);        /*x 为加上 100 后开方后的结果*/
    y=sqrt(i+268);        /*y 为再加上 168 后开方后的结果*/
    /*如果一个数的平方根的平方等于该数，这说明此数是完全平方数*/
    if(x*x==i+100&&y*y==i+268)printf("\n%ld\n",i);
  }
}
```

3. 一个数如果恰好等于它的因子之和，这个数就称为"完数"。例如，28 的因子为 1、2、4、7、14，而 28=1+2+4+7+14，因此 28 是"完数"。编程序找出 1 000 以内的所有"完数"，并按下面格式输出其因子：

```
28 its factors are 1,2,4,7,14
```

【答案】

方法一

```c
#include<stdio.h>
void main()
{ int m,s,i;
  for(m=2;m<1000;m++)
  { s=0;
    for(i=1;i<m;i++) if((m%i)==0) s=s+i;              /*求所有因子的和*/
    if(s==m)                        /*如果所有因子的和 s 与 m 相等，则 m 是一个完数*/
    { printf("%d its factors are ",m);              /*输出完数*/
      for(i=1;i<m;i++)if(m%i==0)printf("%d,",i);   /*输出完数 m 的各因子*/
      printf("\b\n");
    }
  }
}
```

运行结果如下：

```
6 its factors are 1,2,3
28 its factors are 1,2,4,7,14
496 its factors are 1,2,4,8,16,31,62,124,248
```

方法二：此题用数组方法更为简单。

```
#include<stdio.h>
void main()
{ int b[11];                              /*定义一维数组b*/
  int i,a,n,s;
  for(a=2;a<=1000;a++)
  { n=0;
    s=a;
    for(i=1;i<a;i++)
    if((a%i)==0)
    { n++;
      s=s-i;
      b[n]=i;                            /*将找到的因子赋给b[1]...b[10]*/
    }
    if(s==0)                             /*s为0，说明m是完数*/
    { printf("\n%d its factors are:",a);  /*输出完数m*/
      for(i=1;i<=n;i++)printf("%d,",b[i]); /*输出各因子*/
    }
  }   /*for a=2*/
  printf("\b\n");
}
```

4. 问题：一个百万富翁遇到一个穷人，穷人找他谈一个换钱的计划，该计划如下：我每天给你 10 万元，而你第一天只需给我一元钱，第二天我仍给你 10 万元，你给我两元钱，第三天我仍给你 10 万元，你给我 4 元钱，……你每天给我的钱是前一天的两倍，我每天给你 10 万元，直到满一个月（30 天）。百万富翁很高兴，欣然接受了这个契约。请编写一个程序计算这一个月中穷人给了百万富翁多少钱，百万富翁给穷人多少钱。

【分析】设变量 s 记录富翁给穷人的钱，变量 t 记录穷人给富翁的钱（以元为单位）。

第一天：s=1   t=100000
第二天：s=1+2   t=100000+100000
第三天：s=1+2+4   t=100000+100000+100000
……
第三十天：s=1+2+4+…+2^{29} t=100000×30

【答案】

```
#include<stdio.h>
void main()
{ int i;
  long int a=1,s=1,t=100000;
  for(i=1;i<30;i++)
  { a=a*2;
    s=s+a;
    t=t+100000;
  }
```

```
    printf("\ns=%ld,t=%ld",s,t);
}
```

运行结果如下：

```
s=1073741823,t=3000000
```

5. 键入 *a* 和 *n* 的值，求多项式的和 S_n= a+aa+aaa+aaaa+…+aaa…，其中 *n* 为项数，*a* 为一位阿拉伯数字。例如：当 *a*=2、*n*=5 时，多项式写为 2+22+222+2222+22222。

【分析】 等式 S_n= a+aa+aaa+…+aaa… 可写成 S_n=t_1+t_2+t_3+…+t_n，其中 t_n=t$_{n-1}$×10+a。在程序中变量 sn 表示累加之和，变量 tn 表示第 n 项。

【答案】 用 for 循环语句实现。

```
#include<stdio.h>
void main()
{ int n,j;
  long int a,sn=0,tn=0;
  printf("a,n=: ");
  scanf("%ld,%d",&a,&n);
  for(j=1;j<=n;j++)
  { tn=tn*10+a;              /*赋值后的 tn 为 j 个 a 组成的数的值*/
    sn=sn+tn;               /*赋值后的 sn 为多项式前 j 项之和*/
  }
  printf("a+aa+aaa+…=%ld\n",sn);
}
```

运行结果如下：

```
a,n=: 2,5↙
a+aa+aaa+…=24690
```

6. 用二分法求下面方程在(–10,10)之间的近似根。

$$2x^3-4x^2+3x-6=0$$

【答案】

```
#include<stdio.h>
#include<math.h>
#include<conio.h>
void main()
{
float l=-10,r=10,root,mid,fmid,fl;
  while(fabs(l-r)>1e-6)
  {
     mid=(l+r)/2;
     fmid=2*mid*mid*mid-4*mid*mid+3*mid-6;
     if(fmid==0)break;
     fl=2*l*l*l-4*l*l+3*l-6;
     if(fl*fmid<0)
        r=mid;
     else
        l=mid;
  }
  root=mid;
  printf("the only one root is %f \n",root);
  return 0;
}
```

运行结果如下：

3.4　练习及参考答案

一、单项选择题

1. 下列不属于 C 语言保留字的是（　　）。

 A. char   B. while   C. typedef   D. look

2. 下列程序的输出结果是（　　）。

```
#include<stdio.h>
void main()
{ int k=0,m=0,i,j;
  for(i=0;i<2;i++)
  { for(j=0;j<3;j++) k++;
    m++;
  }
  m=i+j;
  printf("k=%d, m=%d\n",k,m);
}
```

 A. k=1, m=5   B. k=0, m=3   C. k=1, m=3   D. k=6, m=5

3. C 语言中，错误的 int 类型的常数是（　　）。

 A. 1E5   B. 0   C. 037   D. 0xaf

4. 错误的实型（浮点型）常数是（　　）。

 A. 0   B. 0.E0   C. 0.0   D. 0E+0.0

5. 设 int a;，则表达式 a=2,4,a+1 的值是（　　）。

 A. 1   B. 2   C. 3   D. 4

6. 对于数学表达式 $2\sqrt{x}+\dfrac{a+b}{3\sin x}$，正确的 C 语言表达式是（　　）。

 A. 2sqrt(x)+(a+b)/3sin(x)   B. 2sqrt(x)+(a+b)/(3sin(x))

 C. 2*sqrt(x)+(a+b)/3/sin(x)   D. 2*sqrt(x)+(a+b/3*sin(x))

7. 能正确表示 a 和 b 同时为正或同时为负的逻辑表达式是（　　）。

 A. (a>=0 ‖ b>=0)&&(a<0 ‖ b<0)   B. (a>=0&&b>=0)&&(a<0&&b<0)

 C. (a+b>0)&&(a+b<=0)   D. a*b>0

8. C 语言中，下列运算符优先级最高的是（　　）。

 A. !   B. %   C. >>   D. ==

9. 设 char a='\70';，则变量 a 中（　　）。

 A. 包含 1 个字符   B. 包含 2 个字符   C. 包含 3 个字符   D. 是非法表示

10. 从键盘上输入 x 的值，求相应的 y 值。

$$y=\begin{cases} 1 & x>0 \\ 0 & x=0 \\ -1 & x<0 \end{cases}$$

以下程序段中不能根据 x 的值正确计算出 y 的值的是（　　　　）。

A. if(x>0) y=1;else if(x==0) y=0;else y=-1; 　　B. y=0;if(x>0) y=1;else if(x<0) y=-1;

C. y=0;if(x>=0)if(x>0) y=1;else y=-1; 　　D. if(x>=0) if(x>0) y=1;else y=0;else y=-1;

11. 有以下程序：

```
#include<stdio.h>
void main()
{ int a=15,b=21,m=0;
  switch(a%3)
  { case 0:m++;break;
   case 1:m++;
     switch(b%2)
     { default:m++;
        case 0:m++;break;
     }
  }
  printf("%d\n",m);
}
```

程序运行后的输出结果是（　　　　）。

A. 1　　　　　　　　B. 2　　　　　　　　C. 3　　　　　　　　D. 4

12. 设 foat c,f;，将数学表达式 $C=\dfrac{5}{9}(F-32)$ 能正确表示成 C 语言赋值表达式的是（　　　　）。

A. c=5*(f-32)/9　　　　　　　　B. c=5/9(f-32)

C. c=5/9*(f-32)　　　　　　　　D. c=5/(9*(f-32))

13. 下列 for 语句（　　　　）。

```
int i,x;
for(i=0,x=1;i<=9 && x!=123;i++)
scanf("%d",&x);
```

A. 最多循环 10 次　　B. 最多循环 9 次　　C. 无限循环　　D. 一次也不循环

14. 下面关于 switch 语句和 break 语句的结论中，只有（　　　　）是正确的。

A. break 语句是 switch 语句中的一部分

B. 在 switch 语句中可以根据需要使用或不使用 break 语句

C. 在 switch 语句中必须使用 break 语句

D. 以上三个结论中有两个是正确的

15. 以下程序的输出结果是（　　　　）。

```
#include<stdio.h>
void main()
{ int  n=5;
  if(n++>5) printf("%d\n",n);
  else printf("%d\n",n--);
}
```

A. 7　　　　　　　　B. 6　　　　　　　　C. 5　　　　　　　　D. 4

16. 执行语句 for (k=1;k++<4;);后，变量 k 的值是（　　　）。

　　A. 3　　　　　　　　B. 4　　　　　　　　C. 5　　　　　　　　D. 6

17. 若有如下程序段，其中 s、a、b、c 均已定义为整型变量，且 a、c 均已赋值（c 大于 0）。

```
s=a;
for(b=1;b<=c;b++) s=s+1;
```

　　则与上述程序段功能等价的赋值语句是（　　　）。

　　A. s=a+b;　　　　　B. s=a+c;　　　　　C. s=s+c;　　　　　D. s=b+c;

18. 有以下程序段：

```
int n=0,p;
do{scanf("%d",&p);n++;} while(p!=12345&&n<3);
```

　　此处 do…while 循环的结束条件是（　　　）。

　　A. p 的值不等于 12 345 并且 n 的值小于 3

　　B. p 的值等于 12 345 并且 n 的值大于等于 3

　　C. p 的值不等于 12 345 或者 n 的值小于 3

　　D. p 的值等于 12 345 或者 n 的值大于等于 3

二、填空题

1. 下列程序的功能是输入一些整数，求这些整数的最大值和最小值。当输入为 0 时结束输入。请在空白处填空，使程序能实现上述功能。

```
#include<stdio.h>
void main()
{ int x,amax,amin;
  scanf("%d",&x);
  amax=amin=x;
  while(_____)
  { if(x>amax) amax=x;
    if(x<amin) amin=x;
    scanf("%d",&x);
  }
  printf("\namax=%d,amin=%\n",amax,amin);
}
```

2. 阅读下面的程序，写出程序的执行结果_____。

```
#include<stdio.h>
void main()
{ int a =10,i=1,j=2;
  printf("%d,%o,%x,",a,a,a);
  printf("i=%d,",i++);
  printf("%c\n",i==j?'A':'B');
}
```

3. 下列程序的输出结果是_____。

```
#include<stdio.h>
void main()
{ int x=1,y=0,a=0,b=0;
  switch(x)
  { case 1:
```

```
        switch(y)
        { case 0: a++; break;
          case 1: b++; break;
        }
        case 2:
          a++;b++;break;
        }
      printf("a=%d,b=%d\n",a,b);
    }
```

4. 下列程序的功能是输出 100 以内能被 3 整除且个位数为 6 的所有整数，请填空。
```
#include<stdio.h>
void main()
{ int i,j;
  for(i=0;i<10;i++)
    { j=i*10+6;
      if(_____) continue;
      printf("%d",j);
    }
}
```

5. 下面程序段的输出结果是_____。
```
#include<stdio.h>
void main()
{ int s=0,i;
  for(i=1;;i++)
  {
    if(s>50)break;
    if(i%2==0)s+=i;
  }
  printf("i=%d,s=%d\n",i,s);
}
```

6. 以下程序运行后的输出结果是_____。
```
#include<stdio.h>
void main()
{ int i;
  for(i=0;i<5;i++)
  switch(i%2)
  {
    case 0:printf("1");break;
    case 1:printf("0");
  }
  printf("\n");
}
```

7. 下列程序的输出结果是_____。
```
#include<stdio.h>
void main()
{ int a=3,b=2,c=1;
  c-=++b;
  b*=a+c;
  { int b=5,c=12;
```

```
        c/=b*2;
        a-=c;
        printf("%d,%d,%d,",a,b,c);
        a+=--c;
     }
     printf("%d,%d,%d",a,b,c);
}
```

8. 下列程序的输出结果是_____。

```
#include<stdio.h>
void main()
{   int a,b,c;
    a=10;b=20;c=30;
    a=(--b<=a)||(a+b!=c);
    printf("%d,%d\n",a,b);
}
```

三、编程题

1. 打印以下图案：

```
        *
       ***
      *****
     *******
    *********
     *******
      *****
       ***
        *
```

2. 两个羽毛球队进行比赛，各出三人，甲队为 A、B、C 三人，乙队为 X、Y、Z 三人，已抽签决定比赛名单。有人向队员打听比赛的名单，A 说他不和 X 比，C 说他不和 X、Z 比。请编程找出三对赛手的名单。

参考答案

一、单项选择题

1. D	2. D	3. A	4. D	5. C	6. C
7. D	8. A	9. A	10. C	11. A	12. A
13. A	14. B	15. B	16. C	17. B	18. D

二、填空题

1. x 或 x!=0　　2. 10,12,a,i=1,A　　3. a=2,b=1　　4. j%3

5. i=15,s=16　　6. 10101　　7. 2,5,1,2,3,−2　　8. 1,19

三、编程题

1.

```
#include<stdio.h>
void main()
```

```
{ int i,j,k;
  for(i=0;i<=4;i++)    /*打印上半部分*/
  {
for(j=0;j<=10-i;j++)printf(" "); /*打印前导空格*/
for(k=0;k<=2*i;k++)printf("*");   /*打印本行的星号*/
    printf("\n");
  }
  for(i=3;i>=0;i--)    /*打印下半部分*/
  {
for(j=0;j<=10-i;j++)printf(" "); /*打印前导空格*/
for(k=0;k<=2*i;k++)printf("*");
    printf("\n");
  }
}
```

2.

```
#include<stdio.h>
void main()
{ char i,j,k;
  for(i='X';i<='Z';i++)
    for(j='X';j<='Z';j++)
      if(i!=j)
        for(k='X';k<='Z';k++)
          if(i!=k && j!=k && i!='X' && k!='X' && k!='Z')
            printf("\nA--%c\tB--%c\tC--%c\n",i,j,k);
}
```

运行结果如下：

A--Z   B--X   C--Y

函 数 ‹‹‹

4.1 本章要点

1. 函数的定义格式。

    类型标识符　函数名([<形式参数表>])
    {
        函数体
    }

2. 函数的形参与实参。

"形参"是一种形式上的定义，或者说是一种"接口"描述，通过这个接口，调用者就知道应该给函数传递什么样的数据；调用函数时的实际数据称为"实参"。

3. 函数的参数传递方式：值传递方式和地址传递方式。

值传递方式的特点是：仅将实参的值传给形参，实参与形参互不影响。

地址传递方式的特点是：将实参的地址传给形参，形参接收的不是实参的值，而是实参的地址。

4. 函数的嵌套与递归。

"嵌套调用"就是一个被调函数，在它执行还未结束之前又去调用另一个函数，这种调用关系可以嵌套多层。

"递归调用"是指一个函数在执行时调用的是自己，形成一个循环调用。

5. 变量的作用域：局部变量和全局变量。

局部变量的作用域仅局限在定义它的范围内，如函数、分程序内。

全局变量的作用域在整个程序中都可访问。

6. 变量的存储类别：自动变量、静态变量、寄存器变量。

自动变量分配在动态存储区（一般是"栈"）中。

静态变量和外部变量分配在静态存储区中。

寄存器变量分配在通用寄存器中。

7. 编译预处理：宏定义、文件包含、条件编译。

宏定义的格式有两种：

格式 1：不带参数的宏定义

    #define 宏名 宏体

格式 2：带参数的宏定义

    #define 宏名(形参表) 宏体

文件包含的格式如下：

    #include <头文件>

或
```
#include"头文件"
```
条件编译的格式有两种：

格式 1：
```
#if 表达式
    语句部分 1
#else
    语句部分 2
#endif
```

格式 2：
```
#ifdef 标识符
    语句部分 1
#else
    语句部分 2
#endif
```

4.2 主教材习题解答

一、简答题

1. 如何区分"函数原型"与"函数定义"这两个概念。

答："函数原型"是 C 编译器规定的：在函数调用之前，应给出该函数的原型声明，以便在对源程序进行编译时，对发生函数调用的地方进行函数的返回值和参数类型的匹配检查，防止出现运行时错误。函数原型声明可以包含在.h 头文件中，在源程序中用#include 命令嵌入；也可以直接写在源程序中，如对用户自定义函数的声明。函数原型声明仅需按如下方式给出：类型标识符 函数名(参数类型 1,参数类型 2,…)，不需给出函数的语句体。

"函数定义"是指对函数体的定义，是函数本身之所在，必须按照函数定义的格式进行正确的编程。仅有函数原型声明而没有函数体，是没有任何意义的。

2. 如何区分实参和形参，参数的传递方式有几种，有何不同？

答：函数的定义格式为：
```
类型标识符  函数名([<形式参数表>])
{
    函数体
}
```
函数的形参表用来说明函数在被调用时，需要传给该函数多少个数据，以及是什么类型的数据。形参是一种形式上的定义，或者说是一种"接口"的描述，通过这个接口，调用者就知道应该按什么样的方式调用函数。当然，函数也可以没有参数。实参和形参并不是同一个实体。实参是存在于函数之外的变量，而形参是存在于函数之内的变量，这种内、外之分在空间上将它们明确地区分开。

参数的传递方式有两种：值传递方式和地址传递方式。"值传递方式"的特点是：仅将实参的值传给形参，实参与形参互不影响，在函数内部对形参所做的任何改变不会影响到实参。"地址传递方式"是将实参的地址传给函数的形参，形参接收的不是实参的值，而是实参的地址。因此，在函数体内通过形参中的地址就能访问到实参本身。

3. 试说明自动变量与静态变量的区别。

答：相同点：两者的作用域相同。因为都是定义在函数内的局部变量，所以它们的作用域都是在所定义的函数内，而在该函数外部，两者都不能被访问。

不同点：两者的寿命不同。自动（局部）变量在函数执行时才存在：每次调用函数时临时分配所需内存单元，执行完了自动撤销，存储空间在程序的动态存储区进行分配。而静态局部变量在函数执行之前就存在，存储空间分配在程序的静态存储区，寿命是全局的，与程序同步。

4. 编译预处理命令的作用是什么？

答：编译预处理命令用来告诉编译程序在对源程序进行编译之前应做些什么。这些命令在行首以"#"开头。要注意的是，预处理命令不是 C 语言的一部分，它的作用是为指导编译程序服务的。C 的预处理方式主要有 3 种：宏定义、文件包含、条件编译。

"宏定义"（# define）能有效地提高程序的编程效率，增强程序的可读性、可修改性。

"文件包含"也称"文件嵌入"，其目的是将一个.h 头文件的所有内容插入到本命令所在的源文件中，然后再进行编译。

"条件编译"是希望源程序中的某些语句在满足一定的条件下才被编译时，就要用到条件编译命令。

二、给出下列各程序的运行结果

1.

```
#include<stdio.h>
int func(int i)
{ int k,s=1;
  for(k=1; k<=i; k++)
    s*=k;
  return(s);
}
void main()
{ int s ;
  s=func(func(3));
  printf("s=%d\n",s);
}
```

【分析】首先要看清函数 func(int i)的作用是求 i 的阶乘，并将值返回给调用者，然后关键是理解调用语句"s = func(func(3));"。首先完成"func(3)"的调用，得到返回值 6，然后以 6 为实参再次调用函数 func(6)，得到返回值 720，并赋值给 s。

【答案】s = 720

2.

```
#include<stdio.h>
int x1=30,x2=40;
void sub(int x,int y)
{ x1=x;x=y;y=x1;
}
void main()
{ int x3=10,x4=20;
  sub(x3,x4);
```

```
        sub(x2,x1);
        printf("%d,%d,%d,%d\n",x3,x4,x1,x2);
    }
```

【分析】此题主要考察读者对全局变量和参数值传递方式的理解。Main()中对 sub()函数调用了两次，均是值传递方式。一定要记住值传递方式中，当实参将值传给形参后，实参和形参就毫不相干了。

第一次调用 sub()函数，实参为 x3 (10)和 x4 (20)，实参 x3 将值传给形参 x，实参 x4 将值传给形参 y，在函数执行完返回后，实参 x3、x4 没有改变，但由于 x1 是全局变量，在 sub()函数中对其做了赋值，将 x1 的值由 30 变为 10。

第二次调用 sub()，实参为 x2 (40)和 x1 (10)，实参 x2 将值传给形参 x，实参 x1 将值传给形参 y，由于 x1 是全局变量，在 sub()函数中对其做了赋值，所以 x1=40。可能读者会问：既然是值传递方式，那么实参 x2 和 x1 的值在函数执行前后其值应不变，但函数执行完后，x2 和 x1 的值均为 40。这并没有错，因为 x1 是全局变量，而函数 sub()中用形参 x 对其做了赋值(x1 = x)。

【答案】10，20，40，40

3.

```
    #include<stdio.h>
    int myfunction(unsigned number)
    { int k=1;
      do
      { k=number%10;
        number/=10;
      } while(number);
      return k;
    }
    void main()
    { int n=26;
      printf("myfunction result is : %d\n",myfunction(n));
    }
```

【分析】myfunction()函数中包括一个"直到型循环"，此程序主要考察读者对"直到型循环"的理解程度。函数中的循环过程如下所示：

循环前	number	k
	26	1
第一次循环	2	6
第二次循环	0	2

循环结束，返回 k 值。

【答案】myfunction result is : 2

4.

```
    #include<stdio.h>
    int sub(int n)
    { int a;
      if(n==1) return 1;
      a=n+sub(n-1);
      return(a);
    }
```

```
void main()
{ int i=5;
  printf("%d\n",sub(i));
}
```

【分析】此题关键是要理解函数 sub(int n)的功能，它是一个递归函数，以递归的方式求 n+(n−1)+(n−2)+…+1 的和。以下展示了 sub()函数的递归调用过程：

main 函数对 sub()
函数的调用   sub (5)
                                         ↑
Sub()函数的第一次   a=15   5 + sub (4)
递归调用   ↑
sub()函数的第二次   a=10   4 + sub (3)
递归调用   ↑
sub()函数的第三次   a=6   3 + sub (2)
递归调用   ↑
sub()函数的第四次   a=3   2 + sub (1)
递归调用   ↑
                                         1

要注意的是，每次递归调用的局部变量 a，不是同一个变量，每次递归调用 sub()函数时，都会临时创建一个 a 变量。当执行到第四次递归调用且该次调用还没返回时，程序中存在 4 个 a 变量，这 4 个变量均是相互独立的，它们有着各自的内存单元。随着调用的逐层返回，每次产生的变量 a 也逐层撤销。最先撤销的是第 4 层的 a，其次是第 3 层的 a，再次是第 2 层的 a，最后是第 1 层的 a。

【答案】15

5.
```
#include<stdio.h>
void myfun()
{ static int m=0;
  m+=2;
  printf("%d ",m);
}
void main()
{ int a;
  for(a=1;a<=4;a++) myfun();
  printf("\n");
}
```

【分析】此题主要考察读者对静态局部变量的理解，语句 static int m=0;声明 m 为静态局部变量，同时 m 的值初始化为 0，这意味着在程序执行的最初状态 m 就为 0，以后在每次调用函数时，m 的值都不会重新初始化，而是以前一次的值作为基础，这一点是与动态变量的关键区别。

程序中，主函数对 myfun()函数循环调用 4 次，函数体中有语句 m+=2;，因此 m 的值在每次调用函数时，在不断以 2 递增。因此，m 值的变化过程如下所示：

函数调用	第一次	第二次	第三次	第四次
m(初始为 0)	2	4	6	8

【答案】2 4 6 8

6.
```c
#include<stdio.h>
int myfun2(int a,int b)
{ int c;
  c=a*b%3;
  return c;
}
int myfun1(int a,int b)
{ int c;
  a+=a;b+=b;
  c=myfun2(a, b);
  return c*c;
}
void main()
{ int x=5,y=12;
  printf("The result is : %d\n", myfun1(x,y));
}
```

【分析】此题主要是考察读者对函数嵌套调用的理解,嵌套调用过程中要注意函数的返回顺序。程序中,main()函数调用 myfun1(),myfun1()调用 myfun2()。main()调用 myfun1()时,进行参数值传递,myfun1()中的形参 a = 5,b = 12,执行 a+=a; b+=b;语句后,a = 10,b = 24;然后 myfun1()调用 myfun2(),也进行参数值传递,因此 myfun2()中的形参 a = 10,b = 24,执行 c=a*b%3 语句,得 c = 0,将 0 作为 myfun2()的结果返回到 myfun1(),myfun1()返回执行 c*c 得 0,以 0 值作为 myfun1()的结果返回 main(),再执行 main()中的 printf("The result is : %d\n", myfun1(x , y))语句。

【答案】The result is : 0

7.
```c
#include<stdio.h>
void f(int *x,int *y)
{ int t;
  t=*x;
  *x=*y;
  *y=t;
}
void main()
{ int x,y;
  x=5;y=10 ;
  printf("x=%d,y=%d\n",x,y);
  f(&x,&y);
  printf("x=%d,y=%d\n",x,y);
}
```

【分析】此题考察读者对参数地址传递方式的理解。根据函数 f(int *x, int *y)的参数定义格式,可知该函数需要调用者传递实参的地址。因此,main()中的调用语句 f(&x , &y)将实参 x

和 y 的内存地址传给了 f 的形参 x 和 y。要注意，虽然实参和形参同名，但实际上是完全不同的实体，前者是 main() 中的整型变量，后者是 f 中的整型指针。语句体 t = *x; *x = *y; *y = t; 中的 *x、*y 实际是对 main() 中的 x、y 进行引用，所以该语句体实际上通过指针将 main() 中的 x、y 值进行了互换。由于 main() 中的两条输出语句分别在调用函数 f() 的前后执行，所以，输出结果不同。

【答案】

```
x=5，y=10
x=10，y=5
```

三、程序填空

1. 以下程序的功能是求 3 个数的最小公倍数，补足所缺语句。

```
#include<stdio.h>
int fun(int x,int y,int z)
{ if(x>y && x>z) return(x);
  else if ( ① ) return(y);
        else return(z);
}
void main()
{ int x1,x2,x3,i=1,j,x0;
  printf("input 3 integer : ");
  scanf("%d,%d,%d",&x1,&x2,&x3);
  x0=fun(x1,x2,x3);
  while(1)
  { j=x0*i;
    if ( ② ) break;
    i=i+1;
  }
  printf("Result is %d\n", j);
}
```

【分析】程序求 3 个数的最小公倍数，此处的方法很简单：就是先求出 3 个数的最大数，因为最小公倍数一定是并且必须是它们最大数的倍数。所以，先求得三者中的最大数 x0，然后用循环测试的方法：将 x0 分别除以 3 个数，如果均能整除，则 x0 即为所需结果，否则，将 x0 不断翻倍，即乘以 2、乘以 3、……直到得到一个能整除 3 个数的最小整数，即为所需最小公倍数。

fun() 函数求 3 个数中的最大数，所以空①处应为 y>x && y>z；空②处应为判断 j 是否能整除 3 个数，所以空②处应为 j%x1==0 && j%x2==0 && j%x3==0。

【答案】① y>x && y>z   ② j%x1==0 && j%x2==0 && j%x3==0

2. 下面函数的功能是根据以下公式返回满足精度 ε 要求的 π 值。根据算法要求，补足所缺语句。

$$\pi/2=1+1/3+1/3\cdot2/5+1/3\cdot2/5\cdot3/7+1/3\cdot2/5\cdot3/7\cdot4/9+\cdots$$

```
double fun(double e)
{ double m=0.0,t=1.0;
  int n;
  for( ① ;t>e;n++)
  { m+=t;
```

```
        t=t*n/(2*n+1);
    }
    return(2.0* ②  );
}
```

【分析】此题中用一函数来求 π 值，但要注意的是，函数中是用一个循环来求 π/2 的值，结果放在 m 中，循环本身并不复杂，关键要弄清如何控制精度。t 用来存放下一项的结果，直到小于或等于所需精度。空①处肯定是对循环变量 n 进行初始化，所以 n = 1。由于退出循环后 m 中存放的是 π/2，但根据题意，函数要返回 π 的值，所以函数返回的值应是 2.0*m。

【答案】① n = 1   ② m

3. 以下程序的功能是计算 $s = \sum_{k=0}^{n} k!$，补足所缺语句。

```
#include<stdio.h>
long fun(int n)
{ int i;long m;
  m= ① ;
  for(i=1;i<=n;i++) m= ② ;
  return m;
}
void main()
{ long m;
  int k,n;
  scanf("%d",&n);
  m= ③ ;
  for(k=0;k<=n;k++)  m=m+ ④ ;
  printf("%ld \n",m);
}
```

【分析】程序求 0!+1!+2!+…+n!的和。函数 fun()用来求某数的阶乘，对于求阶乘的循环方法，读者应该很熟悉。Fun()中的 m 是存放某数阶乘的结果，所以空①处应为 1，空②处应为 m*i。主函数中的 m 用来存放各阶乘的和，所以 m 应从 0 开始进行累加。for(k=0; k<=n; k++) m=m + ____④____ 语句应是不断循环调用 fun()函数来求 k!（注意 k 值是在变化的），所以空④为 fun(k)。

【答案】① 1   ② m*i   ③ 0   ④ fun(k)

4. 有以下程序段：

```
s=1.0;
for(k=1;k<=n;k++) s=s+1.0/(k*(k+1));
printf("%f\n",s);
```

填空完成下述程序，使之与上述程序的功能完全相同。

```
s=0.0;
 ①  ;
k=0;
do
{ s=s+d;
   ②  ;
  d=1.0/(k*(k+1));
}while( ③ );
printf("%f\n",s);
```

【分析】原程序实际是求 $s=1+1/(1\times2)+1/(2\times3)+\cdots+1/(n\times(n+1))$，需填空的程序中有语句 s=s+d;，经分析，可知 d 必须初始化，所以①处为 d = 1，②处应为变量 k 的递增语句，③处应为循环的条件。

【答案】① d = 1   ② k++; 或 k = k + 1;   ③ k<=n

5. 下面程序能够统计主函数调用 count()函数的次数（用字符'＃'作为结束输入的标志），补足所缺语句。

```
#include<stdio.h>
void count(char c);
void main()
{ char ch;
  while (  ①  )
  { scanf("%1s",&ch);
   count(  ②  );
   if (  ③  ) break;
  }
}
void count(char c)
{ static int i=0;
  i++;
  if (  ④  ) printf("count=%d\n",i);
 }
```

【分析】首先分析 count()函数。该函数中有一静态变量 i，函数每调用一次，都会执行 i++，用于统计 count()函数被调用的次数，这里要注意的是，函数中的语句 static int i=0 仅会对静态变量 i 初始化一次，以后再调用函数 count()时，i 不会清 0，只会在前一次的基础上递增。根据题意，当输入的字符为'＃'时，应输出调用的次数，所以，空④处应为条件表达式 c=='＃'。

再来看主函数，此处的循环应是用来循环接收字符，当输入的字符为'＃'时结束循环。但仔细阅读程序，发现程序要用 break 语句强行跳出循环，空①处只需象征性地给出一非零常数，代表真值即可，因此空①处可用常数 1 取代。空②完成对函数 count()的调用，按照题意，空②处应为变量 ch，作为实参。空③应为条件表达式 ch=='＃'，用于控制循环的结束，否则会出现死循环。

【答案】① 1   ② ch   ③ ch =='＃'   ④ c =='＃'

四、编程题

1. 编写程序求 3 个数中的最大数，要求自定义函数来实现。

【分析】求 3 个数中最大数的方法是：先求出 2 个数中的较大数，然后再用该数与最后一个数比较，得到两者中的较大数，该数就是 3 个数中的最大数，所以求出最大数需要比较 2 次。根据这个方法，可以设计一个函数，给它定义 3 个形参，分别代表 3 个数，函数体将根据这 3 个数进行最大数的判断，并返回最大数；另一个方法是设计一个函数，给它定义 2 个形参，功能是求 2 个数中的较大数，可以设想，调用 2 次该函数，也能求出 3 个数中的最大数。

【答案】
方法一：
```
#include<stdio.h>
int findmax(int x,int y,int z)
```

```
{ return(x>y)?(x>z?x:z):(y>z?y:z);
}
void main()
{ int i,j,k;
  printf("Please input three integer: ");
  scanf("%d,%d,%d",&i,&j,&k);
  printf("The max integer is %d\n",findmax(i,j,k));
}
```

方法二：

```
#include<stdio.h>
int findbigger(int x, int y)
{ return(x>y)?x:y;
}
void main()
{ int i,j,k;
  printf("Please input three integer: ");
  scanf("%d,%d,%d",&i,&j,&k);
  printf("The max integer is %d\n" , findbigger(findbigger(i,j),k));
```

2. 编写一函数，其功能是判断某整数是否为素数，且程序中能调用该函数，以实现求 1 000 以内的所有素数的和。

【分析】判断 x 是否为素数，可用 x 除以 2 至 sqrt(x) 范围内的任一数，若全部范围内的整数不能整除，则 x 为素数，否则，只要有一个数被整除，x 就不是素数。函数 prime() 用于判断给定的 x 是否为素数，若函数返回值为 1，则为素数，否则非素数。另外，为了加快对素数的判断，在 for 循环中对循环判定条件进行了优化。

函数 prime( ) 的执行流程如图 4-1 所示。

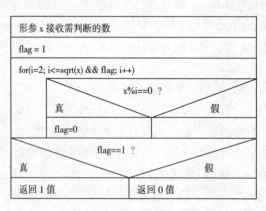

图 4-1   prime( )的算法流程

由于 2 是唯一一个为素数的偶数，因此要计算 1 000 以内的所有素数的和，只需再构建一个循环 j，让 j 值从 1 递增到 1 000，但是仅考虑 j 为奇数时的情况；此时在循环体内调用 prime(j) 函数，若 j 为素数，则将 j 累加，否则进入下一次循环。

【答案】

```
#include<stdio.h>
```

```
#include<math.h>
int prime(int x)
{
 int i,flag=1;
 for(i=2;i<=sqrt(x) && flag;i++)
   if(x%i==0)flag=0;
 if(flag==1)return 1;
 else return 0;
}
void main()
{ int j,s=2;
 for(j=3;j<1000;j+=2)
  if(prime(j)==1)s+=j ;
 printf("The sum is %d.\n",s) ;
}
```

3. 给定年、月、日，计算是该年的第几天。程序中要求有判断闰年的函数和计算天数的函数。

【分析】对于在主函数 main()中输入的年、月和日，需要根据这三项数据的取值范围分情形来判断它们是否有效。若输入年月日无效，则需要重新输入。在 main( )中，这个判断的过程是通过 while(1)循环来实现的，若输入的数据有效，则通过 break 语句跳出循环。

在程序中定义了两个函数，其中函数 isrunnian()用于判断所输入的年份是否为闰年，是则返回 1，否则返回 0；判断闰年的方法为：year 能被 4 整除但不能被 100 整除，或者 year 能被 400 整除。另一个函数 days()则用于计算输入的某年、某月、某日是该年的第几天，计算时要区分每月有多少天，并且还要注意是否为闰年，因为这会影响到 2 月份的天数。

函数 isrunnian( )较简单，实现方法请看程序，而函数 days()的执行流程如图 4-2 所示。

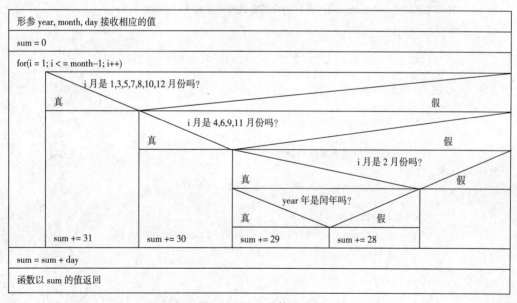

图 4-2　days()的算法流程

【答案】

```
#include<stdio.h>
/*本自定义函数用于判断是否是闰年*/
```

```
int isrunnian(int year)
{
 if(year%4==0 && year%100!=0 || year%400==0)return 1;
  else return 0;
}
/*本自定义函数根据输入的年月日计算是该年的第几天*/
int days(int year,int month,int day)
{
 int i,sum=0;
  /*注意: 此处循环到 month-1, 而不是 month, 想想为什么?*/
  for(i=1;i<=month-1;i++)
  { /*这些月均为 31 天*/
    if(i==1||i==3||i==5||i==7||i==8||i==10||i==12)
      sum=sum+31;
    else /*这些月均为 30 天*/
      if(i==4||i==6||i==9||i==11)sum=sum+30;
      else
        if(i==2)  /* 根据 year 是否为闰年来确定 2 月份为多少天*/
          if(isrunnian(year))sum=sum+29;
          else sum=sum+28;
  }
  sum=sum+day;
  return sum;
}
void main()
{
  int y,m,d;
  /*以下循环用于检验输入的年月日的数据有效性, 若无效则重新输入*/
  while(1)
  {
    printf("\nPlease input year,month and day : ");
    scanf("%d,%d,%d",&y,&m,&d);
    if(y>0&&m>=1&&m<=12&&d>=1)
    {
      /*月大的情况*/
     if((m==1||m==3||m==5||m==7||m==8||m==10||m==12) && d<=31)
        break; /*这是有效的数据*/
      /*月小的情况*/
     if((m==4||m==6||m==9||m==11) && d<=30)
        break;
      /*单独处理二月份*/
     if(m==2&&(isrunnian(y)&&d<=29 || !isrunnian(y)&&d<=28))
        break;
    }
  } /*while(1)*/
  printf("%d/%d/%d is the %dth day in %d.\n",y,m,d,days(y,m,d),y);
}
```

4. 在配套的主教材第 3 章中讲到求两个数的最大公约数, 用的是"辗转相除法", 现将该问题用递归方法实现。

【分析】辗转相除法主要过程如下：

设两数为 m 和 n：

（1）如果 m 除以 n 的余数为 0，则算法结束，n 就是两数的最大公约数，否则转到（2）执行。

（2）m 除以 n 得余数 t，令 m = n，n = t。

（3）转到（1）继续执行。

从算法可看出，其符合递归的两个基本条件：m 除以 n 的余数为 0 时，是递归的结束条件；否则，两数的最大公约数可转化为求 n 和 m%n 的最大公约数，这是一个递归关系。

【答案】
```
#include<stdio.h>
int gcd(int m,int n)
{
    if(m%n==0)
        return n;
    else
        return gcd(n,m%n);
}
void main()
{
    int a,b;
    printf("Input two integer:");
    scanf("%d,%d",&a,&b);
    printf("gcd(%d,%d)=%d \n",a,b,gcd(a,b));
}
```

5. Fibonacci 数列的生成方法为：$F_1=1$，$F_2=1$，…，$F_n=F_{n-1}+F_{n-2}$（$n \geqslant 3$），即从第 3 个数开始，每个数等于前 2 个数之和。用递归的方法求 Fibonacci 数列的第 n 项 F_n，并对该方法的计算效率进行分析。

【分析】F_1、F_2 初始已知，由 F_1+F_2 可算出 F_3，由 F_2+F_3 可算出 F_4，…，直到算出第 F_n 项，这种方法是迭代的方法。此外本题还可以用递归的方法来解。若采用递归，则首先要看是否符合递归的条件。因为有 $F_n=F_{n-1}+F_{n-2}$，而 $F_{n-1}=F_{n-2}+F_{n-3}$、$F_{n-2}=F_{n-3}+F_{n-4}$、…的规律存在（这在 $n \geqslant 3$ 的情况下才有的），且当 $n=1$ 或 2 时，$F_1=F_2=1$，存在递归的结束条件，所以此题也可用递归方法求解。使用递归方法的程序实现如下：

【答案】
```
#include<stdio.h>
long fib(int n)
{ if(n==1 || n==2) return 1;      /*若 n 等于 1 或 2，则递归结束并开始返回*/
  return fib(n-1)+ fib(n-2);      /*否则，进入下一次递归调用*/
}
void main()
{ int n;
  printf("Enter the item n : ");
  scanf("%d", &n);
  printf("The F%d is %ld.\n",n,fib(n));
}
```

从函数的表面看，递归函数显得简单，但是否也意味着递归的执行效率也高呢？假设现在要求 Fibonacci 数列的第 6 项，即 F_6，在迭代方法中，只需循环 4 次就能求出 F_6。下面看看递归方法是如何求 F_6 的，图 4-3 展示了计算 F_6 的递归求解过程。

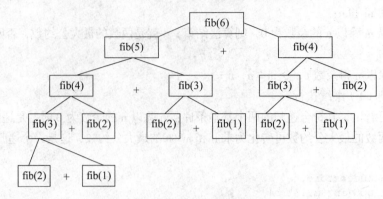

图 4-3　F_6 的递归求解过程

可以看出按递归展开后，计算 F_6 需要执行 7 次加法运算，大于迭代方法下的 4 次；若计算的项更高，则这种差别将更大，因为从图中可看出，递归方法是呈指数形式增长的，而迭代方法则是线性增长的。从图中还可看出，递归中有大量的重复运算，仅 F_3 就计算了 3 次，也就是说，有两次是重复的。所以，应该具体问题具体分析，依据不同的问题和条件选取恰当的方法，当然也要兼顾程序的结构和面貌，不能单纯为了追求计算速度而忽略程序的结构性。

6. 定义一个带参数的宏，使两个参数的值互换，并写出程序，输入两个数作为使用宏时的实参。输出已交换后的两个值。

【分析】要互换两变量的值，只需引入一个中间变量，如 t，用下述语句即可完成：t = x; x = y; y = t。但此处要用宏来实现，因此宏可定义为 swap(x,y,t) t = x; x = y; y = t，宏的 3 个参数含义为：x、y 替换要交换的两个实参变量，t 替换用于交换的中间变量。

【答案】

```
#include<stdio.h>
#define SWAP(x,y,t)  t=x;x=y;y=t
void main()
{ int m,n,p;
  printf("\nPlease input two number : ");
  scanf("%d,%d",&m,&n);
  SWAP(m,n,p);
  printf("The result is %d,%d\n",m, n);
}
```

7. 定义一个宏，用来判断任一给定的年份是否为闰年。规定宏的定义格式如下：

```
#define  LEAP_YEAR(y) _____
```

【分析】若 y 为某年份，判断 y 是否为闰年的表达式为(y%4==0 && y%100!=0) || (y%400==0)，若该表达式的结果为 1，则 y 为闰年；表达式的结果为 0，则 y 不是闰年。因此，可用一个宏表示为：

```
#define  LEAP_YEAR(y)  (y%4==0 && y%100!=0)||(y%400==0)
```

【答案】

```
#include<stdio.h>
#define  LEAP_YEAR(y)  (y%4==0 && y%100!=0)||(y%400==0)
```

```
void main()
{ int year;
  scanf("%d",&year);
  if (LEAP_YEAR(year)) printf("%d is leap year.\n",year);
  else printf("%d is not leap year.\n",year);
}
```

4.3 典型例题选讲

一、填空题选讲

1. 以下函数的功能是计算 $s = 1 + \dfrac{1}{2!} + \dfrac{1}{3!} + \cdots + \dfrac{1}{n!}$，请填空完成所需功能。

```
double fun(int n)
{ double s=0.0,fac=1.0;int i;
  for(i=1;i<= n;i++)
  { fac=fac * _____;
    s=s+fac;
  }
  return s;
}
```

【分析】填空处不能填 i，因为每一项不是计算阶乘，而是阶乘的倒数，fac 存放的是 1/i!。所以，空处应填 1.0/i。

【答案】1.0/i

2. 使用下面的函数是求如下公式：

$$s = \sum_{k=1}^{n} k! + \sum_{k=1}^{n} \frac{1}{k^2}$$

请填空完成所需功能：

```
float fun(int n)
{ int i;
  double s1=_①_,s2=_②_,s3=_③_,s=0;
  for(i=1;i<=n;i++)
  { s3=s3*i;
    s1=_④_;
  }
  for(i=1;i<=n;i++) s2=s2+_⑤_;
  _⑥_;
  return s;
}
```

【分析】由题意可知，第一个循环是求阶乘的累加和，第二个循环求平方的倒数和。再进一步分析，可得知 s1 用于存储阶乘的累加和，s2 用于存储平方的倒数和，s3 用于求 i!，s 用于存储 s1+s2。

【答案】 ① 0　　　　　② 0　　　　　③ 1
　　　　 ④ s1 + s3　　　⑤ 1.0/(i*i)　　⑥ s = s1 + s2

3. 以下函数的功能是求 M 以内最大的 10 个素数之和，并作为函数值返回。例如，若 M 为 100，则函数的值为 732。请填空完成所需功能。

```
int fun(int M)
{ int sum=0,n=0,j,yes;
  while((M>=2)&&(n<10))
  { yes=1;
    for(j=2;j<= M/2;j++)
      if(M%j==0)
      { yes=0;
        _____①_____ ;
      }
    if(yes)
    { sum+=M;
      _____②_____ ;
    }
    _____③_____ ;
  }
  return sum;
}
```

【分析】要找出 M 以内的最大 10 个素数，可从 M 开始，在由大到小递减的过程当中，依次判断当前的数是否为素数，若是，则统计素数的个数在 n 中。程序中，while 循环用于控制选择 10 个最大素数过程的中止条件，所以③处应是"M--"，使得 M 依次递减。内嵌的 for 循环用于判断当前的数是否为素数，yes 变量作为判断的标志。若是素数则累加素数的和，并统计素数的个数。

【答案】① break　　　　② n++ 或 n = n + 1　　　③ M-- 或 M = M - 1

4. 下面函数 fun(int grade[], int n, int over[])的功能是：计算 grade 中 n 个人的平均成绩 aver（n 为数组长度），将大于 aver 的成绩放在 over 中，并返回大于 aver 成绩的人数。请填空完成所需功能。

```
int fun(int grade[],int n,int over[])
{ int i,j=0;
  float aver,s=0.0;
  for(i=0;i<n;i++) s=s+grade[i];
  _____①_____ ;
  for(i=0;i<n;i++)
    if(grade[i]>aver)  _____②_____ = grade[i];
  return j;
}
```

【分析】函数中的第一个循环用于计算 n 个人的总成绩，并置于变量 s 中。空①处应是计算平均成绩的语句。根据分析，j 变量应是统计大于平均值的人数。但如何做到用一条语句完成既将大于平均值的成绩依次放入数组 over 中，又将大于平均值的人数统计在 j 中呢？这可在空②处用 over[j ++]来实现。

【答案】① aver = s/n　　　　② over[j ++]

5. 下面函数 fun()的功能是将给定的整数 n 转换成字符串后显示出来。例如，若输入的数为-38，则输出应为"-38"。填空以完成所需功能。

```
void fun(int n)
{ int i;
  if(n<0)
```

```
    { putchar('-');
      n=-n;
    }
    if((i=n/10)!=0)      ①      ;
    putchar(n%10+    ②    );
}
```

【分析】此题使用递归的方式来实现。例如，对于数 5867，要输出 "5867"，应先输出 "586"；要输出 "586"，应先输出 "58"；要输出 "58"，应先输出 "5"。由于 5/10 == 0，结束递归，输出字符'5'，然后逐级返回，依次输出'5'、'8'、'6'、'7'。由于 putchar()函数所需的参数可为输出字符的 ASCII 码，例如要输出字符'5'，可用语句 putchar(5 + '0')实现。

【答案】① fun(i)   ② '0' 或 48（48 为字符'0'的 ASCII 码值）

6. 对于函数 fun(int a[], int n, int y)，其功能是：删除数组 a 中值为 y 的元素，n 为数组长度。例如，假设数组 a 中的元素为 1 2 4 1 1 3 1 5，y 为 1，则删除后，数组 a 中的元素为 2 4 3 5。请填空，完成题目要求。

```
fun(int a[],int n,int y)
{ int i,cnt=0;
  for(i=0;i    ①    ;i++)
    if (a[i]!=y) a[    ②    ]=a[i];
}
```

【分析】依题意可知，删除数组中与 y 相同的元素后，其后的元素都要向前移动。为了实现该要求，函数中定义一个变量 cnt，用于指示下一个不等于 y 元素的移动位置。当往前移动一个元素的位置后，cnt 应加 1，指向下一个位置。

【答案】① < n   ② cnt ++

二、选择题选讲

1. 以下函数定义形式正确的是_____

A. double myfun(int x,int y)
```
   {
     z=x+y ;
     return z ;
   }
```

B. myfun(int x,y)
```
   {
     int  z ;
     return z ;
   }
```

C. myfun(x,y)
```
   {
     int x,y ;
     double z;
     z=x+y;
     return z ;
   }
```

D. double myfun(x,y)
```
   {
     double z;
     z=x+y;
     return z ;
   }
```

【分析】A 中没有定义变量 z。B 中形参定义错误，只定义了形参 x 的类型，没有定义形参 y 的类型。C 中形参为 x、y，但函数中又定义了 x 和 y 两个局部变量，出现重复定义错误。D 是正确的，因为如果没有定义形参 x、y 的类型，则编译器默认均是整型。

【答案】D

2. 在 C 程序中，下列描述正确的是_____

A. 函数的定义可以嵌套，但函数的调用不可以嵌套

B. 函数的定义不可以嵌套，但函数的调用可以嵌套

C. 函数的定义和函数调用都可以嵌套

D. 函数的定义和调用都不可以嵌套

【分析】标准 C 规定，函数的定义不允许嵌套。但函数执行时，根据需要可以嵌套调用，即一个函数在未执行完之前去调用执行另外一个函数。函数的嵌套调用是 C 程序一个重要的特色。但在具体的 C 语言环境中，例如 Turbo C，在函数体中可以包含分程序，但要注意的是，分程序不是一个新定义的函数。

【答案】B

3. 下列关于参数的说法正确的是_____。

A. 实参与其对应的形参各占用独立的存储单元。

B. 实参与其对应的形参共占用一个存储单元。

C. 形参是虚拟的，不占用存储单元。

D. 只有当实参和与其对应的形参同名时才共占用存储单元。

【分析】形参也是属于函数的局部变量，在执行时，也要为它分配相应的存储单元，形参与实参在存储空间上是各自独立的，不是共享空间的。形参的作用用来接收实参的值（值传递方式）或地址（地址传递方式）。

【答案】A

4. 如果在一个函数的复合语句中定义了一个变量，则该变量_____。

A. 只在该复合语句中有效   B. 在该函数中任何位置都有效

C. 定义错误，因为不能在其中定义变量   D. 在本程序的源文件范围内均有效

【分析】复合语句就是定义在函数体内的分程序，在分程序中定义的变量，其作用域仅局限在该分程序中。其存储空间也是动态分配的，当刚进入分程序时，分配其中定义变量的存储空间，当分程序要执行完时，动态释放所占据的空间。当然，分程序中也可定义静态局部变量。

【答案】A

5. 在 C 语言中，什么_____存储类型的变量，只在使用时才分配空间。

A. static 和 auto   B. register 和 extern

C. register 和 static   D. auto 和 register

【分析】static 类型的变量，在使用之前就已存在了。auto 类型的变量是在使用时才分配的。extern 只是用于对全局变量作用域的扩充，没有分配存储空间的功能。register 类型的变量也是在使用时才分配空间的，但为其分配的空间不在内存中，而在寄存器中；auto 类型变量分配的空间在内存中。

【答案】D

6. 以下程序段的执行结果为_____。

```
#define PLUS(A,B) A+B
void main()
{ int a=2,b=1,c=4,sum;
 sum=PLUS(a++,b++)/c;
 printf("Sum=%d\n",sum);
}
```

A. Sum=1　　　　　B. Sum=0　　　　C. Sum=2　　　　D. Sum=4

【分析】表达式 PLUS(a++,b++)/c 宏替换展开后，得到 a++ + b++ / c，则该表达式的计算过程是先求 a + b / c，然后再使 a、b 各加 1。计算表达式 a + b / c 先求 b / c，即 1/4，由于两者都是整数，所以 b / c 的结果为 0，则 a + b / c 为 2。

【答案】C

三、改错题选讲

注意：在程序中位于注释 "/**********found**********/" 下面的语句中寻找错误；更正错误时，不要增行或删行，也不得更改程序的结构。

1. 以下程序的功能是：求 1 到 5 的阶乘值。

运行结果为 1!=1　2!=2　3!=6　4!=24　5!=120。

```
#include<stdio.h>
int fac(int n)
{  /**********found**********/
    int f;
    for(;n>=1;n--)
      f=f*n;
    return(f);
}
void main()
{ int i;
  for(i=1;i<=5;i++) printf("%d!=%d",i,fac(i));
}
```

【分析】主函数 main() 循环调用 fac() 函数 5 次，每次求出某个 i 的阶乘。fac() 函数的形参 n 用于接收主函数的实参 i。函数用 n*(n-1)*(n-2)*...*1 的方法来求 n!，用变量 f 保存阶乘的结果。程序中没有对 f 的值进行初始化，导致 f 的初始值不确定，从而使得结果不确定。此处应将 f 的值初始化为 1。

【答案】

错误：int f;

正确：int f = 1;

2. 以下程序中，fun() 函数的功能是：把数组中所有的元素都向前移动一个位置，最前的一个元素移到最后面（假设数组长度为 10，整数类型）。

```
#include<stdio.h>
void fun(int b[],int n)
{ int x,i;
  /**********found**********/
  x=b[1];
  for(i=0;i<n-1;i++)
  /**********found**********/
    b[i+1]=b[i];
  b[n-1]=x;
}
void main()
{ int a[10],i;
```

```
for(i=0;i<10;i++) scanf("%d",&a[i]);
for(i=0;i<10;i++) printf("%d",a[i]);
fun(a,10);
for(i=0;i<10;i++) printf("%d",a[i]);
}
```

【分析】程序所采用的方法是：先将数组的第一个元素，也就是 b[0]放入 x 中，然后再用循环的方法，依次将后面的元素往前移动一位，最后将 x 中的元素放入数组末尾。

【答案】

错误 1：x = b[1];

正确 1：x = b[0];

错误 2：b[i+1] = b[i];

正确 2：b[i] = b[i+1];

3. 下面程序中函数 fun()的功能是：用迭代法求 a 的平方根。已知求 a 的平方根的迭代公式为 x1 = (x0 + a / x0) / 2 。迭代初值为 x0 = a / 2。当前后两次求出的 x 的差的绝对值小于 0.000 01 时迭代结束。

```
#include<stdio.h>
#include<conio.h>
float fun(float a)
{ float x0,x1;
  x0=a/2;
  x1=(x0+a/x0)/2;
 /**********found**********/
  while(fabs(x0-x1)<=1e-5)
  { x0=x1;
    x1=(x0+a/x0)/2;
  }
  return x1;
}
void main()
{ float a,s;
  printf("\n please input one number : ");
  scanf("%f",&a);
  s=fun(a);
  printf("the result is : %f\n", s);
}
```

【分析】fun()函数的执行流程为：将 x0 初始化为 a/2，先求出第一次迭代的值，然后将循环判断前一次迭代的值与本次迭代的值的差的绝对值是否小于 0.000 01，若不小于，则进行下一次迭代，直到两者的差的绝对值小于 0.000 01，循环结束，返回 x1 的值。 .

【答案】

错误：while(fabs(x0-x1) <= 1e-5)

正确：while(fabs(x0-x1) >= 1e-5)

4. 以下程序中 fun()函数的功能是根据以下公式计算 s 。

$$s = \sum_{k=1}^{20} k + \sum_{k=1}^{10} \frac{1}{k}$$

```
#include<stdio.h>
float fun(int n1,int n2)
{ int i;
  double s1=0, s2=0,s=0;
  for(i=1;i<=n1;i++) s1=s1+i;
 /**********found**********/
  for(i=1;i<=n2;i++)
    s2=s2+1/i;
  s=s1+s2;
  return s;
}
void main()
{ int n1=20,n2=10;
  float sum=0;
  sum=fun(n1,n2);
  printf("sum=%f\n",sum);
}
```

【分析】fun()函数用两个循环分别求两个级数的和。found 后的错误在于混淆了整数除法和浮点数除法。由于 1/i 的被除数和除数均为整型，其结果也为整型，而不是浮点型。

【答案】

错误：s2 = s2 + 1/i

正确：s2 = s2 + 1.0/i

5. 下面程序中 fun()函数的功能是：将字符串 t 中的大写字母都改为对应的小写字母，其他字符不变。例如，若输入"AdE,fG"，则输出"ade,fg"。

```
#include<stdio.h>
#include<string.h>
char *fun(char t[])
{ int i;
 /**********found**********/
  for(i=0; t[i]; i++)
    if(('A'<=t[i]) || (t[i]<='Z')) t[i]+=32;
  return (t);
}
void main()
{ int i;
  char t[30];
  printf("\nPlease input a string : ");
  gets(t);
  printf("\nThe result string is : %s", fun(t));
}
```

【分析】由 ASCII 码表可知，小写字母的 ASCII 码比其对应的大写字母 ASCII 码值大 32。函数 fun()用循环来判断字符串中的每一个字符是否位于[A, Z]中，若是则执行 t[i] += 32 语句，将其转变为对应的小写字母。由于字符串的最后一个字符为'\0'，其逻辑意义为假，所以可用它来控制循环的结束。

【答案】

错误：(('A' <= t[i]) || (t[i] <= 'Z'))

正确：(('A' <= t[i]) && (t[i] <= 'Z'))

6. 下面程序中 fun() 函数的功能是：判断整数 x 能否同时被 3 和 5 整除，若能则打印 "Y"，否则打印 "N"。

```
#include<stdio.h>
/**********found**********/
void fun(int x)
{ int flag;
  if(x%3==0 && x%5==0) flag=1;
  else flag=-1;
  return(flag);
}
void main()
{ int m;
  printf("\n Please input a number : ");
  scanf("%d", &m);
  if(fun(m)==1) printf("Y");
  else printf("N");
}
```

【分析】由程序可知，函数 fun() 是有返回值的，由于 flag 是整型，所以函数 fun() 的返回类型应为 int 型，错误在于 fun 定义成 void 型。

【答案】
错误：void fun(int x)
正确：int fun(int x)

4.4　练习及参考答案

一、单项选择题

1. 如果一个被调用函数没有返回语句，则函数的返回值的类型为_____。
   A．char 型　　　　　B．int 型　　　　　C．没有返回值　　　　　D．无法确定

2. 对宏命令的处理是_____。
   A．在程序执行时进行的　　　　　　　　B．在对程序中其他语句进行编译前进行的
   C．在程序连接时进行的　　　　　　　　D．与程序中其他语句同时进行编译

3. 下面对编译预处理的叙述正确的是_____。
   A．预处理命令只能位于程序的开始处
   B．预处理功能是指完成宏替换和文件包含的调用
   C．只要行首以 # 标识的控制行都是预处理命令
   D．编译预处理就是对源程序进行初步的语法检查

4. 以下正确的函数声明是_____。
   A．int f(int x, int y);　B．int f(int x,y);　　C．int f(int x ; int y)　　D．int f(x,y);

5. 下列关于 return 语句的说法，正确的是_____。
   A．必须在每个函数中都出现　　　　　　B．只能在除主函数之外的函数中出现一次
   C．可以在同一个函数中多次出现　　　　D．在主函数和其他函数中都可以出现

6. 下列说法不正确的是_____。

    A. 形式参数是局部变量

    B. 主函数 main()中定义的变量在整个文件或程序中都有效

    C. 在一个函数的内部，可以在复合语句中定义变量

    D. 不同的函数中，可以使用相同名字的变量

二、程序填空题

1. 函数 fun()用来计算下列这个多项式的和 s_n，其中 a 是一个数字，例如当 a=3 且 n=4 时，多项式 s_n 为 $3+33+333+3333$，要求 a 和 n 由键盘输入。

$$sn=a+aa+aaa+aaaa+\cdots$$

```c
#include<stdio.h>
int fun(int a,int n)
{ int tn=0,sn=0,cnt=1;
  while (cnt<=n)
  { tn=tn+a;
    sn=sn+tn;
    _____;
    ++cnt;
  }
  return sn;
}
void main()
{ int a,n,sum;
  printf("\nPlease input a and n: ");
  scanf("%d,%d",&a,&n);
  sum=fun(a,n);
  printf("sum=%d\n",sum);
}
```

2. 函数 fun()的功能是用递归的方法求 x 的 n 次方，即 x^n（n 为正整数）。

```c
#include<stdio.h>
double fun(float x,int n)
{ if(n<=0) return 1;
  else return_____;
}
void main()
{ int n;
  float x;
  double r;
  scanf("%f,%d",&x,&n);
  r=fun(x,n);
  printf("%f \n", r);
}
```

3. 函数 fun()的功能是把字符数组 a 中的字符串按反序存放，例如：字符串"abcd"的输出结果为"dcba"。

```c
#include<stdio.h>
void fun(char a[])
{ char t;
  int i,j;
  for(i=0,j=strlen(a)-1;i<strlen(a)/2;i++, _____)
```

```
  { t=a[i];a[i]=a[j];a[j]=t;
  }
 }
void main()
{ char s[10];
 printf("\nInput a string : ");
 scanf("%s",s);
 fun(s);
 printf("The rotated string is : %s \n" ,s);
}
```

4. 程序中函数 fun()的功能是画出如下所示的九九乘法表。

```
*   1   2   3   4   5   6   7   8   9
1   1   2   3   4   5   6   7   8   9
2       4   6   8  10  12  14  16  18
3           9  12  15  18  21  24  27
4              16  20  24  28  32  36
5                  25  30  35  40  45
6                      36  42  48  54
7                          49  56  63
8                              64  72
9                                  81
```

```
#include<stdio.h>
void fun()
{ int i,j;
 printf("%c",'*');
 for(i=1;i<=9;i++) printf("%4d",i);
 printf("\n");
 for(i=1;i<=9;i++)
 { printf("%d",i);
    for(j=1; _____ ;j++) printf(" ");
    for(j=i;j<=9;j++) printf("%4d",i*j);
    printf("\n");
 }
}
void main()
{ fun();
}
```

5. 程序中函数 fun()用于求 3～500 之间的所有孪生素数(两个素数仅相差 2 称为孪生素数),
   例如, 3 和 5、5 和 7、11 和 13 等。

```
#include<stdio.h>
#include<math.h>
int isprime(int x)
{ int i,j;
 i=sqrt(x);
 for(j=2;j<=i;j++) if(x%j==0) break;
 if( _____ ) return 1;
```

```
    else return 0;
  }
  void main()
  { int bef=3,bak,c;
    for(bak=5;bak<=500; bak++)
    { c=isprime(bak);
      if(c==1 && _____ ) {printf(" %d,%d",bef,bak); bef=bak;}
      else if (c==1 && bak-2 != bef) bef=bak;
    }
  }
```

6. 以下程序用来求和:

$$sum=x+x^2/(1+2)+x^3/(1+2+3)+\cdots+x^n/(1+2+\cdots+n)$$

```
#include<stdio.h>
float fun(int i)
{ static s=0;
  _____;
  return s;
}
void main()
{ float sum=0,x,y;
  int i,n;
  scanf("%d,%f",&n,&x);
  y=x;
  for(i=1;i<=n;i++)
  { sum+= _____;
    x*=y;
  }
  printf("sum=%f\n",sum);
}
```

7. 函数 strcmpstr()的功能是对两个字符串进行比较，从左至右判断并返回相同字符的个数，如"abc"和"ebc",相同字符个数为 0 (注意：若第一个都不相等，则以后就无需判断)，"deg"和"defgh"，相同字符个数为 2，请填空。

```
#include<stdio.h>
int strcmpstr(char *s,char *t)
{ int i=0;
  while(*s && *t && *s == _____ )
    { _____ ;s++;t++;}
  return i;
}
```

三、改错题

注意：在程序中位于注释 "/**********found**********/" 下面的语句中寻找错误；更正错误时，不要增行或删行，也不得更改程序的结构。

1. 下面程序判断一个三位数是否为"水仙花数"。"水仙花数"的定义为：一个三位数等于其各位数字之和。例如，$153 = 1^3 + 5^3 + 3^3$，所以，153 是水仙花数。

```
/**********found**********/
#include<stdio.h>
```

```
void fun(int n)
{ int i,j,k;
/**********found**********/
  i=n/10;
  j=(n-100*i)/10;
  k=n-100*i-10*j;
  if(n== pow(i,3)+pow(j,3)+pow(k,3)) printf("%d\n",n);
}
void main()
{ int n;
  for(n=100;n<1000;n++) fun(n);
}
```

2. 下面程序的功能是将给定数组中的最大数和最小数进行位置互换。如将下面 8 个数：
   5,9,1,4,2,8,0,6 变成 5,0,1,4,2,8,9,6 。程序中，最大数与最小数的互换操作通过函数 jh()来实现。

```
void jh(int a[],int n)
{ int t,max,min,end,q;
  end=n;
  max=min=0;
  for(q=1;q<end;q++)
/**********found**********/
  {
    if(a[q]>a[max]) max=q;
    if(a[q]<a[max]) min=q;
  }
/**********found**********/
  t=max; max=min; min=t;
}
void main()
{ int i;
  static int a[8]={5,9,1,4,2,8,0,6};
  printf(" Original array: \n");
  for(i=0;i<8;i++) printf("%5d",a[i]);
  printf("\n");
  jh(a,8);
  printf(" Array after swaping max and min: \n");
  for(i=0; i<8; i++) printf("%5d",a[i]);
  printf("\n");
}
```

3. 下面程序中 fun()的功能是从键盘输入一行字符，分别统计其中的字母、数字、空格和其
   他字符的个数。

```
#include<stdio.h>
void fun()
{ int letter=0,digit=0,space=0,other=0;
  char c;
/**********found**********/
  while(c=getchar()!='\n')
    if(c>='a'&&c<='z'||c>='A'&&c<='Z') letter++;
    else if(c>='0'&&c<='9') digit++;
/**********found**********/
```

```
          else if(c = ' ') space++;
                else other++;
       printf("letter=%d,",letter);
       printf("digit=%d,",digit);
       printf("space=%d,",space);
       printf("other=%d\n",other);
   }
   void main()
   { int c;
     printf("Please input a string:\n");
     fun();
   }
```

4. 下面程序中 fun()函数的功能是计算并输出从键盘输入的任一正整数的各位数字之和 s 及各位数字之积 t。例如，当输入的正整数为 237 时，s 的值为 12，t 的值为 42。

```
   #include<stdio.h>
   void fun(int n)
   /**********found**********/
   { int y,s=0,t=0;
     while(n!=0)
       { y=n%10;
         s=s+y;
         t=t*y;
   /**********found**********/
          n=n%10;
         }
       printf("s=%d,t=%d\n",s,t);
   }
   void main()
   { int n;
     scanf("%d",&n);
     fun(n);
   }
```

5. 下面程序的功能是输入一个字符串，将此字符串中最长的单词输出。

```
   #include<conio.h>
   #include<strlen.h>
   int isalph(char c)
   { if((c>='a' && c<='z')||(c>='A' && c<='Z')) return(1);
     else  return(0);
   }
   /**********found**********/
   int longest(char str)
   { int len=0,i,length=0,flag=1,point,place;
     for(i=0;i<=strlen(str);i++)
       if(isalph(str[i]))
         if(flag)
         { flag=0;
           point=i;
         }
         else len++;
```

```
        else
          {
/**********found**********/
        flag=0;
        if(len>length)
          { length=len;
            place=point;
            len=0; }
          }
      return(place);
  }
  void main()
  { int i;
    char line[100];
    printf("Enter string : ");
    gets(line);
    printf("the longest is : ");
    for(i=longest(line);isalph(line[i]);i++) printf("%c",line[i]);
    printf("\n");
  }
```

6. 下面程序中函数 fun()的功能是求以下 S 的值：

$$S=((2 \times 2)/3) \times ((4 \times 4)/(3 \times 5)) \times \cdots \times ((2 \times k \times 2 \times k)/((2 \times k-1) \times (2 \times k+1)))$$

```
#include<stdio.h>
#include<conio.h>
/**********found**********/
fun(int k)
{ int n;
  float s,w,p,q;
  n=1;s=1.0;
  while(n<= k )
  {  w=2.0*n;
    p=w-1.0;
    q=w+1.0;
    s=s*w*w/p/q;
    n++;
  }
/**********found**********/
  return s
}
void main()
{ printf("%f\n",fun(10));
}
```

7. 下面程序判断一个大于等于 4 的偶数总能表示为两个素数之和。

```
#include<stdio.h>
#include<math.h>
void fun(int a)
{ int b,c,d;
  for(b=2;b<=a/2;b++)
    { for(c=2;c<=sqrt(b);c++)
        if (b%c==0) break;
```

```
        if(c>sqrt(b))
/**********found*********/
           d=a+b;
        else
/**********found*********/
          break;
        for(c=2;c<=sqrt(d);c++)
          if(d%c==0) break;
        if(c>sqrt(d))
          printf("%d=%d+%d\n",a,b,d);
      }
    }
}
void main()
{ int num;
  scanf("%d",&num);
  fun(num);
}
```

8. 函数 prn_star()输出菱形图案，其中参数 m 代表图案的行数（为奇数）。例如，若 m=5，则输出的菱形图案为：

```
                  o
                 ooo
                ooooo
                 ooo
                  o
```

```
#include<stdio.h>
void prn_star(int m)
{ int i,j,p;
/**********found*********/
  for(i=1;i<m;i++)
/**********found*********/
    { if(i<=m)  p=i;
      else p=m+1-i;
      for(j=1;j<=(m-(2*p-1))/2;j++)
        printf(" ");
      for(j=1;j<=2*p-1;j++)
        printf("o");
      printf("\n");
    }
}
void main()
{ int m;
  printf("请输入菱形图案的行数(为奇数): ");
  scanf("%d",&m);
  prn_star(m);
}
```

参考答案

一、选择题

1. D   2. B   3. C   4. A   5. C   6. B

二、程序填空题

1. a = a * 10   2. x*fun(x, n-1)   3. j--   4. j <= 4*(i-1)

5. j > i   bak-2 == bef   6. s += i   x / fun(i)   7. *t   i++

三、改错题

1.

    错误 1: 缺少声明系统函数 pow 原型的头文件。

    应改为: 在程序头部增加嵌入命令 #include <math.h>。

    错误 2: i=n/10

    应改为: i=n/100

2.

    错误 1: (a[q]<a[max])   应改为: (a[q]<a[min])

    错误 2: t=max; max=min; min=t;   应改为: t=a[max]; a[max]=a[min]; a[min]=t;

3.

    错误 1: (c=getchar()!='\n')   应改为: ((c=getchar())!='\n')

    错误 2: c = ' '   应改为: c==' '

4.

    错误 1: t=0   应改为: t=1

    错误 2: n=n%10;   应改为: n=n/10;

5.

    错误 1: int longest(char str)   应改为: int longest(char *str)

    错误 2: flag=0;   应改为: flag=1;

6.

    错误 1: fun(int k)   应改为: float fun(int k)

    错误 2: return s   应改为: return s ;

7.

    错误 1: d=a+b;   应改为: d=a-b;

    错误 2: break;   应改为: continue;

8.

    错误 1: for(i=1;i<m;i++)   应改为: for(i=1;i<=m;i++)

    错误 2: (i<=m)   应改为: (i<=m/2) 或 (i<=m/2 + 1)

数组类型与指针类型 ‹‹‹

5.1 本章要点

1. 指针类型的基本概念。

指针是内存的地址，根据地址所标内存单元的类型可以有不同类型的指针，如整型指针、实型指针等。

指针变量是存放指针的变量，根据所存放的指针类型可以定义不同类型的指针变量，指针变量一般只能存放相应类型的指针，除非使用类型转换。指针变量的初值为随机的地址。

二级指针是指针变量的地址，可以定义二级指针变量保存该地址。

2. 定义指针变量。

定义的变量名前加上*，可以定义指针变量，如 int *x;。

指针变量通过赋值操作得到内存单元的地址，称为指向该内存单元，如 int y; x=&y;指针变量 x 赋值为变量 y 的地址。

3. 指针的间接访问运算。

指针变量名前加上*，可以间接访问指针变量所指的内存单元，如 int y,*x=&y; *x=3;可以使 x 所指向的变量 y 赋值为 3。

4. 数组类型的基本概念。

数组是同类型的一批有序数据，用不同下标编号表示不同位置上的数据。

数组变量是可以存放数组的连续的内存空间，通过同一名字不同的下标编号可以访问该空间中的任一单元。

二维数组是矩阵形式的数据，通过二维下标编号表示不同位置上的数据。第一维下标表示行，第二维下标表示列，在内存中按行下标大小逐行存放。二维数组变量是可以存放二维数据的内存空间。

5. 定义数组类型和数组变量。

定义的数组变量必须使用常数表示数组的大小，如 int a[3];。

单独定义数组类型必须使用 typedef 命令，typedef 会将数组变量的定义方式记录为新的类型名，适合于所有构造类型的定义。

6. 函数的数组参数。

数组参数是地址传递方式，数组形参只接收数组的开始地址，无论定义形参时是否定义了数组大小。数组大小需要另外定义一个整型参数来提供。

二维数组形参也是地址传递方式，只接收数组的开始地址，定义形参时必须提供第二维大小，而第一维大小可以为空。

7. 访问数组成员。

数据变量的下标运算可以访问下标所指定的数组成员，如 a[2]=10;，下标可以是表达式。数组的下标固定为 0 开始，下标的上界受数组元素个数的限制。

8. 数组常量的指针运算。

数组名是指针常量，可以按指针方式使用指针运算，如间接访问运算、加减整数运算等。

9. 指针变量的下标运算。

指针变量指向一批成员的内存空间时，可以使用数组下标运算访问空间不同的成员。

10. 动态空间。

动态空间是一块特殊的内存区域，空间分配与回收只在程序运行期间进行，由用户根据需要调用库函数完成，动态内存空间称为"堆"。

11. 动态空间分配并使用。

堆中的空间分配需要 C 语言的库函数 malloc()或 calloc()实现，两者返回分配的内存地址为 void*通用指针类型，可以直接赋值给各类的指针变量。

通过指针变量可以间接访问所指向的动态内存空间。

12. 动态空间回收。

堆中的空间回收需要 C 语言的库函数 free()实现，其参数为指向该空间的指针变量。

13. 字符串和字符串常量。

字符串是一串任意长度的字符。字符串常量是 C 语言表示字符串的方式，必须以一对双引号界定。

14. 存储字符串。

字符数组变量可以用来存放字符串，一般在数组变量初始化时存放。

字符指针变量不存放字符串，只用来指向字符串常量或变量。

字符串操作可以自编函数实现，也可以使用 C 语言的库函数完成。

15. 输入/输出字符串。

库函数 scanf()和 printf()是最常见的输入/输出字符串的函数。

另有一些库函数也可以完成字符串的输入/输出，如 gets()和 puts()。

5.2 主教材习题解答

一、选择题

1. 以下叙述中错误的是（　　　）。

A. 对于 double 类型数组，不可以直接用数组名对数组进行整体输入或输出

B. 数组名代表的是数组所占存储区的首地址，其值不可改变

C. 当程序执行中，数组元素的下标超出所定义的下标范围时，系统将给出"下标越界"的出错信息

D. 可以通过赋初值的方式确定数组元素的个数

【分析】

（1）数组中，只有字符串型可以进行整体输入或输出，A 正确。

（2）数组名是指针，指向第一元素且不可改变，B 正确。

（3）下标超出边界时系统不会报错，C 错误。

（4）数组没有给定大小时可以通过初始值的个数确定数组大小，D 正确。

【答案】C

2. 数组名作为函数调用的实参，传递给形参的是（　　　）。

A. 数组的首地址　　　　　　　　　　　　B. 数组第一个元素的值

C. 数组中全部元素的值　　　　　　　　　D. 数组元素的个数

【分析】

（1）数组名实参传递的是数组中第一元素的地址，即首地址，A 正确。

（2）数组名不能传递第一元素值、元素个数，也不能传递全部元素，其他不正确。

【答案】A

3 以下能正确定义一维数组的选项是（　　　）。

A. int a[5]={0,1,2,3,4,5};　　　　　　　B. char a[]={0,1,2,3,4,5};

C. char a={'A','B','C'};　　　　　　　　D. int a[5]="0123";

【分析】

（1）A 中的问题是初始值个数超过了数组大小。

（2）B 是正确的，通过初始值个数可以确定数组大小。

（3）C 在语法上是错误的。

（4）字符串做初值时只能针对字符数组变量而不能是整型数组

【答案】B

4. 定义如下变量和数组：int i; int x[3][3]={1,2,3,4,5,6,7,8,9};，则语句 for(i=0;i<3;i++) printf("%d   ",x[i][2−i]);的输出结果是（　　　）。

A.. 1　5　9　　　　　B. 1　4　7　　　　　C. 3　5　7　　　　　D. 3　6　9

【分析】

（1）for 循环显示 3 个数组元素：x[0][2], x[1][1], x[2][0]。

（2）按初始值的顺序可以知道 3 个元素的值是 3 5 7。

【答案】C

5. 假设已有 static int x[20][30]的数组声明，下面（　　　）是错误地表示单元 x[9][0]地址的操作。

A. x[9]　　　　　　B. x+9*30　　　　　　C. &x[9][0]

D. &x[0][0]+9*30　　　E. *(x+9)

【分析】

（1）二维数组是以一维数组为元素的数组，二维数组名代表一维数组单元的地址。

（2）x[9]表示第 9 行的一维数组，即第 9 行首元素的地址。

（3）x+9*30 表示第 270 行的一维数组的地址，不符合要求。

（4）&x[9][0]表示第 9 行第 0 列元素的地址。

（5）&x[0][0]+9*30 表示从第 0 行第 0 列元素往后数 9 行加 30 个元素的地址。

（6）*(x+9)表示第 9 行的一维数组，即 x[9][0]的地址。

【答案】B

6. 下列关于指针定义的描述，错误的是（　　　）。

A. 指针是一种变量，该变量用来存放某个变量的地址值

B. 指针变量的基类型与它所指向的变量类型一致

C. 指针变量的命名规则与标识符相同

D. 在定义指针变量时，标识符前的*号只对该标识符起作用

【分析】

（1）指针不是一种变量，是内存单元的地址，A 错误。

（2）指针变量的基类型是指向的内存单元的类型，B 正确。

（3）指针变量名是一种与其他变量名和保留字不同名的标识符，C 正确。

（4）一个变量在定义时前面上*号才是指针变量，D 正确。

【答案】 A

7. 两个指针变量的值相等时，表明两个指针变量是（　　　）。

A. 占据同一内存单元

B. 指向同一内存单元地址或者都为空

C. 是两个空指针

D. 指向的内存单元值相等

【分析】

（1）两个指针变量的值是两个地址，相等表示两个地址相等。

（2）内容相等并不能说两个指针变量在同一块内存，A 错误。

（3）地址相等表示指向的内存单元是同一个或两个地址是空，B 正确。

（4）两个地址是空时两者相等，但相等的地址不一定就空，C 错误。

（5）地址相等与地址指向的单元值相等是不同的，D 错误。

【答案】 B

8. 设 A 为 int 型的一维数组，如果 A 的首地址为 p，那么 A 中第 i 个元素的地址为（　　　）。

A. p+i*2   B. p+(i−1)*2   C. p+(i−1)   D. p+i

【分析】 int 型的单元要占 2 个字节，首地址是第一个元素的地址，第一个元素与第 i 个元素之间差为 i−1 个元素，加上 i−1 个元素的字节数就可以得到第 i 个元素的地址，即 p+(i−1)*2。

【答案】 B

9. 若有如下定义，则（　　　）是对数组元素正确的引用。

```
int  a[10],*p=a;
```

A. *&a[10]   B. a[11]   C. *(p+10)   D. *p

【分析】

（1）*&a[10]的结果就是 a[10]，该引用超过了边界元素 a[9]，是非法引用。

（2）*(p+10)的结果是 a[10]和 a[11]，都超过了边界元素 a[9]，是非法引用。

（3）*p 的结果是 a[0]，属于正确引用。

【答案】 D

10. 设变量定义为 int a[3]={1,4,7},*p=&a[2];，*p 的值是（　　　）。

A. &a[2]   B. 4   C. 7   D. 1

【分析】 p 初始化为 a[2]的地址，*p 的结果是 a[2]，a[0]=1，a[1]=4，a[2]=7，所以 C 正确。

【答案】 C

11. 执行下列程序后，其结果为（　　　）。

```
int a[]={2,4,6,8,10,12},*p=a;
*(p+4)=2;
printf("%d,%d\n",a[3],a[4]);
```
A. 6,8   B. 10,12   C. 8,10   D. 8,2

【分析】

（1）p初始化为a[0]的地址，p+4 的结果是 a[4]的地址，*(p+4)的结果是 a[4]。

（2）从 a[0]开始获得初始值，a[3]=8，a[4]=10。

（3）*(p+4)=2 使 a[4]被赋值为 2，所以 D 正确。

【答案】D

12. 下列程序的输出结果是（   ）。

```
int a[5]={2,4,6,8,10},*p=a,* *k=&p;
printf("%d",*(p++));
printf("%d\n",* *k);
```
A. 4 4   B. 2 2   C. 2 4   D. 4 6

【分析】

（1）p 初始化为 a[0]的地址，p++的结果是 p 加 1 之前的地址，即是 a[0]的地址，*(p++)的结果是 a[0]，显示值为 2，然后 p 被++操作增 1 存放了 a[1]的地址。

（2）k 初始化为 p 的地址，*k 的结果是 p，**k 的结果是 p 所指向的单元 a[1]，因此显示值为 4。

（3）最终显示为 2 4，C 正确。

【答案】C

13. 设有说明 double(*p1)[N];，其中标识符 p1 是（   ）。

A. N 个指向 double 型变量的指针

B. 指向 N 个 double 型变量的函数指针

C. 一个指向由 N 个 double 型元素组成的一维数组的指针

D. 具有 N 个指针元素的一维指针数组，每个元素都只能指向 double 型量

【分析】

（1）说明定义了一个一维数组指针变量 p1，指向的数组是 double 型、N 个元素。

（2）是一个指针，不是 N 个，A 错误。

（3）是数组指针，不是函数指针，B 错误。

（4）C 描述正确。

（5）不是指针数组，D 错误。

【答案】C

14. 下列描述中不正确的是（   ）。

A. 字符型数组中可以存放字符串

B. 可以对字符型数组进行整体输入/输出

C. 可以对整型数组进行整体输入/输出

D. 不能在赋值语句中通过赋值运算符"="对字符型数组进行整体赋值

【分析】

（1）字符型数组可以设置字符串初值，A 正确。

（2）字符数组可以作为输入/输出函数的参数，B 正确。

（3）整型数组不可作为输入/输出函数的参数，C 错误。

（4）只可以将字符串作为初值来赋值，不能使用赋值语句赋值给字符型数组，D 正确。

【答案】C

15. 设有如下定义: char *aa[2]={"abcd","ABCD"};，则以下说法中正确的是（   ）。

A. aa 数组的两个元素的值分别是字符串"abcd"和"ABCD"

B. aa 是指针变量，它指向含有两个数组元素的字符型一维数组

C. aa 数组的两个元素分别存放的是大小为 4 的两个一维数组的首地址

D. aa 数组的两个元素中各自存放了字符'a'和'A'的地址

【分析】

（1）aa 是两个指针元素构成的指针数组，指针分别指向两个字符串，A 正确。

（2）aa 是数组变量，不是指针变量，B 错误。

（3）aa 的两个元素存放的不是数组地址，即使看作数组大小也为 5，C 错误。

（4）字符常量没有地址，只有变量才有地址，D 错误。

【答案】A

二、简答题

1. 假设有 char c[40];的定义，请解释 c[6]与 c+6 有何联系与区别。

【分析】

（1）数组名 c 表示字符型指针，代表数组首元素的地址。

（2）c+6 表示数组的第六个单元的地址。

（3）c[6]表示数组的第六个单元。

【答案】c+6 是 c[6]单元的地址。

2. 请叙述 C 语言中数组和指针在使用中容易出问题的原因。

【分析】

（1）数组在使用中会预分配指定大小的单元空间，容易出现超出使用范围的错误

（2）指针使用时需要将空间地址存入指针变量，容易出现使用空指针变量的情况

【答案】

数组使用中下标易超界，因为 C 语言没有超界使用的检测。指针变量使用中容易使用空地址，因为用户容易忽略指针变量赋初值的工作。

3. 采用何种方法能使一个函数可以同时返回多个值？

【分析】

（1）函数实参为传值方式，不可以被修改，但通过指针变量将单元地址传入函数，可以返回函数中的值。

（2）函数的返回值类型可以是记录类型，将多个返回值组合成记录可以返回多个值。

【答案】利用指针参数或记录类型作为返回值类型可以返回多个值。

4. 下列（   ）是引入指针类型的理由（注：本题为多选）。

（1）能够帮助函数参数值的返回。

（2）能实现数组作为函数参数。

（3）能直接修改内存单元。

（4）能实现动态内存空间的分配。

（5）能将其他的函数作为形参。

（6）能使数组的访问更容易理解。

（7）能对结构化程序设计提供帮助。

【分析】

（1）指针可以将要修改的内存单元地址引入函数，函数对内存的修改可以返回主程序。

（2）数组作为参数不采用传值方式，而是将首地址作为参数，也就是是指针类型参数。

（3）指针类型可以直接指定要修改的内存，以满足硬件的直接控制。

（4）指针类型变量是动态内存空间分配的对象，分配的动态内存通过指针变量使用。

（5）函数指针可以作为函数参数，函数通过函数指针可以调用外部定义的函数。

（6）一般来说，数组使用下标方式访问比直接用指针访问更好理解，因此（6）不对。

（7）结构化程序要求模块无副作用，指针会使函数具有副作用，因此（7）不对。

【答案】（6）和（7）不对。

5. 写出下面两个数组各占用多少字节的内存。

（1）static char *ary1[2]={"operating","system"};

（2）static char ary2[2][12]={"operating","system"};

【分析】

（1）ary1 是由两个指针变量组成的，每个指针占用空间为 2 字节，因此 ary1 占用 4 字节。

（2）ary2 是由两维共 24 个单元组成的，每个单元占用 1 字节，因此 ary2 占用 24 字节。

【答案】ary1 占用 4 字节，ary2 占用 24 字节。

6. 请指出下列程序错误的地方。

```
#include<stdio.h>
void main()
{
  float x[2];
  float *ptr;
  *(x+1)=20.4;
  *(x+2)=30.4;
  ptr=&x;
  printf("%f",ptr[1]);
}
```

【分析】

（1）程序定义了数组 x[0..1]包含了两个元素。

（2）*(x+2)等价于 x[2]超出了数组的下界。

（3）ptr 可以保存实型的地址，&x 是数组的地址，x 才是实型单元的地址。

（4）ptr[1]等价于*(ptr+1)或 x[1]，没有问题。

【答案】两处错误，*(x+2)=30.4 会超界，ptr=&x 类型不匹配。

7. 下面程序正确吗？若有错，请指出错误的原因。

```
#include<stdio.h>
void main()
{
```

```
int j,*ptr;
*ptr=3;ptr=3;
}
```

【分析】

（1）整型指针变量 ptr 可以保存整型变量的地址，但不可以保存整型数据

（2）整型指针变量可以通过*访问所指向的整型变量，但需要先存放该整型变量的地址

【答案】 *ptr=3;错误，因为 ptr 没有指向整型单元。ptr=3;错误，因为 ptr 不能放整型数据。

三、给出下列各程序的运行结果

（1）

```
#include<stdio.h>
void main()
{
    static int arr[]={4,5,6};
    int j;
    for(j=0;j<3;j++) printf("%d",*(arr+j));
}
```

【分析】

（1）定义的静态整型数组 arr[0..2]中初始化 4、5、6 三个值，否则初始化为零。

（2）*(arr+j)表示 arr 数组的第 j 个单元，for 循环连续显示 arr 的 3 个值：4、5、6。

【答案】 456

（2）

```
#include<stdio.h>
void main()
{
    static int arr[]={4,5,6};
    int j,*ptr=arr;
    for(j=0;j<3;j++)  printf("%d",*ptr++);
}
```

【分析】

① arr 静态数组初始为 4、5、6。

② 指针变量初始化为数组名所代表的数组首元素地址。

③ *ptr++表示使用 ptr 所指向的单元，用完后 ptr 指向下一个单元，因此 for 循环依次显示 ptr 所指向的 arr3 个元素 4、5、6。

【答案】 456

（3）

```
#include<stdio.h>
void main()
{
    static char s[]="I like you";
    printf("%s",s);
    printf("%s",&s[0]);
    printf("%s",s+2);
}
```

【分析】

（1）静态字符数组 s[0..10]初始化为"I like you"字符串

（2）第一个显示命令通过 s 数组名显示字符串。

（3）第二个显示命令通过取 s 数组首元素地址作为参数显示字符串。

（4）第三个显示命令通过指针运算获得第三元素地址作为参数显示字符串"like you"。

【答案】I like youI like youlike you

四、编程题

1. 产生 15 个位于区间[10,99]内的随机整数，查找并显示其中的最大元素和次大元素。

【分析】整个算法过程如图 5-1 所示。

（1）产生 15 个指定了区间的随机整数，将它们保存到数组 int a[15];中。

（2）比较 a[0]和 a[1]，变量 m1 存大数，变量 m2 存小数。

（3）将 a[2..14]中的每个元素进行如下操作：

① 与 m1 比较，若大于 m1，则将次大元素 m2 的值置为 m1，最大元素 m1 的值置为该数，否则跳转到（2）。

② 与 m2 比较，若大于 m2，则将次大元素 m2 的值置为该数。

（4）循环结束后，输出最大元素 m1 和次大元素 m2。

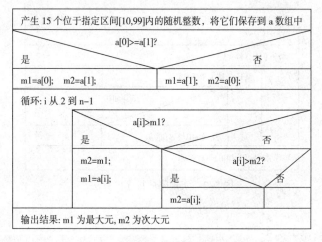

图 5-1　查找最大元素与次大元素

【答案】

```c
#include<stdio.h>
#include<stdlib.h>
#include<time.h>
void main()
{
    int a[15];
    int i,m1,m2;                          /*m1 存最大元素，m2 存次大元素*/
    srand((unsigned)time(NULL));          /*初始化随机数触发器*/
    printf("\n 初始的随机数据如下:\n");
    for(i=0;i<15;i++)                     /*产生并显示 15 个随机整数*/
    { a[i]=rand()%(99-10+1)+10;
        printf("%4d",a[i]);
```

```
        }
        printf("\n");
        if(a[0]>=a[1])                          /*根据前两个元素预设最大元素与次大元素*/
        { m1=a[0]; m2=a[1]; }
        else
        { m1=a[1]; m2=a[0]; }
        /*从第 3 个元素开始继续查找 */
        for(i=2;i<15;i++)
          if(a[i]>m1)                            /*找到了一个新的最大元素*/
          { m2=m1; m1=a[i]; }
          else
            if(a[i]>m2)m2=a[i];                  /*找到了一个新的次大元素*/
        printf("\n 上述随机数的最大元素=%d, 次大元素=%d\n",m1,m2);
    }
```

2. 产生 15 个位于区间[10,99]内的随机整数,利用选择排序法对这些随机整数进行降序排序。

【分析】整个算法过程如图 5-2 所示。

（1）输入数组的元素个数 n 和全部数组数据到 a[0..n-1]中。

（2）i 依次取值 0..n-2,选择 a[i..n-1]中最小值到 a[i],具体如下：j 依次取值 i+1..n-1,通过交换来保证 a[i]不大于 a[j]。

（3）a[0..n-1]中元素是非降序的,并输出结果。

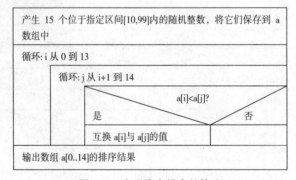

图 5-2　实现降序排序的算法

【答案】

```
#include<stdio.h>
#include<stdlib.h>
#include<time.h>
void main()
{
 int a[15],i,j,t;
  srand((unsigned)time(NULL));
  printf("\n 排序前的原始数据如下:\n");
  for(i=0;i<15;i++)    /*产生并显示 15 个随机整数*/
  { a[i]=rand()%(99-10+1)+10;
    printf("%4d",a[i]);
  }
  for(i=0;i<14;i++)   /*进行降序排序*/
     for(j=i+1;j<15;j++)
       if(a[i]<a[j]){ t=a[i];a[i]=a[j];a[j]=t;}
  printf("\n 排序后的结果数据如下:\n");
  for(i=0;i<15;i++)
```

```
        printf("%4d",a[i]);
    printf("\n");
  }
```

3. 有 15 个整数按升序排列，现输入一个数，请用折半查找法判断该数在序列中是否存在，若存在则指出是第几个。

【分析】折半查找法也称二分法，整个算法过程如图 5-3 所示。

（1）输入待找数 x 和 15 个已经按升序排列的整型数据到数组 a[0..14]中。

（2）设置初始查找范围 L..R 为 0..14，其中 L 为左边界，R 为右边界。

（3）判断查找范围是否为空，是则转（4），否则反复执行。

① 使 M 等于 L 和 R 的中点（注：M 代表区间长度的中点）。

② 若 a[M] 等于 x，表明查找成功，并转（4）。

③ 若 a[M]<x，则 x 只可能在 M+1..R 范围，此时需要修改左边界 L 的值；否则 x 只可能在 L..M-1 范围，此时需要修改右边界 R 的值。

（4）若范围为空则不存在 x，否则存在 x，位置在 M 并显示结果。

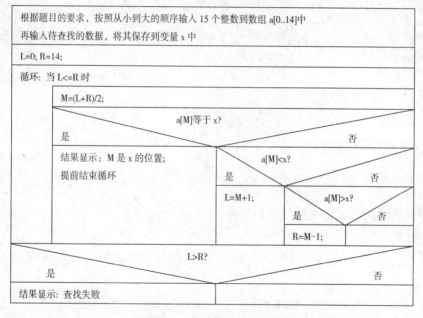

图 5-3 实现折半查找的算法

【答案】

```
#include<stdio.h>
void main()
{
int a[15],L,R,M,x,i;
  printf("请按升序的要求输入15个数据\n");
  for(i=0;i<15;i++)scanf("%d",&a[i]);
  L=0;  /*设置左边界L和右边界R的初始值*/
R=14;
  printf("要查找哪个数？ ");
scanf("%d",&x);
```

```
      while(L<=R)                    /*折半查找开始循环*/
      {  M=(L+R)/2;                  /*求出区间的中点位置 M*/
         if(a[M]==x)
         {  printf("查找成功, 它在数组中的位置是%d\n",M);
      break;   /*查找成功后退出循环*/
      }
          else if(a[M]<x)L=M+1;       /*待查数据可能在右边, 修改左边界 L*/
                else if(x<a[M])R=M-1;  /*修改右边界的值*/
      } /* while */
      if(L>R)printf("要查找的数据不存在\n");
}
```

4. 编写程序, 验证主教材 5.3.2 节中一级指针操作的使用实例。

【分析】书中已有数据变量定义, 4 个表达式的验证可以依次进行。

【答案】

```
#include<stdio.h>
int i=50,j=60,*p,*p1=&i,*p2=&j;
void main()
{
    printf("p1=%p,&*p1=%p\n",p1,&*p1);
    printf("i=%d, *&i=%d\n",i,*&i);
    (*p1)++;
    printf("i=%d,j=%d,*p1=%d\n",i,j,*p1);
    printf("i=%d,j=%d,*p1=%d\n",i,j,(*p1)++);
    *p1++;
    printf("&i=%p,&j=%p,p1=%p\n",&i,&j,p1);
    /*p2=&p1;*/                      /*这一行去除注释符来验证, 会有警告错误*/
    printf("p1=%p,&p1=%p\n",p1,&p1);
}
```

【对照运行结果验证主教材结论】

```
p1=00424A30,&*p1=00424A30
i=50,*&i=50
i=51,j=60,*p1=51
i=51,j=60,*p1=51
&i=00424A30,&j=00424A34,p1=00424A34
p1=00424A34,&p1=00424A38
```

5. 编写程序, 打印出以下的杨辉三角形 (要求打印 10 行)。

```
          1
        1   1
       1   2   1
      1   3   3   1
     1   4   6   4   1
    1   5   10   10   5   1
              ...
```

【分析】主要思路: 使用 10 行 10 列的二维数组保存每行数据。当 i>=1 且 j>=1 时,

a[i][j]=a[i-1][j-1]+a[i-1][j]；当 i=0 或 j=0 时，a[i][0]=1，a[0][0]=0。第 i 行数据只有 i 项。首先使数组初始化为零，然后将 i=0 或 j=0 的项直接赋值。最后，i=1..9，j=1..i 组合循环生成 i>=1 且 j>=1 的每一项。

【答案】

```
#include<stdio.h>
void main()
{
int a[10][10]={0},i,j;
 a[0][0]=1;
 for(i=1;i<10;i++)
 {
  a[i][0]=1;
  for(j=1;j<=i;j++) a[i][j]=a[i-1][j-1]+a[i-1][j];
 }
 for(i=0;i<10;i++)
 {
 for(j=0;j<=i;j++) printf("%5d",a[i][j]);
  printf("\n");
 }
}
```

6. 编写程序，计算出一个二维数组中的最大列和。

【max_csum()函数分析】

（1）形参提供一个 m 行的二维数组 a[][4]。

（2）调用 sum()函数求第 0 列（a[0][0]~a[m-1][0]）的列和并赋值给 max。

（3）列变量 i 取值 1..3 循环。

① 调用 sum()函数求第 i 列（a[0][i]~a[m-1][i]）的列和并赋值给 s。

② 若 s>max 是 max=s。

（4）返回结果 max。

【答案】

```
#include<stdio.h>
int sum(int a[][4],int m,int j)
{
   int s=0,i;
   for(i=0;i<m;i++) s=s+a[i][j];
   return s;
}
int max_csum(int a[][4],int m)
{
   int i,s,max;
    max=sum(a,m,0);
    for(i=1;i<4;i++)
    {
     s=sum(a,m,i);
      if(s>max) max=s;
    }
    return max;
```

```
}
void main()
{
  int s[3][4]={{1,3,5,7},{2,4,6,8},{15,17,34,12}};
  printf("Max csum=%d\n",max_csum(s,3));
}
```

7. 在一个二维数组构成的方阵中，编程判断它的每一行、每一列和两条对角线之和是否均相等。例如三阶方阵：

$$8 \quad 1 \quad 6$$
$$3 \quad 5 \quad 7$$
$$4 \quad 9 \quad 2$$

【分析】

（1）输入二维数组 a[0..2,0..2]的 9 个数据。

（2）计算主对角线之和，副对角线之和分别到 sum、s 中。

（3）若两对角线不等，则不是所需方阵，结束。

（4）i 取值 0..2：

① 计算 i 行与 i 列之和存入 s1 和 s2 中。

② 若 s1!=sum 或 s2!=sum 则不是所需方阵，结束。

（5）a[0..2,0..2]是方阵。

【答案】

```
#include<stdio.h>
void main()
{
  int a[3][3],sum,s1,s2,s,i,j;
  for(i=0;i<3;i++)
    for(j=0;j<3;j++) scanf("%d",&a[i][j]);
  sum=0;
  for(i=0;i<3;i++) sum=sum+a[i][i];
  s=0;
  for(i=0;i<3;i++) s=s+a[i][2-i];
  if(sum!=s) {printf("not same!\n");exit();}
  for(i=0;i<3;i++)
  { s1=s2=0;
    for(j=0;j<3;j++)
    { s1=s1+a[i][j];
      s2=s2+a[j][i];
    }
    if(sum!=s1||sum!=s2) {printf("not same!\n");exit();}
  }
  printf("all same!\n");
}
```

8. 编写一个函数，完成一个字符串的复制。

【分析】

（1）两个参数 dst 和 src 均为字符指针，dst 的实参必须有足够多的空余空间。

（2）让字符指针 p 指向参数 dst 的串首。

（3）逐个将 src 开始的字符添加到 dst 开始的位置，然后为 dst 加上结束标记。

（4）返回目的串指针 dst。

【答案】

```
char *copy(char *dst,char *src)
{ char *p,*q;
  p=dst;
  for(q=src;*q;q++,p++)  *p=*q;
  *p=0;
  return dst;
}
```

9. 编写一个函数，求字符串的长度。

【分析】

（1）参数 s 是要求长度的串。

（2）引用计数变量 i，每取出 s 中一个字符，则 i+1 直到串尾标志。

【答案】

```
int length(char *s)
{ int i;
  for(i=0;s[i];i++);
  return i;
}
```

10. 编写一个函数，统计一个串中出现另一个串的次数（提示：主教材 5.4.2 节中介绍的两种方法都可以）。

【分析】

（1）提供两个串 s1 和 s2，要查找 s2 在 s1 中出现的次数。

（2）p 指向 s1 串的开始位置，n=0。

（3）循环判断：s2 是否在 p 开始的串中出现：

① 若出现将出现的位置赋值给 q。

② n++。

③ p 指向下一次要查找的位置（方法一：q+1；方法二：q+s2 的串长）。

（4）显示结果 n。

【答案】

```
#include<stdio.h>
#include<string.h>
void main()
{
  char s1[]="abbbbbb";
  char s2[]="bb";
  char *p,*q,n;
  p=s1;
  n=0;
  while((q=strstr(p,s2))!=NULL)
{
  n++;
  p=q+sizeof(s2)-1;
  }
  printf("%d",n);
}
```

11. 编写一个函数，把一个字符串的前导空格字符过滤掉，并返回过滤后的字符串的指针。

【分析】

（1）参数 s 作为要求过滤的串。

（2）利用指针变量 p，循环找到串中非空字符的地址并返回。

【答案】

```
char *trim(char *s)
{ char *p;
  for(p=s;*p=='\x20';p++);
  return p;
}
```

12. 输入一串字符，编写程序，统计其中字符 a～f 的出现频率（百分比）。

【分析】整个算法过程如图 5-4 所示。

（1）定义数组 num[0..5]统计字符 a..f 的出现频率，初始化为零。

（2）首先输入一串字符到字符数组 s[0..39]中。

（3）i 取值为字符串的每个字符的下标，判断 s[i]是否 a..f:

① num 的下标 j 从 s[i]的字符变换得到。

② 若 j 是 0..5 则 num[j]的个数加 1。

（4）i 为字符总数，num 为 a..f 出现的次数，可以得到出现频率的百分比并显示。

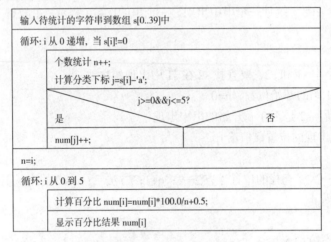

图 5-4　统计字符出现的频率

【答案】

```
void main()
{ int i,j,num[6]={0,0,0,0,0,0},n=0;
  char s[40];
  printf("Please input: ");scanf("%s",&s);
  for(i=0;s[i]!=0;i++)
  { n++; j=s[i]-'a';
    if(j>=0&&j<=5) num[j]++;
  }
  n=i;
  for(i=0;i<6;i++)
  { num[i]=num[i]*100.0/n+0.5;
    printf("%d ",num[i]);
```

```
    }
    printf("\n");
  }
```

13. 在一维整型数组中，每个值都是唯一的。编程删除整型数组中的最大值，要求删除时后面的数据顺次前移，最后一项数据变零。

【分析】

（1）首先查找到最大值的下标位置存入变量 max 中。

（2）将 max+1..n 个元素前移一格，将最后一项 n 号元素变零。

【答案】

```
#include<stdio.h>
void main()
{ int i,a[10]={3,7,6,4,15,8,2,1,10,9};
  int max=0;
  for(i=1;i<10;i++) if (a[i]>a[max]) max=i;
  for(i=max+1;i<10;i++) a[i-1]=a[i];
  a[9]=0;
  for(i=0;i<9;i++) printf("%d ",a[i]);
}
```

14. 已知 4 个点的坐标 p1(2,26)、p2(3,39)、p3(4,49)、p4(5,54)，请编写线性回归方程，预测 x=6 时的 y 值。（提示：预测方程 $y=bx+a$ 中 $b=\dfrac{\sum\limits_{1}^{n}(x_i-\bar{x})(y_i-\bar{y})}{\sum\limits_{1}^{n}(x_i-\bar{x})^2}$，$a=\bar{y}-b\bar{x}$，其中 $\bar{x},\bar{y}$ 表示平均数。）

【分析】

（1）avg() 函数求 n 个成员的数组 x 的平均值。

（2）lstsqu() 函数是最小二乘函数，用数组 x 的每一项减去 x 的平均值乘以数组 y 的每一项减去 y 的平均值再求和，即 $\sum\limits_{1}^{n}(x_i-\bar{x})(y_i-\bar{y})$。

（3）b=lstsqu(x,y,n)/lstsqu(x,x,n)，a=avg(y,n)−avg(x,n)*b。

（4）将 x=6 代入 y=bx+a 公式预测 y 值。

【答案】

```
#include<stdio.h>
double avg(double x[],int n)
{
double sum=0;
int i;
for(i=0;i<n;i++)
    sum=sum+x[i];
return sum/n;
}
double lstsqu(double x[],double y[],int n)
{
    double _x,_y,sum=0;
    int i;
```

```
        _x=avg(x,n);
        _y=avg(y,n);
        for(i=0;i<n;i++)
            sum=sum+(x[i]-_x)*(y[i]-_y);
        return sum;
    }
    void main()
    {
        double x[]={2,3,4,5};
        double y[]={26,39,49,54};
        double a,b;
        b=lstsqu(x,y,4)/lstsqu(x,x,4);
        a=avg(y,4)-b*avg(x,4);
        printf("a=%f,b=%f\n",a,b);
        printf("the result is %f\n",b*6+a);
    }
```

5.3 典型例题选讲

一、填空题选讲

1. 指针是 C 语言的重要特色，使用指针间接引用传递的参数方式称为_____。

【分析】C 语言的函数参数一般是值传递方式，不允许修改实参变量，如果将实参地址作为指针传递则可以修改实参变量，这种方式在主教材第 4 章中有介绍。

【答案】地址传递方式

2. 二维数组变量之所以称为两维是因为它允许有两个_____，称为行标和列标，分别用一对_____号括起。

【分析】二维数组通过两个下标表示不同的坐标，可以访问平面阵列数据，使用两次下标运算方括号来访问数组成员。

【答案】下标　方括

3. 函数名是一种函数指针，表示了函数代码的_____，使用函数调用运算圆括号可以调用该函数代码。通过它可以访问该函数。

【分析】指针是内存地址，其中程序的内存地址可用来调用程序。函数名或函数指针变量都是程序代码的内存地址，可以用来调用函数。

【答案】开始地址（或入口地址）

4. void 是空类型，表示数据集为空的类型，返回值为 void 表示没有_____。void *是通用指针类型，表示无类型限制的内存地址，_____分配的内存地址为通用指针。

【分析】void 代表一种无任何值的类型，函数返回值取 void 表示没有返回值。void *不能理解为指向空类型的指针，应该代表无类型限制或约束的数据指针类型，动态内存均为通用地址。

【答案】返回值　动态

5. 数组名是一种指针，但不能像指针变量一样修改它的指向，所以可以看成是_____。

【分析】数组名可以像指针一样使用间接访问运算和加减整数运算，但不能赋值，属于指针常量。

【答案】指针常量

6. 函数的返回类型可以是指针类型，但返回的地址不能是_____变量的地址。

【分析】函数的返回值可以返回指针给主程序，由于生存期的问题，函数中定义的局部变量不能将地址返回。

【答案】局部

7. 数组名作为函数返回值，实际上不是返回数组值，而是返回_____。

【分析】数组名作为函数的参数或返回值均采用地址参数传递方式

【答案】数组开始地址（或数组指针）

8. 数组的下标范围是由数组定义时的大小限制的，超过限制称为下标超界。这种问题，C 语言编译时_____报错。

【分析】数组在定义时需要指定分配的数组元素个数，使用时如果超过分配的范围，会引用错误的内存空间，但是，C 语言并不会发现，这是 C 语言易出问题的一个主要方面。

【答案】不会

9. 二维数组定义时可以定义两层花括号的初始值表，这时数组名后面的两对方括号内_____省略大小。

【分析】二维数组即使提供了两层初始值表，也不能省略第二维（列标）的大小。

【答案】不可以

10. 整型与实型类型是兼容的，整型和实型指针类型_____。

【分析】整型类型数据与实型数据可以相互自动转换而不会报错，称为类型兼容，这符合数学习惯，但指针的基类型不同则属于不同类型的指针，不能自动转换类型，目的是减少指针的使用错误。

【答案】不兼容

二、选择题选讲

1. 指针是一种_____。

A. 标识符   B. 变量   C. 内存地址   D. 运算符

【分析】指针不是变量所以不是标识符，指针是一种特殊的数据不是运算符，指针表示了内存的地址。

【答案】C

2. 以十六进制显示整型指针变量 p 中的地址，可以使用命令_____。

A. printf("%d",p);   B. printf("%d",*p);

C. printf("%p",*p);   D. printf("%p",p);

【分析】%d 可以按十进制格式显示整型，指针通常为十六进制的特殊类型，不适合用整型格式显示，所以 A、B 不正确，由于*p 为引用指针所指向的数据，因此 C 也不正确。

【答案】D

3. 为整型指针变量 p 所指向的变量输入值，可以使用命令_____。

A. scanf("%p",&p);   B. scanf("%p",p);

C. scanf("%d",&p);   D. scanf("%d",p);

【分析】p 所指向的变量是整型变量，所以%p 是错误的，A、B 不正确；scanf 需要的参数是整型变量的地址，而不是指针变量的地址，所以 C 是错误的，D 正确。

【答案】D

4. 若有定义 int i=30,*p=&i,*q=p;，下面操作不正确的是_____。

A. *p=*q+i;　　　　　　B. *p=&i;　　　　　　C. i=p-q;　　　　　　D. p=q+i;

【分析】A 表示 q 所指向变量与 i 求整数和再赋值给 p 所指向的整型变量，这个加运算是整数运算，A 是正确的；B 表示将整型变量 i 的地址赋值给 p 所指向的整型变量，地址不能赋值给整型变量，是错误的；C 表示将 p 和 q 的地址差赋值给 i，同类型指针可以相减且地址差是一个整数，表示相距的元素个数，所以 C 正确；D 表示指针变量 q 的地址加上整型变量 i，得到一个新的地址赋值给指针变量 p，这个加运算是指针运算，是正确的。

【答案】B

5. 若有定义 void *p; int *q;float *r，下面操作不正确的是_____。

A. p=q;　　　　　　　B. q=r;　　　　　　　C. p=r;　　　　　　　D. r=p;

【分析】A、C、D 表示通用指针类型 void *与其他指针类型的赋值，会自动转换。

【答案】B

6. 若有说明#define m 20　const int n=10;，下面定义不正确的是_____。

A. float s[m];　　　　　　　　　　　　　　B. float s[m*10];

C. float s[m+n];　　　　　　　　　　　　　D. float s[m+10];

【分析】数组下标大小是编译时使用的，只使用常量。变量 n 是运行时初始化为 10 的，const 修饰符只是限制其不可作为左值，因此不可以用来定义数组下标大小。

【答案】C

7. 若有定义 int a[]={2,1,0};，则 a[a[a[0]]]=_____。

A. 0　　　　　　　　B. 1　　　　　　　　C. 2　　　　　　　　D. 3

【分析】数组的下标可以使用表达式，当然可以包含数组元素，这样形成数组引用的嵌套，这时，可以从最内层的元素开始计算下标表达式的值，即 a[0]=2,a[2]=0,a[0]=2，所以结果为 2。

【答案】C

8. 若有定义 int a[2][3]={{1,2,3},{4,5,6}};，下面_____能访问存放 4 的数组成员。

A. a[2][2]　　　　　　B. a[0][3]　　　　　　C. *a[1]　　　　　　D. a+3

【分析】数组下标从零开始，因此 a[2][3]的两个下标的范围是 0..1 和 0..2，所以 A、B 不正确；存放 4 的数组成员是 a[1][0]，a[1]是指向 a[1][0]的指针，所以间接访问 a[1]能访问 a[1][0]，C 是正确的；a+3 不是数组成员，而是指针，所以 D 不正确。

【答案】C

9. 若有 char s[10],*p=s;，则下面语句操作正确的是_____。

A. s=p+1;　　　　　　B. p=s+10;　　　　　　C. s[2]=p[4];　　　　　　D. p=s[0];

【分析】A 对数组名 s 的赋值是不允许的，数组名是指针常量；B 中语句编译检查不会报错，但存在数组下标超界的问题，p 指向的空间不能间接访问；C 是两整型变量间的赋值，是正确的；D 是整型变量赋值给指针变量，类型不对，是错误的。

【答案】C

10. 若有 int(*p)[4];，则下面操作正确的是_____。

A. int a[4]; p=a;　　　　　　　　　　B. int a[3][4]; p=a;

C. int a[4][3]; p=a;　　　　　　　　　D. int **a; p=a;

【分析】p 是数组指针，可以指向 4 个成员的数组变量。A 中赋值的应该是 a 的地址，即 &a，所以 A 是错误的；B 中二维数组变量 a 可以看成是由一维数组构成的数组，变量名 a 是第一个一维数组成员的地址，即 a[0] 的地址，而且 a[0] 是 4 个成员的一维数组，它的地址可以赋值给 p，所以 B 是正确的；C 中 a[0] 是 3 个成员的一维数组，所以它的地址赋值给 p 会报错；D 中将二级指针赋值给数组指针类型不一致，会报错。

【答案】B

5.4　练习及参考答案

一、填空题

1. 数组是类型相同的数据序列，通过_____运算来指定要访问的数据成员。

2. _____指针用来存放一级指针变量的地址。

3. 字符指针和整型指针都是内存单元的地址，但_____不同。

4. NULL 称为_____，表示没有指向任何单元的一种状态。

5. 函数名和数组名可以看作指针常量，但函数名是_____的入口地址。

6. 数组的下标表达式_____是实数类型。

7. 二维数组作为函数参数时，采用_____参数传递方式，第_____维大小必须给出。

8. 如果数组的初始化值的个数超过数组的大小，则系统会_____。

9. 字符串可以作为字符数组的初始化值，花括号可以不写，数组大小如果不写则会等于_____。

10. 不同类型的指针变量不能直接赋值，必须使用_____运算。

二、单项选择题

1. 指针变量_____。

　　A. 是指针的另一种更具体的说法　　　　B. 可以保存数组变量的值

　　C. 使用 sizeof 运算，结果是固定的值　　D. 可以加减一个指针

2. 若有定义如下 int i=3,*p=&i;，显示 i 的值使用命令_____。

　　A. printf("%d",p);　　　　　　　　　　B. printf("%p",*p);

　　C. printf("%d",*p);　　　　　　　　　　D. printf("%p",p);

3. 定义整型指针变量 p 和 q，下面正确的命令是_____。

　　A. int * p=&i,q=NULL,i;　　　　　　　B. int *p=NULL,q=&i,i;

　　C. int * p=q, *q=NULL,i;　　　　　　　D. int *p=NULL,*q=p,i;

4. 若有定义 int *p,i,j;,下面语句编译会报错的是_____。

　　A. p=&i+j;　　　　B. *p=i+j;　　　　C. p=&i;　　　　D. p=&i++;

5. 若有定义 int *p;float *q，下面语句编译会报错的是_____。

　　A. p=(int *)q;　　　B. q=(float *)p;　　C. p=(int)*q;　　D. *q=(float)*p;

6. 下面定义不正确的是_____。

A.　float s[2][]={1};　　　　　　　　B.　float s[][2]={1};

C.　float s[2][2]={1,1};　　　　　　　D.　float s[2][2]={{1},{1}};

7.　若有定义 int a[]={1,2,3},b[3]={4,5,6};，下面表达式用法合理的是_____。

　　A.　a==b　　　　　　B.　*a==*b　　　　　　C.　a++=b++;　　　D.　a=b;

8.　若有定义 int a[][3]={1,2,3,4,5,6};，下面函数 f()可以使用 a 作为实参的是_____。

　　A.　void f(int *s[3]);　　　　　　　B.　void f(int (*s)[3]);

　　C.　void f(int s[][2]);　　　　　　　D.　void f(int **s);

9.　若有 int a[]={0,1,2,3,4},i=2,*p=a+1;，下面含义与其他三项不同的是_____。

　　A.　*(p+i)　　　　　B.　p[i]　　　　　　C.　a[3]　　　　　　D.　a[i]

10.　若有 int x[3][3], *p=&x[1][0];，则下面不能表示顺序存储在第 5 个位置的数组成员的是_____。

　　A.　p[1]　　　　　　B.　*(x[1]+1)　　　　C.　*(x+4)　　　　　D.　*(p+1)

参考答案

一、填空题

1.　下标　　　2.　二级　　　　3.　内存单元的类型　　　4.　空指针

5.　程序　　　6.　不可以　　　7.　地址，二　　　　　　8.　报错

9.　字符串长+1　　10.　显式类型转换

二、单项选择题

1.　C　　　　2.　C　　　　3.　D　　　　4.　D　　　　5.　C

6.　A　　　　7.　B　　　　8.　B　　　　9.　D　　　　10.　C

结构类型与联合类型 <<<

第 6 章

6.1 本章要点

1. 结构类型的基本概念。

结构是由若干数据项成员组成的一种复杂数据的泛称，也称为结构体。

结构类型是用户自定义结构组成的构造机制，主要是定义结构中数据项成员的名称和类型，数据项成员也称结构类型的"域"。

结构变量是结构类型数据的存储形态，这种复杂的数据由多个数据项成员组合而成。

结构指针是指向结构单元的一种指针，结构指针变量是保存结构单元地址的指针变量。

结构数组是成员为结构类型的数组，通过下标运算访问结构数组的每个结构类型成员。

2. 定义结构类型和结构变量。

使用 struct 保留字后用一对花括号括住所有数据项定义，这样就定义了一个结构类型。可以在 struct 后命名一个结构类型，如 struct s {int a; float b;};定义结构类型 struct s。

使用已定义的结构类型名可以定义结构变量并初始化变量值，也可以在定义结构类型同时定义结构变量。如 struct s x;是使用已定义的结构类型定义结构变量 x。

使用 typedef 命令可以建立并全名结构类型，这种方式定义的类型名可以不用加 struct 保留字。typedef 命令只能定义类型，不能同时定义变量。

3. 结构变量的基本运算。

成员运算是圆点运算，结构变量名后跟圆点及域名可以访问结构变量中的数据项成员。

结构变量支持赋值运算，但没有结构常量，不支持输入、输出操作，赋值和比较运算只能在同类型的结构变量之间进行。

结构变量可以作为函数的参数，采用值传递方式。

4. 结构指针的基本运算。

结构变量支持取址运算以得到结构指针常量。结构指针变量可以使用取址运算的结果作为初始值。

结构指针变量支持指向成员运算（箭头运算），结构指针变量名后跟"–>"及域名可以间接访问所指向的结构变量的数据项成员。

结构指针变量指向结构数组成员时可以使用加减整数运算，调整指针的指向。

5. 结构数组的基本运算。

结构数组变量支持下标运算，结构数组变量名通过下标运算可以得到数组变量的结构类型成员，如 a[2]相当于一个结构变量。如果要继续访问结构变量中的数据项成员，则如 a[2].x 所示，访问 a[2]中的数据项成员 x。

6. 链表的基本概念。

链表是通过结构指针类型建立的一批结构数据的序列，链表中的每个元素称为结点，结点是结构类型，包含数据成员部分和链成员部分，其中链成员用结构指针表示。链表根据链的组成方法分为单链表、双链表、循环链表、带头结点的链表等种类。

单链表是链成员部分只提供前驱或后继关系的链表，只能单向访问每个结点数据。

双链表是链成员部分同时提供前驱和后继关系两种关系的链表，可以从任意结点出发双向访问链中其他结点数据。

7. 链表的基本操作。

创建链表操作：首先建立结点的结构类型，包含指向自身类型的结构指针域，然后定义每个结点变量，通过其指针域建立前后关系，最后以存放首结点地址的指针变量作为链变量，通过它可以访问所有链中结点。

遍历链表操作：通过已有的链变量可以访问链中第一个结点，再通过第一个结点的后继指针域，可以访问后继指针指向的第二结点，依次可以访问所有链中结点。链的最后结点可以设置后继指针域为空，作为终止访问的判断条件。

删除链表操作：链表中结点空间通常使用动态分配内存得到，删除链表需要回收堆空间。依次访问每个结点，将之从链中取出不破坏原有链接，使用动态空间回收函数回收结点空间。

8. 联合类型及其定义。

联合类型是用户自定义的由多个分量组合成的类型，其每个分量共用内存。

以 union 开始，通过一对花括号包含所有分量说明，可以定义并命名一个联合类型，如 union u {int a; float b;};定义联合类型 u。

9. 位域类型及其定义

位域类型是用户自定义的由多个分量组合成的类型，其每个分量可以按位分配存储空间。

采用结构类型的定义方式，但分量名后可跟":"及分配的位数，如 struct b {int a:2; int b:4;};定义位域类型 b。

10. 枚举类型及其定义。

枚举类型是用户自定义的由有限个常量构成的类型，每个常量以符号名方式表示，通过常量表示的先后次序可比较大小，第一常量的顺序号为零，后面依次加1，顺序号可以被用户改变。

以 enum 开始，通过一对花括号包含所有常量说明，可以定义并命名一个枚举类型，如 enum e {A，B，C};定义枚举类型 e。

6.2 主教材习题解答

一、选择题

1. 在访问一个结构元素前，必须（　　　）。

A. 定义结构类型　　　B. 定义结构变量　　　C. 定义结构指针　　　D. A 和 B 都要

【分析】

（1）结构变量的定义会分配所有元素的空间，访问结构元素即访问该内存空间。

（2）定义结构类型不会分配空间，只是描述了结构的框架。

（3）结构指针只会分配指针的空间，不会分配结构单元的空间。

（4）因此，B 最符合题目的要求

【答案】B

2. 给出语句 xxx.yyy.zzz=5;，下面（   ）是正确的。

A. 结构 zzz 嵌套在结构 yyy 中　　　　　　B. 结构 yyy 嵌套在结构 xxx 中

C. 结构 xxx 嵌套在结构 yyy 中　　　　　　D. 结构 xxx 嵌套在结构 zzz 中

【分析】

（1）点运算是引用结构单元成员的手段，结构名写在左，成员名写在右。

（2）xxx 是最大的结构单元，yyy 是其成员也是结构，zzz 是结构 yyy 的成员。

（3）因为只有 xxx 和 yyy 是结构单元，所以只有 B 是正确的。

【答案】B

3. 如果 temp 是结构变量 weather 的成员，而且已经执行了语句 addweath=&weather;，那么下面（   ）能代表 temp。

A. weather.temp　　　　　　　　　　　B. (*weather).temp

C. addweath.temp　　　　　　　　　　D. *addweath->temp

【分析】

（1）addweath 是指针变量指向结构 weather。

（2）A 通过结构变量 weather 访问 temp 是正确的。

（3）B 对 weather 的使用方式是引用指针变量的方式，是不正确的。

（4）C 对 addweath 的使用方式是结构变量的方式，是不正确的。

（5）D 通过指针变量 addweath 对 temp 的访问是不正确的。

【答案】A

4. 有下列结构类型，对该结构体变量 stu 的成员变量引用不正确的是（   ）。

```
struct student
{ int m;
    float n;
} stu,*p=&stu;
```

A. stu.n　　　　　B. p->m　　　　　C. (*p).m　　　　　D. p.stu.n

【分析】引用一个结点中的成员变量可以使用结构变量名 stu 加圆点，也可以使用结构指针变量名 p 间接访问。间接访问有两种方式：一种是(*p)加圆点，一种是 p 加->。

【答案】D

5. struct ex

```
{ int x; float y; char z;
} example;
```

则下面的叙述中不正确的是（   ）。

A. struct 是结构类型的关键字　　　　　　B. example 是结构体类型名

C. x,y,z 都是结构成员变量　　　　　　　D. struct ex 是结构体类型名

【分析】struct 是定义结构用的关键字（保留字），ex 是结构类型名，x,y,z 是成员变量名，example 是结构变量。

【答案】B

6. 若有以下说明和定义语句:

　　union　uti { int n; double g; char ch[9];};

　　struct　str {float xy; union　uti　uv;} aa;

则变量 aa 所占内存的字节数是（　　　　）。

A. 9　　　　　　　　　B. 8　　　　　　　　　C. 13　　　　　　　　　D. 17

【分析】

（1）union uti 联合的大小等于最大成员 ch 的大小，成员 ch 占 9 个字节。

（2）struct str 结构的大小等于所有成员变量大小之和，xy 占 4 个字节，uv 占 9 个字节，因此，结构变量 aa 占 13 个字节。

【答案】 C

7. 定义枚举类型的关键字是（　　　　）。

A. union　　　　　　　B. enum　　　　　　　C. struct　　　　　　　D. typedef

【分析】

（1）union 是定义联合类型的关键字。

（2）enum 是定义枚举类型的关键字。

（3）struct 定义结构类型的关键字。

（4）typedef 是类型命名命令的关键字。

【答案】 B

二、简答题

1. 如何动态分配空间给一个 n 个元素的结构数组？

【分析】

（1）动态分配空间需要定义结构指针变量。

（2）n 个元素的结构数组空间必须连续，所以要一次完成。

（3）malloc()函数是以字节为单位分配动态空间的函数，需要准确计算数组的空间大小。

【答案】

```
struct astru *a;
a=malloc(n*sizeof(struct astru));
```

2. 下列定义无法正确使用，请指出定义中的错误并改正。

```
struct husband {
  char name[10];
  int age;
  struct wife spouse;
} x;
struct wife {
  char name[10];
  int age;
  struct husband spouse;
} y;
```

【分析】

（1）结构定义不允许循环定义，即成员变量使用自身类型。

（2）husband 和 wife 中的 spouse 是间接的循环定义，是不允许的。

（3）改正的方法是将 spouse 定义为指针类型，并且将 wife 结构的声明提前。

【答案】
```
struct wife;
struct husband {
  char name[10];
  int age;
  struct wife *spouse;
} x;
struct wife {
  char name[10];
  int age;
  struct husband *spouse;
} y;
```

3. 下面结构中如何读取含"while"字符串的成员变量?
```
struct {
  char *word;
  int count;
} table[]={"if",8,"while",3,"for",5,"switch",20};
```

【分析】

（1）数组变量 table[0..3]包含的成员是一个字符串和一个整数。

（2）while 字符串排在 table 中下标为 1 的位置，可以通过 table[1]访问成员。

【答案】通过 table[1].wood 或 table[1].count 成员变量访问。

4. 运行语句 a1.x=0x5678;后，请问 y 和 z 的值是什么?
```
union {
  unsigned short x;
  struct {
    unsigned char y;
    unsigned char z;
  } a2;
} a1;
```

【分析】

（1）联合中的成员共享内存空间，整型变量 x 和结构变量 a2 是联合的成员，两者共享 2 字节的空间。

（2）a1 是联合的变量，通过对 x 赋值 0x5678 后，结构变量 a2 同样被修改。

（3）根据内存中对数据的二进制表示方式来判断，y 为 x 的低字节，z 为 x 的高字节。

【答案】y=0x78　z=0x56

5. 链表与数组在作为序列使用时各有何特点?

【分析】

（1）链表和数组均是同类型的一批数据的线性排列，可以按序使用。

（2）链表通过指针表示前后关系，因此插入/删除新结点只需要调整指针域的指向。

（3）数组通过下标表示顺序关系，可以不按顺序直接访问指定的元素。

（4）两者的互补性较强，应根据应用灵活使用。

【答案】链表适合插入/删除操作频繁的情况，不适合随机访问，常用于大小未知的表处理。数组适合随机访问的情况，插入/删除元素效率低，常用于大小已知的表处理。

6. 联合是由怎样的成员组成的?

A. 必须有相同类型　　　　　　　　B. 必须包含有指针成员

C. 允许在内存中占有不同大小的空间　　D. 必须在内存中占有相同大小的空间

【分析】

（1）联合的成员与结构的成员一样，可以使用不同类型，甚至是嵌套方式。

（2）联合变量分配的空间按最大成员空间分配，允许成员有不同的空间大小。

【答案】C

7. 请说明结构与数组的区别与联系。

【答案】

（1）结构与数组类型均是自定义的组合类型，由多个成员构成。

（2）结构的成员可以不同类型，按名访问；数组的成员只能同一类型，按下标访问。

（3）数组名不可以整体操作，作为函数参数时也只是传址方式，同类型的结构名可以直接赋值和比较，可以作为传值方式的参数。

8. 使用 typedef 重新定义下述的结构类型及变量：

```
struct robot {
  char name[10];
  int limbs;
  float weight;
  char habits[20][100];
} r,d;
```

【分析】

（1）使用 typedef 可以为结构类型取别名，定义结构变量时不需保留字 struct。

（2）结构类型定义时可以使用无类型名方式。

【答案】

```
typedef struct {
  char name[10];
  int limbs;
  float weight;
  char habits[20][100];
} robot;
robot r,d;
```

9. union 类型内的成员可否是 union 类型?

【分析】union 类型中的成员类型可以嵌套联合类型，共享方式相似。

【答案】可以，但一般不用。因为可以将 union 成员直接拆解外层联合结构中。

10. 结构类型变量与结构类型指针变量在引用结构中的成员时是否有区别?

【分析】

（1）结构类型变量与整型等变量相似，系统会分配结构单元大小的空间，程序可以通过结构变量名访问内存。

（2）结构类型指针变量只能保存地址，系统只会分配指针的空间用来指向结构单元，程序要先为指针变量保存结构单元的地址后，才能间接使用结构单元。

【答案】结构类型变量和结构类型指针变量均可以访问结构单元，但结构类型指针变量需要先设置初始地址才能使用。

11. 两个相同类型的结构变量可以直接进行赋值和比较吗?

【分析】结构类型的变量虽然由成员变量组成，但可以作为一个整体进行赋值操作，其他操作，如比较、输入/输出等，需要自编程序。

【答案】

同类的结构变量只可以直接赋值，操作会作用到其所有成员变量。

三、编程题

1. 定义一个日期结构类型（包括年、月、日），编写一个函数，以该日期为参数，返回值为该日期是本年中的第几天。

【分析】

（1）日期类型的定义必须放在函数前，年月日可用整型。

（2）通过参数得到日期变量，判断一般年份中该日期是第几天：

① 计算到上月最后一天是第几天存放到 day 中。

② 将本月的天数加到 day 中。

（3）若月份>2，则判断年份是否润年，若是润年则 day+1。

（4）day 中保存了该日期的天数。

整个算法过程如图 6-1 所示。

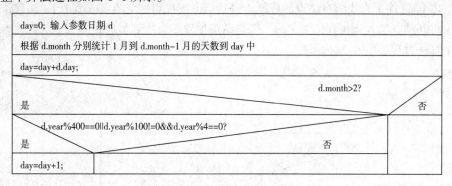

图 6-1 输入年月日确定是第几天

【答案】

```
#include<stdio.h>
struct Date
{
  int year;
  int month;
  int day;
};
int calculate(struct Date d)
{ int day=0;
  switch(d.month)
  {
    case 1: day=0;break;
    case 2: day=31;break;
    case 3: day=31+28;break;
    case 4: day=31+28+31;break;
    case 5: day=31+28+31+30;break;
    case 6: day=31+28+31+30+31;break;
    case 7: day=31+28+31+30+31+30;break;
```

```
      case 8: day=31+28+31+30+31+30+31;break;
      case 9: day=31+28+31+30+31+30+31+31;break;
      case 10: day=31+28+31+30+31+30+31+31+30;break;
      case 11: day=31+28+31+30+31+30+31+31+30+31;break;
      case 12: day=31+28+31+30+31+30+31+31+30+31+30;break;
    }
    day=day+d.day;
    if(d.month>2)
      if(d.year%400==0||d.year%100!=0&&d.year%4==0) day=day+1;
    return day;
  }
```

2. 定义一个结构类型（包括学号、成绩），并建立一个有序链表，编写一个函数，要求能将参数中提供的学号和成绩，按成绩高低顺序插入到该链表中。

【分析】

（1）建立结点结构 g_list，包含学号 studno、成绩 grade 和后继指针 next。

（2）建立首结点指针 head，初始化为空，表示空链表。

（3）函数必须包含一份完整的记录，学号参数和成绩参数。

（4）首先动态建立新记录的结点，用指针 p 指向。

（5）由 head 往下查找所有结点的成绩，直到结束或找到一个结点成绩小于新结点。

（6）将新结点插入到找到位置之前，若是结束位置则添加到最后。

整个算法过程如图 6-2 所示。

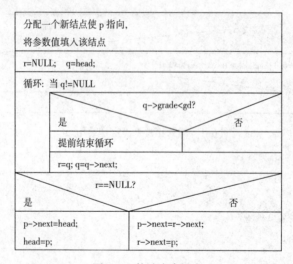

图 6-2　构造有序链表

【答案】

```
    struct g_list {
      char studno[10];
      int grade;
      struct g_list *next;
    };
    struct g_list *head=NULL;
    void add_one(char *sno,int gd)
    {
```

```
struct g_list *p,*q,*r;
p=malloc(sizeof(struct g_list));
strcpy(p->studno,sno);
p->grade=gd;
p->next=NULL;
r=NULL;q=head;
while(q!=NULL)
{ if(q->grade<gd) break;
  r=q;q=q->next;
}
if(r==NULL) {p->next=head;head=p;}
else
{ p->next=r->next;
  r->next=p;
}
}
```

3. 已有两个单链表 a 和 b，编写函数将两者合并成一个链表并返回该链表的头指针。

【分析】

（1）通过参数引用 list 类型的两个链表 a 和 b，已知其后续指针名为 next。

（2）首先找到 a 链表的表尾结点，并用指针 p 指向。

（3）然后让 p 所指表尾结点的 next 指向 b 链表的首结点。

（4）a 是合并后的链表，返回结果 a。

【答案】

```
struct list * concat(struct list *a,struct list *b)
{
  struct list *p;
  if(a==NULL) return b;
  p=a;
  while(p->next!=NULL) p=p->next;
  p->next=b;
  return a;
}
```

4. 编写函数计算链表的长度，若链表为空则返回零。

【分析】

（1）函数的返回值为链表长度，参数为 list 类型的链表 a。

（2）引用计数变量 n，随链表遍历计算结点个数。

【答案】

```
int length(struct list *a)
{
  int n=0;
  struct list *p=a;
  while(p!=NULL) {p=p->next; n++;}
  return n;
}
```

5. 已有一链表，它的每个结点包括学号、姓名、性别和年龄。请编写函数能自动根据学号来删除该链表中的结点。

【分析】

（1）建立链表结点结构 s_list，包括题目所说的数据域和指针域 next。

（2）建立首结点指针 head，初始化为空，表示空链表。

（3）函数参数是要删除结点的学号 sno。

（4）首先查找 head 链表，直到找到 sno 或结束位置。

（5）若找到 sno，则从链中取下结点并释放动态分配的空间。

【答案】

```c
struct s_list {
  char studno[10];
  char studname[20];
  int sex;
  int age;
  struct s_list *next;
};
struct s_list *head=NULL;
void delete_one(char *sno)
{
  struct s_list *q,*r;
  r=NULL;q=head;
  while(q!=NULL) {
  if(strcmp(q->studno,sno)==0) break;
  r=q;q=q->next;
  }
  if(q!=NULL)
  { if(r==NULL) head=head->next;
    else r->next=q->next;
    free(q);
  }
}
```

6. 建立复数结构类型，并编程计算两复数变量的和与乘积

【分析】

（1）复数结构类型 complex 包含实数域 real 和虚数域 imag。

（2）复数的和分别是实数域的和加上虚数域的和。

（3）复数的乘的实数域等于实数域的乘减去虚数域的乘，虚数域等于交叉乘积之和。

【答案】

```c
struct complex {
  float real;
  float imag;
};
struct complex mul(struct complex x,struct complex y)
{
  struct complex z;
  z.real=x.real*y.real-x.imag*y.imag;
  z.imag=x.real*y.imag+x.imag*y.real;
  return z;
}
```

```
void main()
{ struct complex a={3,3},b={2.5,4},c,d;
  c.real=a.real+b.real;c.imag=a.imag+b.imag;
  d=mul(a,b);
}
```

7. 建立双链表结构，编程显示其中所有的结点数据。

【分析】

（1）双链表类型 doublelink 包含前驱和后继两种指针。

（2）建立首结点指针 head，初始化为空，表示空链表。

（3）首先通过函数构建双链表，新结点插入到首元素之前。

（4）访问链表元素可以双向，适合插入/删除操作，对于显示操作没有太大不同。

【答案】

```
struct doublelink {
  int data;
  struct doublelink *pre;
  struct doublelink *succ;
};
struct doublelink *head=NULL;
void create()
{
  struct doublelink *p;
  p=malloc(sizeof(struct doublelink));
  scanf("%d",&p->data);
  while(p->data!=0) {
    p->succ=head;
    if(head!=NULL) head->pre=p;
    head=p;
    p=malloc(sizeof(struct doublelink));
    scanf("%d",&p->data);
  }
  free(p);
}
void display()
{
  struct doublelink *p;
  p=head;
  while(p!=NULL) {printf("%d ",p->data);p=p->succ;}
}
```

8. 编程完成图书馆借还书管理，记录信息包括 3 个成员：书名，借书人名，借书日期。要求：①能管理借/还书的登记工作（可根据借书人名判断书籍是否借出）；②能显示所有已借书的情况。

【分析】

（1）结构类型可以解决信息处理的信息表示问题，如人员、资料、班级等的管理均如此，如图 6-3 所示。

（2）分析一个应用系统包括两方面：数据定义和功能描述，本题中数据只有一种，即借还书的记载结构的序列。该结构包括书名 bookname、借书人名 personname、借书日期

borrowdate 三种数据。数据处理包括显示情况，借/还书两种，因为该序列大小未知，适合用链表方式处理。

（3）在下面的代码中分别使用 3 个函数完成借书、还书、显示情况 3 种处理。主程序以文字菜单为界面，通过选择 3 种功能的编号来调用 3 种函数。

（4）本例是简化的设计，实际系统中往往还需考虑更多的因素。

循环: 反复处理下列事务			
显示功能菜单			
输入 x			
x=?			
x=1	x=2	x=3	x=0
执行借书 子程序	执行还书 子程序	显示借还情况 子程序	程序结束

图 6-3　图书馆借还书管理过程

【答案】

```c
#include<stdio.h>
#include<string.h>
#include<malloc.h>
struct date
{
  int year;
  int month;
  int day;
};
struct node {
  char bookname[20];
  char personname[20];
  struct date borrowdate;
  struct node *next;
};
struct node empty={"","",{0,0,0},NULL},*head=&empty;
void borrow(char *bname; char *pname,struct date d)
{
  struct node *p;
  p=malloc(sizeof(struct node));
  strcpy(p->bookname,bname);
  strcpy(p->personname,pname);
  p->borrowdate=d;
  p->next=head->next;
  head->next=p;
}
void retu(char *pname)
{
  struct node *p,*q;
  p=head;
  while(p->next!=NULL)
  {
```

```
      if(strcmp(p->next->personname,pname)==0) break;
      p=p->next;
    }
  if(p->next!=NULL) {
    q=p->next;
    p->next=q->next;
    free(q);
  }
}
void display()
{
  struct node *p;
  p=head->next;
  while(p!=NULL)
  {
    printf("bookname:%s personname:%s borrowdate:%d-%d-%d\n",
      p->bookname,p->personname,p->borrowdate.year,p->borrowdate.month,
      p->borrowdate.day);
    p=p->next;
  }
}
void main()
{ char bn[20],pn[20];
  struct date d;
  int x;
  while(1)
  {
  printf("please input no of functions:\n");
  printf("1.borrow\n");
  printf("2.return\n");
  printf("3.display\n");
  printf("0.exit\n");
  scanf("%d",&x);
  switch(x)
  {
  case 1:
    printf("please input:\n");
    printf("bookname=");scanf("%s",bn);
    printf("personname=");scanf("%s",pn);
    printf("year,month,day=");scanf(%d,%d,%d",&d.year, &d.month, &d.day);
    borrow(bn,pn,d);
    break;
  case 2:
    printf("please input:\n");
    printf("personname=");scanf("%s",pn);
    retu(pn);
    break;
  case 3:
    display();
    break;
  case 0:
```

```
        exit(0);
      }
    }
  }
```

6.3 典型例题选讲

一、填空题选讲

1. 结构类型是一种用户自定义的数据类型，定义中的每个数据项成员称为_____。

【分析】结构类型的数据项成员称为"域"。

【答案】域

2. 定义结构类型的同时可以定义结构类型变量，定义好的结构类型名前需要加保留字_____。

【分析】

变量的定义主要是定义变量的类型和名称，结构变量的类型是用户自定义的，所以可以预先定义结构类型再定义变量，也可以同时定义，结构类型的类型名需要保留 struct。

【答案】struct

3. 结构变量由域成员组合而成，使用_____运算可以访问结构变量中的域成员。

【分析】域成员是结构变量的组成部分，结构变量的成员运算圆点可以访问域成员。

【答案】成员运算（或圆点）

4. 结构指针变量保存了结构变量的内存地址，使用_____运算可以访问所指向的结构变量中的域成员。

【分析】结构指针变量通过保存结构变量的地址来指向结构变量，要访问所指向的结构变量可以先使用间接访问运算再使用圆点运算，也可以直接使用指向成员运算（->）。

【答案】指向成员（箭头）

5. 链表中的结点是一种结构，结点结构中的链成员保存结点间的前驱和后继关系，链成员是用_____类型实现的。

【分析】

链表结点包含数据成员和链成员，数据成员根据问题需要建立，链成员根据链表种类的需要建立，使用结点结构的指针类型表示。

【答案】结构指针

6. 动态链表是通过动态内存分配函数建立的，结点空间是在_____时期分配和回收的。

【分析】动态空间是在程序运行时分配与回收，编译时分配的内存空间是静态空间。

【答案】程序运行

7. 结构类型变量的内存大小是由每个成员大小_____得到；联合类型变量的内存大小是由每个成员大小_____得到，所以成员空间是共享的。

【分析】联合与结构的最大不同是：联合只为最大的元素分配空间，其他元素共享该空间。

【答案】求和　求最大值

8. 位域类型以保留字_____开始，其每个成员定义时要后跟_____号和需要分配的二进制位数。

【分析】位域没有专门的类型定义符号，根据 C 语言的要求，必须使用结构类型才能使用位域定义符号冒号及分配的二进制位数。

【答案】struct 冒

9. 函数的结构参数和返回值采用_____参数传递方式，结构数组参数采用_____参数传递方式。

【分析】
结构类型参数通过赋值将实参值赋值给函数形参，函数无法修改实参变量的值；结构数组本质上仍为数组，参数传递时只传递数组的开始地址。

【答案】值 地址

二、选择题选讲

1. 定义结构类型变量时，下列叙述正确的是_____。

A. 系统会按成员大小总和分配变量空间　　　B. 系统会按最大成员需要分配空间

C. 系统会在程序运行时分配空间　　　　　　D. 以上说法均不正确

【分析】定义结构类型只是描述性的，不会分配内存，当定义结构变量时，会按结构类型定义时的成员大小之和来分配变量空间。

【答案】A

2. 定义 union { char c; char m[4];} r;，请问执行 strcpy(r.m,"yes");后 r.c=_____。

A. 'y'　　　　　　　B. 'e'　　　　　　　C. 's'　　　　　　　D. 随机字符

【分析】
字符串函数 strcpy 将字符串"yes"复制到字符数组 r.m 中，由于共享空间，所以 r.c 字符变量和 r.m[0]是同一块内存，所以 r.c 中值为'y'。

【答案】A

3. 执行下面定义 struct s1 { int x;}; struct s2{ int x;float y;struct s1 *p2;} r,*p1=&r;，选项中表达式正确的是_____。

A. *p1.p2.x=3;　　　B. p1.p2.x=3;　　　C. p1->(*p2).x　　　D. p1->x=3;

【分析】两重结构嵌套后，使用结构的域变量必须逐层写结构变量名。由于 p1 和 p2 是结构指针变量，因此必须间接访问结构单元空间。A 中 p1 先执行间接访问运算"*"，但"*"比"."运算优先级低，所以有错；B 中 p1 和 p2 是指针不能用成员运算.，所以有错；C 中通过两层间接访问找到内层的结构成员数据项 x，是正确的； D 中 x 在内层结构中，不在 p1 所指向的结构变量中，所以有错。

【答案】C

4. 已知结构类型变量 x 的初始化值为{"20",30,40,35.5}，请问适合该变量的结构类型定义是_____。

A. struct s {int no; int x,y,z;};　　　　　　B. struct s {char no[2]; int x,y,z;};

C. struct s {int no; float x,y,z;};　　　　　D. struct s {char no[2];float x,y,z;};

【分析】根据初始化值的情况，第一项必须是字符数组变量，中间二项可以是整型或其他数值型，最后一项必须是实型，D 符合要求。

【答案】D

5. 有下面程序段 struct abc{int x;char y;}; abc s1={10,20},s2;s2=s1;，编译时会发生的情况是_____。

    A. 类型定义会报错   B. 变量定义会报错

    C. 变量初始化会报错   D. 变量赋值会报错

【分析】结构类型名使用时必须包含保留字 struct，否则编译时会在变量定义这一行报错。

【答案】B

6. 有下面程序段 struct {int n; char m[4];} a={10,"yes"}; struct {int *n; char *m;} b;，下面能让 b 中数据项指针指向 a 中数据项的是_____。

    A. b=&a;   B. b.n=&a.n; b.m=&a.m;

    C. b->n=a.n;b->m=a.m;   D. b.n=&a.n; b.m=a.m;

【分析】A 中 b 不是指针变量，不能赋值，所以是错误的；B 中 a.m 是字符数组名，可以直接赋值给 b.m，所以 B 错 D 对；C 中 b 不是指针变量不能使用箭头运算，所以是错误的

【答案】D

6.4 练习及参考答案

一、填空题

1. 结构类型定义的类型名需要以保留字 struct 开始，使用____命令定义结构类型则无须如此。

2. 结构类型的定义中可以定义成员的结构类型，成员的结构类型____在结构之外使用，这种结构类型的定义称为嵌套的类型定义。

3. 结构变量可以作为函数的参数和返回值类型，采用_____参数传递方式。

4. 结构数组是以结构类型数据为成员的数组，采用_____参数传递方式。

5. 链表的第一元素由头指针指向，最后元素的后继指针指向_____。

6. 数组使用下标可以访问每个数组成员，链表只能顺序访问表中成员；同时，与数组相比，链表在执行结点的_____和_____操作时比较快速。

7. 枚举类型以 enum 开始，它是一种原始类型，类型的所有取值用后面的_____列表给定。

8. 枚举类型的取值实际上是整数，列表中第一个符号相当于整数_____，后面的其他符号依次_____。

9. 要将一个程序中的一部分函数拿出来被其他程序重用，需要使用_____编程方法，这种方法需要建立项目和头文件来实现。

二、单项选择题

1. 关于结构类型的成员类型，下列说法正确的是_____。

    A. 成员类型必须是基本数据类型   B. 每个成员类型必须为同一种

    C. 成员不可以定义为自身类型的指针   D. 以上说法均不正确

2. 定义 union s{int w,x,y,z; char c[3];};，则语句 sizeof(union s);的执行结果是_____。

    A. 4   B. 6   C. 8   D. 16

3. 定义 typedef struct {int x;} Xs[4]; Xs a;，下面操作正确的是_____。

    A. a.x=30;   B. a[0].x=30;   C. a.x[0]=30;   D. Xs[0].x=20;

4. 定义 struct s{int x;char y[6];} s1,*s2=&s1;，请问正确的赋值是_____。

    A. strcpy(s1->y,"abc");   B. strcpy(s2->y,"abc");

    C. s1->strcpy(y,"abc");   D. s2->strcpy(y,"abc");

5. 以下枚举类型名的定义中正确的是_____。

    A. enum {one,two,three} a;   B. enum a {one=1,two,three};

    C. enum {one=1;two;three} a;   D. enum a {one;two;three;};

参考答案

一、填空题

1. typedef   2. 可以   3. 值

4. 地址   5. NULL（空）   6. 插入，删除

7. 符号常量   8. 零(0)，加 1   9. 模块化

二、单项选择题

1. D   2. A   3. B   4. B   5. B

第 7 章

文 件 ≪

7.1 本章要点

1. 文件。

文件是一组存储在外部介质上的相关数据的有序集合体。

2. 文件的分类。

从用户的角度看，文件可分为普通文件和设备文件两种；从文件的读写方式来看，文件可分为顺序读写文件和随机读写文件；从文件编码的方式来看，文件可分为文本文件（或称 ASCII 码文件）和二进制码文件两种。

3. 文件缓冲区。

系统在内存中为文件开辟的一片用于文件访问的存储区。

4. 文件类型指针。

文件类型指针是指向一个结构体类型（FILE）的指针变量，这个结构体类型包括文件名、文件状态、数据缓冲区的位置、文件读写的当前位置等内容。定义文件类型指针变量的格式为：

```
FILE *指针变量名
```

5. 打开文件 fopen()函数：返回值是一个指向 FILE 类型的指针。

调用格式为：

```
fopen(文件名,文件打开方式)
```

6. 关闭文件 fclose()函数：关闭一个已被打开的文件。

调用格式为：

```
fclose(文件指针)
```

7. 单个字符输入 fgetc()函数或 getc()函数：从文件中读取一个字符。

调用格式为：

```
ch=fgetc(fp)
```

8. 单个字符输出 fputc()函数或 putc()函数：把一个字符写入文件。

调用格式为：

```
fputc(ch,fp)
```

9. 字符串输入 fgets()函数：从文件中读取一个字符串。

调用格式为：

```
fgets(str,n,fp)
```

10. 字符串输出 fputs()函数：把一个字符串写入文件。

调用格式为：

```
fputs(str,fp)
```

11. 格式化输入 fscanf()函数：按指定格式从文件中读取数据。

调用格式为：

```
fscanf(文件指针,格式字符串,输入项地址表列)
```

12. 格式化输出 fprintf()函数：按格式要求把数据写入文件。

调用格式为：

```
fprintf(文件指针,格式字符串,输出项表列)
```

13. 数据块输入 fread()函数：对二进制文件的读取。

调用格式为：

```
fread(buffer,size,number,fp)
```

14. 数据块输出 fwrite()函数：对二进制文件的写入。

调用格式为：

```
fwrite(buffer,size,number,fp)
```

15. 字输入 getw()函数：从二进制文件中读取一个字（整数值）。

调用格式为：

```
ch=getw(fp)
```

16. 字输出 putw()函数：把一个字（整数值）写入二进制文件。

调用格式为：

```
putw(n,fp)
```

17. 将读/写位置指针重新指向文件首 rewind()函数。

调用格式为：

```
rewind(fp)
```

18. 改变文件的读/写位置指针 fseek()函数。

调用格式为：

```
fseek(fp,offset,base)
```

19. 返回文件读/写位置的当前值 ftell()函数。

调用格式为：

```
ftell(fp)
```

20. 判断文件读取是否结束 feof()函数。

调用格式为：

```
feof(fp)
```

21. 文件 I/O 操作是否出错 ferror()函数。

调用格式为：

```
ferror(fp)
```

22. 文件出错后的复位 clearerr()函数。

调用格式为：

```
clearerr(fp)
```

7.2 主教材习题解答

一、选择题

1. 下列有关 C 语言文件的叙述，正确的是_____。

A. 文件由 ASCII 码字符序列组成，C 语言只能读写文本文件

B. 文件由二进制数据序列组成，C 语言只能读写二进制文件

C. 文件由记录序列组成，按数据的存储形式分为二进制文件和文本文件

D. 文件由数据流形式组成，按数据的存储形式文件分为二进制文件和文本文件

【分析】C 语言既能读写文本文件，也能读写二进制文件，因此选项 A 和选项 B 的叙述都不正确。和其他高级语言不同，一个 C 文件是一个字节流或者二进制流，称之为流式文件，对文件存取是以字符（或字节）为单位，而不是以记录作为单位，故选项 C 的叙述错误。

【答案】D

2. 下列有关 C 语言中文件的叙述，错误的是_____。

A. C 语言中的文本文件以 ASCII 码形式存储数据

B. C 语言中对二进制位的访问速度比文本文件快

C. C 语言中随机读写方式不适用于文本文件

D. C 语言中顺序读写方式不适用于二进制文件

【分析】在 C 语言中，二进制文件既可以用于顺序读写，也可以用于随机读写，选项 D 的叙述是错误的。

【答案】D

3. C 语言中标准输入文件是指_____。

A. 键盘　　　　　B. 显示器　　　　　C. 打印机　　　　　D. 硬盘

【分析】本题考查有关标准设备文件的知识。在多数 C 语言版本中，标准头文件 stdio.h 定义了 5 种标准设备文件指针，分别是：标准输入文件指针 stdin（键盘）、标准输出文件指针 stdout（显示器）、标准错误输出文件指针 stderr（显示器）、标准辅助设备文件指针 stdaux（第一串口 COM1）、标准打印输出文件指针 stdprn（打印机）。

【答案】A

4. C 语言中用于关闭文件的库函数是_____。

A. fopen()　　　　B. fclose()　　　　C. fseek()　　　　D. rewind()

【分析】在 C 语言中函数 fopen()用于打开文件，函数 fclose()用于关闭文件，函数 fseek() 用于调整文件内读写位置指针的值，函数 rewind()用于将读写位置指针重新置于文件首，因此本题中选项 B 是正确的。

【答案】B

5. 假设 fp 为文件指针并已指向了某个文件，问在没有遇到文件结束标志时，函数 feof(fp) 的返回值为_____。

A. 0　　　　　　B. 1　　　　　　C. −1　　　　　　D. 一个非 0 的值

【分析】在 C 语言中，当位置指针指向了文件的末尾，函数 feof(fp)的返回值为真（即一个非 0 的值），否则 feof(fp)函数的返回值为假（即 0），故本题中选项 A 正确。

【答案】A

6. 在函数 fopen()中使用"a+"方式打开一个已经存在的文件,以下叙述正确的是_____。

A. 文件打开时,原有文件内容不被删除,位置指针移动到文件末尾,可做追加和读操作

B. 文件打开时,原有文件内容不被删除,位置指针移动到文件首,可做重写和读操作

C. 文件打开时,原有文件内容被删除,只可做写操作

D. 以上三种说法都不正确

【分析】在用函数 fopen()打开文件时,如果选择了"a+"方式,大多数的 C 语言教材说的是允许对文件进行读和写操作,其实说得准确些,应该是原有的文件内容不被删除,读写位置指针移到文件末尾,可以进行读数据和追加数据的操作,因此选项 A 正确。

【答案】A

7. 以下程序的运行结果是_____。

```
#include<stdio.h>
#include<stdlib.h>
void main()
{
  int i,n;FILE *fp;
  if((fp=fopen("temp","w+"))==NULL)
  {
    printf("Can not create file.\n");
    return;
  }
  for(i=1;i<=10;i++)fprintf(fp,"%3d",i);
  for(i=0;i<5;i++)
  {
    feek(fp,i*6L,SEEK_SET);
    fscanf(fp,"%d",&n);
    printf("%3d",n);
  }
  printf("\n");
  fclose(fp);
}
```

A. 1 3 5 7 9   B. 2 4 6 8 10

C. 3 5 7 9 11   D. 1 2 3 4 5

【分析】在文件 temp 中通过循环写入了 1~10 这十个整数,其中每个整数占 3 个字符宽度,文件的存储格式如下,其中一个"□"表示一个空格。

□□1□□2□□3□□4□□5□□6□□7□□8□□9□10

接着利用 fseek()函数从文件首开始,每隔 6 字节读取一个整数并显示,故选项 A 正确。如果把程序中的语句"fseek(fp,i*6L,SEEK_SET);"改为"fseek(fp,i*3L,SEEK_SET);",则输出的结果将是

□□1□□2□□3□□4□□5

【答案】D

二、填空题

1. C 语言中的文件被看作是由一个个的字符(或者字节)按照一定的顺序组成的,因此

文件又被称为_____。

【分析】所谓文件，指的是一组存储在外部介质上的相关数据的有序集合体。C 语言中的文件被看作是字符（或字节）的序列，字符（或字节）序列称之为字节流，故 C 中的文件又称为流式文件。

【答案】流式文件

2. C 语言中文件的分类有不同的标准。从用户的角度来看，文件可分为_____和_____两种；从文件的读写方式来看，文件可分为_____和_____两种；从文件的编码方式来看，文件可分为_____和_____。

【分析】在 C 语言中由于划分的标准不同，文件的具体种类也不同。从用户的角度来看，文件可分为普通文件和设备文件两种；从文件的读写方式来看，文件可分为顺序读写文件和随机读写文件；从文件编码的方式来看，文件可分为文本文件和二进制文件两种。

【答案】普通文件　设备文件　　顺序读写文件　随机读写文件　　文本文件（也称 ASCII 码文件）　二进制文件

3. 在 MS-DOS 方式下，用来显示一个被指定的文本文件的内容使用_____命令，用来显示一个或者多个被指定文件的目录清单情况用_____命令。

【分析】在 Visual C++ 6.0 或者 Turbo C 平台下学习 C 语言编程，如果能掌握几条常用的 MS-DOS 命令，对于程序的调试很方便。MS-DOS 中的 type 命令用来显示一个文本文件的内容，不能使用文件通配符，也不能显示二进制文件；dir 命令用来显示文件的目录清单情况，包括主文件名、扩展名、用字节表示的文件长度、文件创建或最后修改的日期及时间，可以使用文件通配符。

【答案】type　dir

4. 在 C 语言定义的多个标准设备文件中，_____代表标准输入文件，_____代表标准输出文件，_____代表标准错误输出文件，_____代表标准辅助设备，_____代表标准打印机。

【分析】在 C 语言中，设备文件是指与计算机主机相联的各种外部硬件设备（譬如显示器、打印机、键盘等），对外围设备的管理也被看作是对文件的管理。C 语言中定义的 5 个设备文件名分别是：stdin 代表标准输入设备（键盘），stdout 代表标准输出设备（显示器），stderr 代表标准出错输出设备（显示器），stdaux 代表标准辅助设备（第一个串口，即 COM1 接口），stdprn 代表标准打印机（打印机）。

【答案】stdio　stdout　stderr　stdaux　stdprn

5. 专门负责把文件的读写位置指针重新指回文件首的函数是_____，能够把文件的读写位置指针调整到文件中的任意位置的函数是_____，能够获取文件当前的读写位置字节数的函数是_____。

【分析】在对文件进行定位的函数中，rewind()用来控制读写位置指针重新指向文件首，fseek()用于随意移动文件的读写位置指针，ftell()用来获取文件当前的读写位置，这 3 个标准函数为文件的随机读写提供了很大的方便。

【答案】rewind　fseek　ftell

6. 有一个非空的文本文件 test.txt，其内容为：

```
Hello,everyone!
```

请问下述程序执行后的输出结果是_____。

```
#include<stdio.h>
#include<stdlib.h>
void main()
{
  FILE *fp;char str[40];
  fp=fopen("test.txt","r");
  fgets(str,5,fp);
  printf("%s\n",str);
  fclose(fp);
}
```

【分析】库函数 fgets(str,n,fp)用来从指定的文件 fp 中最多读取（n-1）个字符，并自动在所读出的（n-1）字符的最后添加字符串结束标记（即'\n'），然后把该字符串保存在以 str 作为首地址的存储单元中。本题中 n=5，因此最后存储在字符数组 str 中的串就是"Hell"，故最后的输出结果为 Hell。

【答案】Hell

三、简答题

1. 什么是文件型指针？如何通过文件指针访问一个文件？

【答案】

C 语言中当前正在使用的文件的相关信息（如文件名、文件状态、数据缓冲区的位置、文件读写的当前位置，等等），都被保存到一个特定的结构类型的变量中，该结构类型是由系统定义的，取名为 FILE。对于每一个要操作的文件，都必须定义一个指向 FILE 类型的指针变量，这个变量称为文件类型指针。

文件处理一般过程是：打开文件→对文件进行读/写→关闭文件。使用文件之前首先要定义文件类型指针变量，再通过 fopen()函数将某个文件以特定的操作方式打开，于是文件便与这个文件指针变量建立了联系。

2. 对文件操作时为什么要打开文件和关闭文件？打开文件和关闭文件分别是通过哪个库函数来实现的？

【答案】

文件在使用之前要打开，读写完毕之后要关闭，这是文件操作的最基本要求。一般来说文件都是保存在外存上，故又称磁盘文件。当程序对文件操作时，首先要把文件的内容从外存读到内存中来，借助创建的文件缓冲区就可以完成文件的读写。C 语言规定文件的打开是通过 fopen()函数来实现的，一个文件被打开后在内存中就会自动开辟一个文件缓冲区，同时还有一个文件类型的指针与之对应。文件读写结束了，需要通过 fclose()函数来关闭文件，一方面释放文件类型的指针变量，另一方面关闭文件时会把保存在文件缓冲区中的剩余数据全部写回到磁盘文件上，这样能避免数据的丢失。

打开文件的库函数是 fopen()，关闭文件的库函数是 fclose()。

四、程序填空题

1. 把两个有序文件合并成一个新的有序文件。假设文本文件 a.dat 中存储的数据为 1、6、9、18、27 和 35，文本文件 b.dat 中存储的数据为 10、23、25、27、39 和 61，现在对这两个文件中的数据进行合并，要求依然保持原来从小到大的顺序，即 1、6、9、10、18、23、25、

27、27、35、39 和 61，最后合并的结果写入文本文件 c.dat，请将下列程序补充完整。

```
#include<stdio.h>
#include<stdlib.h>
void main()
{
  FILE *f1,*f2,*f3;
  int x,y;
  if((f1=fopen("a.dat","r"))==NULL)
  { printf("文件a.dat 不能打开。\n");
    exit(0);
  }
  if((f2=fopen("b.dat","r"))==NULL)
  { printf("文件b.dat 不能打开。\n");
    exit(0);
  }
  if((____(1)____)==NULL)
  { printf("文件c.dat 不能打开。\n");
    exit(0);
  }
  fscanf(f1,"%d",&x);
  ____(2)____;
  while(!feof(f1) && !feof(f2))
    if(____(3)____)
    { fprintf(f3,"%d\n",x);fscanf(f1,"%d",&x);}
    else { fprintf(f3,"%d\n",y); fscanf(f2,"%d",&y);}
  while(!feof(f1))
  {
    ____(4)____;
    fscanf(f1,"%d",&x);
  }
  while(!feof(f2))
  {
    fprintf(f3,"%d\n",y);
    ____(5)____;
  }
  fclose(f1);
  fclose(f2);
  fclose(f3);
}
```

【分析】

把两个有序的子序列重新合并为一个新的有序序列，这一过程在《数据结构》中被称为归并排序。与以前学过的简单选择排序、直接插入排序、冒泡排序一样，归并排序也是一种排序方法，但它的使用前提是要合并的那些序列必须事先就已经是有序的。已知两个有序文件 a.dat 和 b.dat 都是按升序排列的，经过归并排序后产生的结果文件 c.dat 也是升序排列的，具体排序过程如下：

（1）打开 a.dat、b.dat 和 c.dat 三个文件，其中前两者以读方式打开，后者以写方式打开。

（2）读取 a.dat 中的第一条数据并将其存入变量 x 中；读取 b.dat 中的第一条数据并存入

变量 y 中。

（3）比较 x 和 y 的大小，将两者中数值较小的数写入 c.dat 中。如果此时 x 较小，一方面把 x 写入 c.dat，另一方面读入 a.dat 的下一个数据并将其存入变量 x；如果比较时 y 较小，在把 y 写入 c.dat 的同时又读入 b.dat 的下一个数据到变量 y，然后开始下一轮 x 和 y 的比较。

（4）按照上一步介绍的方法如此往复进行逐个比较，直到 a.dat 和 b.dat 中某个文件的数据全部读完为止。

（5）如果 a.dat 中的数据尚未读完，则把 a.dat 中剩余的数据全部读出并逐个写入 c.dat。

（6）如果 b.dat 中的数据尚未读完，则把 b.dat 中剩余的数据全部读出并逐个写入 c.dat。

弄清楚上面所介绍的归并排序过程，题目就好做了。本题一共涉及 3 个文件，它们分别是 a.dat、b.dat 和 c.dat，其中前两个是已有的，第三个是要产生的。在程序的开始部分这 3 个文件同时被打开，三者所对应的文件指针变量分别是 f1、f2 和 f3，而且 a.dat 和 b.dat 是以读方式打开的，可以断定 c.dat 肯定是以写方式打开的，因此空（1）的答案就是

    f3=fopen("c.dat", "w")

三个文件被打开后，a.dat 中的第一条数据被读至变量 x 中，根据上面介绍的归并排序算法中的第 2 步，可以断定 b.dat 中的首条数据也应该读至变量 y 中，因此空（2）的答案就是

    fscanf(f2, "%d",&y)

程序中第一个循环 while(!feof(f1) && !feof(f2)) 表示 a.dat 和 b.dat 这两个文件当前正在读取，其循环体实际就是一条简单的 if 语句。根据此时 if 语句中的内容及上面介绍的归并排序的第 3 步，可以推导出 if 的条件（实际上也是空（3）的答案）就是

    x<y 或者
    x<=y

之所以空（3）有两个答案，是因为在一般情况下 a.dat 和 b.dat 中可以存在相同的元素，譬如 a.dat 和 b.dat 都有 10 存在，在此情况下合并后产生的 c.dat 中也就应该有两个相同的元素（譬如此时的 10）存在。

空（4）和空（5）的内容要根据第二个 while 循环及第三个 while 循环来判断。第二个循环 while(!feof(f1)) 表示文件 a.dat 中的数据尚未读完，也就是说此时文件 b.dat 中的数据已经读完了，在这种情况下根据上面介绍的归并排序的第 5 步，可知应该先把 a.dat 中的 x 写入 c.dat，然后再读取 a.dat 中的下一个数至变量 x 中，因此空（4）的答案就是

    fprintf(f3,"%d\n",x)
同理可以推出空（5）的答案是

    fscanf(f2,"%d",&y)

【答案】

（1）f3=fopen("c.dat","w")

（2）fscanf(f2,"%d",&y)

（3）x<y 或者 x<=y

（4）fprintf(f3,"%d\n",x)

（5）fscanf(f2,"%d",&y)

2. 产生 1 000 以内的所有素数，并把它们写入到一个指定的文本文件 d:\code\prime.dat 中去。请将下列程序补充完整。

```
#include<stdio.h>
#include<stdlib.h>
    (1)
void main()
{
  FILE *fp;
  int i,j;
  if((fp=fopen("d:\\code\\prime.dat","w"))==NULL)
  { printf("文件不能打开。\n");
    exit(0);
  }
  fprintf(fp,"%4d\n%4d\n",2,3);
  for(i=5;    (2)    ;i+=2)
  {
    for(j=3;j<=sqrt(i);j=j+2)
      if(    (3)    )break;
    if(j>sqrt(i))    (4)    ;
  }
  fclose(fp);
}
```

【分析】

本题实际上还是一个求解素数的问题，与以往不同的是，现在要求的是文件操作。题目中的"d:\myself\prime.dat"表示的是存储在驱动器 D 中 myself 文件夹下的一个名为 prime.dat 的文件。

阅读提供的代码可以看到，程序中出现了求整型变量 i 的算术平方根的函数 sqrt(i)，而求平方根函数 sqrt()的函数原型包含在头文件 math.h 中，于是得到了空（1）的答案

    #include <math.h>

程序开始时通过 fopen()函数按照写文件方式打开了 D 盘指定文件夹下的 prime.dat 文件，紧接着通过下面这条语句

    fprintf(fp, "%4d\n%4d\n",2,3);

把 2 和 3 这两个素数单独写入了文本文件，随后的两重循环实际上就是判断介于 5～1 000 之间的所有奇数有哪些是素数，同时将求到的素数写入文本文件。据此推导，空（2）的答案就应该是

    i<1000   或者
    i<=999

两重循环中的内循环（也就是 j 循环）是用来判断一个介于 5～1 000 之间的奇数 i 是否是素数，因为唯一一个是偶数的素数 2 已经在开始时就保存到文件中去了，下面开始判断奇数 i 是否是素数的起始值 j 就是从 3 开始一直到 sqrt(i)结束，而且只要考虑该区间内的奇数即可。根据素数的判定条件，空（3）答案就应该是

    i % j==0

空（4）所在的 if 语句实质上就是对 i 下结论，从内循环 j 退出后能满足 j>sqrt(i)条件的就是素数，根据题目的要求应该把它们写入文本文件中去，这样就得到了空（4）的答案

    fprintf(fp, "%4d\n",i)

如果空（4）不是把得到的素数 i 写到文件中去，而是通过

    printf("%4d\n",i)

将素数显示在屏幕上,这显然与题目要求不符,请注意不要弄错。

【答案】

(1)#include<math.h>

(2)i<1000 或者 i<=999

(3)i % j==0

(4)fprintf(fp,"%4d\n",i)

五、编程题

1. 从键盘上输入一个字符串,最后以#结束。设计一个程序,要求将字符串中的小写字母全部转换为大写字母,并把转换后的字符串全部保存到一个名为 upper.txt 的文本文件中。

【分析】

把小写英文字母 ch 转为大写字母的表达式是 ch-'a'+'A'=ch-97+65,即 ch-32。同理,把大写字母 ch 转为小写字母的表达式就是 ch+32。本题中非小写字母仍然写入文件。

【答案】

```
#include<stdio.h>
#include<stdlib.h>
void main()
{ FILE *fp;
  char c;
  if((fp=fopen("upper.txt","w"))==NULL)     /*以写方式打开文本文件*/
  { printf("Can not create this file.\n");
    exit(0);
  }
  printf("\nInput a string:\n");
  while((c=getchar())!='#')                  /*逐个读入字符 ch*/
  { if(c>='a' && c<='z')c=c-32;              /*将小写字母转换成大写字母*/
    fputc(c,fp);                             /*将字符写入文本文件中*/
    putchar(c);                              /*将字符显示在屏幕上*/
  }
  fclose(fp);                                /*关闭文件*/
  printf("\n\n*** Completed ***\n");
}
```

程序运行时结果除了显示在屏幕上外,还在当前目录下生成了一个名为 upper.txt 的文本文件。在 MS-DOS 方式(即命令提示符窗口)下查看该文件内容的命令为:

    type upper.txt↙

在 Windows 7 系统中,打开命令提示符窗口的方法如下:执行"开始"命令,在"搜索框"中输入命令 cmd,然后按【Enter】键,屏幕上出现命令提示窗口。

在 Windows XP 中,打开命令提示符窗口主要有两种方法:

方法一:执行"开始"→"运行"命令,在"运行"窗口中的"打开"选项中输入命令 cmd,单击"确定"按钮。

方法二:执行"开始"→"程序"→"附件"→"命令提示符"命令。在命令提示符窗口中,主要是通过输入 MS-DOS 命令来完成某个操作。这些命令用英文字母表示,输入时大写字母或者小写字母均可。至于要查询有哪些 MS-DOS 命令可用时,只需在命令提示符窗口中光标闪烁的地方输入 help 命令;如果想结束 MS-DOS 会话,则在命令提示符窗口中光标闪烁的地方输入 exit 命令。

2. 假设学生信息包括学号、姓名、理论成绩、实践成绩、总成绩等字段，并且全班人数不超过 100 人。编写程序，分别输入每个学生的学号、姓名、理论成绩和实践成绩，计算该生的总成绩，并将所有的数据保存到一个名为 class.txt 的文本文件中。

【分析】

由于本题中学生实际人数不详，只给出了一个范围（即不超过 100 人），故在输入原始数据时不能简单地循环 100 次，为了输入数据更灵活，这里把学号等于 "000" 这个特殊的值作为输入的结束标志；为了显示结果文件 class.txt，本题没有专门编写一段查看文件内容的程序，而是在源程序中直接嵌入了调用了 type 命令的 system 函数：

```
system("type class.txt");
```

函数 system() 在标准头文件 stdlib.h 中有说明，它的使用格式为：

```
int system(const char *command);
```

通过该函数能够在程序的执行过程中调用一条 MS-DOS 的内部命令（譬如 dir、type 等），或者执行一个扩展名为.EXE（或者.COM）的可执行文件，或者执行一个扩展名为.BAT 的批处理文件。如果命令执行成功，system() 返回 0 值，否则返回-1。

另外，要显示文本文件的内容，使用 type 命令来得更方便。如果规定了要按某种指定的格式来显示文本文件的内容，就不能用 type 命令，只能依靠编程来解决。

【答案】

```
#include<stdio.h>
#include<stdlib.h>
#include<string.h>
#define N 100                              /*假设学生人数不超过100*/
struct studinfo
{ char no[4];                              /*学号*/
  char name[9];                            /*姓名*/
  int theory;                              /*理论成绩*/
  int practice;                            /*实践成绩*/
  int total;                               /*总成绩*/
};
void main()
{ FILE *fp;
  struct studinfo s;
  int i;
  if((fp=fopen("class.txt","w"))==NULL)          /*打开文件*/
  { printf("Can not create this file.\n");
    exit(0);
  }
  printf("Input the following data...\n");
  for(i=1;i<=N;i++)
  {
    /*根据屏幕提示逐条输入数据*/
    printf("\nNumber of sno.%d:  ",i);
    scanf("%s",s.no);
    if(!strcmp(s.no,"000"))break;            /*输入学号"000"则结束输入*/
    printf("Name of sno.%d:  ",i);
    scanf("%s",s.name);
    printf("Theory of sno.%d:  ",i);
    scanf("%d",&s.theory);                        /*理论成绩*/
```

```
    printf("Practice of sno.%d:  ",i);
    scanf("%d",&s.practice);                        /*实践成绩*/
    s.total=s.theory+s.practice;
    printf("Total of sno.%d is %d\n",i,s.total);   /*总成绩*/
    fprintf(fp,"%4s%10s%4d%4d%4d\n",s.no,s.name,s.theory,s.practice,s.total);
     /*通过格式化输出函数 fprintf()把数据写入结果文件 */
}
    fclose(fp);                                     /*关闭文件*/
    printf("----------------------------\n");
    printf("\nThe result is following ...\n");
    system("type class.txt");                       /*调用 type 命令*/
}
```

本题运行时，根据屏幕的提示输入表 7-1 所示的模拟数据。请注意，当输完第 4 个学生（学号为"s04"）的完整信息后，在提示输入第五个学号时，输入"000"能够终止输入。

表 7-1　编程题 2 的模拟数据

学　　号	姓　　名	理论成绩	实践成绩	总成绩
s01	zhao	85	86	
s02	qian	76	77	
s03	sun	81	82	
s04	li	90	91	

程序运行结果如下：

```
Input the followint data...

Number of sno.1:  s01✓      {输入学号}
Name of sno.1:  zhao✓       {输入姓名}
Theory of sno.1:  85✓       {输入理论成绩}
Practice of sno.1:  86✓     {输入实践成绩}
Total of sno.1 is 171       {显示总成绩}

Number of sno.2:  s02✓      {输入下一个学生的信息}
Name of sno.2:  qian✓
Theory of sno.2:  76✓
Practice of sno.3:  77✓
Total of sno.3 is 153

Number of sno.3:  s03✓
Name of sno.3:  sun✓
Theory of sno.3:  81✓
Practice of sno.3:  82✓
Total of sno.3 is 163

Number of sno.4:  s04✓
Name of sno.4:  li✓
Theory of sno.4:  90✓
Practice of sno.4:  91✓
Total of sno.4 is 181
----------------------------

The result is followint ...    {显示已创建好的文件内容}
```

```
s01      zhao  85  86  171
s02      qian  76  77  153
s03       sun  81  82  163
s04        li  90  91  181
Press any key to continue
```

3. 假设学生信息包括学号、姓名、理论成绩、实践成绩、总成绩等字段，设计一个程序，把由习题 2 创建的文本文件（class.txt）的全部内容显示在屏幕上，要求显示格式为"学号 姓名 总成绩"，并给出全班总成绩的平均值。

【分析】习题 2 是在程序中通过调用 type 命令显示文件的内容，本题由于指定了显示格式，不宜再用 type 命令，主要因为 type 的显示格式与本题指定的显示格式不符。

为增强程序的灵活性，在不清楚文件 class.txt 中具体学生人数的情况下，设计了逐条读取文件的循环方法，最后的实际人数保存在变量 i 中。

【答案】

```c
#include<stdio.h>
#include<stdlib.h>
struct studinfo              /*结构类型 studinfo 用来描述学生基本情况*/
{ char no[4];                /*学号*/
  char name[9];              /*姓名*/
  int theory;                /*理论成绩*/
  int practice;              /*实践成绩*/
  int total;                 /*总评成绩*/
};
void main()
{ FILE *fp;
  struct studinfo a;
  int sum=0;
  int i=0;                   /*统计文件中保存了多少人的数据*/
  if((fp=fopen("class.txt","r"))==NULL)          /*以读方式打开文件*/
  { printf("Can not open class.txt\n");
    exit(0);
  }
  /*显示输出格式的标题，栏目从左往右依次为学号、姓名和总评*/
  printf("%5s%12s%8s\n","Sno","Name","Total");
  printf("------------------------------------\n");
  /*先逐条读取文件记录，后按格式显示其内容*/
  while(fscanf(fp,"%4s%10s%4d%4d%4d",a.no,a.name,&a.theory,
    &a.practice,&a.total)!=EOF)
  {
    printf("%5s%12s%8d\n",a.no,a.name,a.total);
    sum+=a.total;
    i++;                     /*统计人数*/
  }
  printf("------------------------------------\n");
  fclose(fp);                /*关闭文件*/
  printf("\nAverage is %6.2f\n",sum*1.0/i);      /*显示平均值*/
}
```

本题运行所需的数据文件 class.txt 由习题 2 产生。鉴于此，上机时读者可以先运行习题 2 的程序产生好数据文件 class.txt，然后再运行本例。

当然，有经验的读者可以根据原始数据（如表 7-1 所示），并结合习题 2 中程序所提供的文件存储格式"%4s%10s%4d%4d%4d\n"，利用编辑软件自行手工构造 class.txt 文件，于是运行习题 3 程序之前就无需再运行习题 2 中的程序了。

程序运行结果如下，请比较习题 2 与习题 3 这两个程序的显示结果有何异同：

```
Sno        Name   Total
------------------------------------
s01        zhao    171
s02        qian    153
s03        sun     163
s04        li      181
------------------------------------
Average is 167.00    {显示全班总成绩的平均值}
Press any key to continue
```

4. 假设学生信息包括学号、姓名、理论成绩、实践成绩、总成绩等字段，编写程序，从键盘上输入一个学生的学号，请根据学号把该生保存在 class.txt 文件中的数据全部删除，如果该学号在文件中不存在，则给出"学号无效"的提示信息。说明：数据文件 class.txt 由习题 2 创建。

【分析】本题的难度有二：一是如何在文件中查找到被删学生的数据，二是找到后如何在文件中删除它。首要问题是如何根据提供的学号在文件中进行查找，以确定该生是否存在。所谓查找，是指在数据元素集合中查看是否存在关键字等于某个给定数据的过程。和排序一样，它们既是程序设计中的重点，也是难点，对编程有更高要求的读者，可参阅"数据结构"方面的书。

由于 class.txt 文件中的学号并不一定有序，因此本题采用了顺序查找，即在文件内部从头到尾逐个元素比较。如果被查找的数据集合已经是按关键字有序排列的，不管升序还是降序，除了使用顺序查找外，更多情况下使用二分法查找（又叫折半查找），这样速度更快。

本题的编程思想是：首先把文件 class.txt 中的全部数据读到一个结构数组 s 中去，接着输入要删除的学号，然后在结构数组 s 中进行查找，查找的结果分为成功和失败两种情况。

如果待删除的学号确实在结构数组 s 中出现了，则查找成功，此时采取的步骤是：一方面把结构数组中从该被删位置之后的所有记录全部前移一个位置，另一方面把实际的文件记录总数减 1，这样就完成了数组中的元素删除。在程序的最后，再把经过删除操作之后的结构数组 s 重新写回到同名的数据文件即可。如果查找失败，表示待删除的学生在文件中不存在，给出一个出错提示即可。

在一个包含了 num 个元素的一维数组 s 中，各个元素的下标分别为 0..(num−1)，如果要删除的元素是 s[i]，这里有 $0 \leq i \leq num-1$，则把元素 s[i] 从数组 s 中删除的程序是

```
for(j=i;j<num-1;j++)s[j]=s[j+1];    /*后续元素前移一个位置*/
num=num-1;                          /*实际元素个数要减一*/
```

本题变量 num 实际上就是保存在数据文件中的学生人数，num=num−1 表示删除成功之后学生人数少了一个。图 7−1 所示的是在一个有 8 个元素（此时 num=8）的一维数组 s 中删除 s[3]=89 时部分元素发生前移时的过程示例，其中被删元素 89 对应的数组下标为 i=3，删除前数组元素的总数 num=8，成功删除之后的元素个数 num=7。

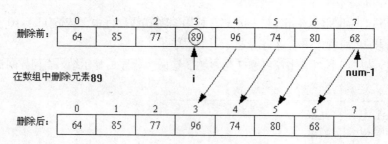

图 7-1　删除 89 之后其后续元素要前移

由于学号是字符串，故使用函数 strcmp(串 1,串 2)用于比较两个串的大小，若串 1 与串 2 相等则函数返回值为零。程序中的变量 delflag 用于查找，初值为零表示未找到被删的学号，若查找成功则置 delflag 为 1。本题对数据的删除是在同一个文件中进行的，没有引入其他辅助文件，程序执行时首先打开文件读数据，删除成功之后会对原来同名的文件再重写一遍，阅读程序时请注意体会。N-S 流程图如图 7-2 所示。

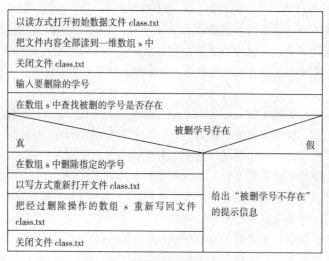

图 7-2　编程题 4 所采用的算法

【答案】

```c
#include<stdio.h>
#include<stdlib.h>
#include<string.h>
#define N 100          /*假设学生人数不超过 100*/
struct studinfo
{ char no[4];          /*学号*/
  char name[9];        /*姓名*/
  int theory;          /*理论课成绩*/
  int practice;        /*实践课成绩*/
  int total;           /*总评成绩*/
};
void main()
{ FILE *fp;
  struct studinfo s[N];
```

```
char whichno[4];
int i,j,num,delflag;
/*--------------------------------*/
```
    第1步: 读文件并显示原始的数据
```
/*--------------------------------*/
if((fp=fopen("class.txt","r"))==NULL)
{ printf("Can not open file <class.txt>.\n");
  exit(0);
}
/*显示输出格式的标题*/
printf("\nThe original data is\n");
printf("-------------------------------------------------\n");
printf("%5s%12s%10s%10s%10s\n","Sno","Name","Theory","Practice", "Total");
printf("-------------------------------------------------\n");
i=0;                    /*统计文件中的实际人数*/
/*将文件中的数据读到一个结构数组s中*/
while(fscanf(fp,"%4s%10s%4d%4d%4d",s[i].no,s[i].name,&s[i].theory,
  &s[i].practice,&s[i].total)!=EOF)
{
  printf("%5s%12s%10d%10d%10d\n",s[i].no,s[i].name,s[i].theory,
    s[i].practice,s[i].total);
  i++;
}
printf("-------------------------------------------------\n");
num=i;  /*记录实际人数*/
fclose(fp); /*使用完毕后关闭文件*/
/*--------------------------------*/
```
    第2步: 键入需要删除的学号
```
/*--------------------------------*/
printf("Which number to delete?  ");
scanf("%s",whichno);
/*--------------------------------*/
```
    第3步: 在数组s中查找并删除指定的数据
```
/*--------------------------------*/
delflag=0;                              /*设置未找到标志*/
for(i=0;!delflag && i<num; i++)
{
  if(strcmp(s[i].no,whichno)==0)          /*找到了被删的记录*/
  {
  /*从被删数据的位置i开始,凡是它之后的元素全部都前移一个位置*/
    for(j=i;j<num-1;j++)s[j]=s[j+1];
    num=num-1;
    delflag=1;                           /*设置已找到标志*/
  }
}
/*经查找后确定待删的学号不存在,显示学号无效并程序结束*/
if(!delflag)
{ printf("Sno. %s is invalid.\n",whichno);
  return;
}
```

```
/*------------------------------------------*/
    第 4 步: 把删除了元素的数组 s 重新写回文件
/*------------------------------------------*/
if((fp=fopen("class.txt","w"))==NULL)      /* 设置重写原有文件 */
{ printf("Can not create new file <class.txt>.\n");
  exit(0);
}
/*按格式显示更新后的数据*/
printf("The new file is\n");
printf("---------------------------------------------------\n");

printf("%5s%12s%10s%10s%10s\n","Sno","Name","Theory","Practice","Total");
printf("---------------------------------------------------\n");
for(i=0;i<num;i++)
{
  printf("%5s%12s%10d%10d%10d\n",s[i].no,s[i].name,s[i].theory,
      s[i].practice,s[i].total);
  /*把数组元素逐条写入文件中*/
  fprintf(fp,"%4s%10s%4d%4d%4d\n",s[i].no,s[i].name,s[i].theory,
      s[i].practice,s[i].total);
}
printf("---------------------------------------------------\n");
fclose(fp);
printf("Completed\n");
}
```

下面来讨论该程序的运行结果。假设被删学号为"111"，由于该生在文件 class.txt 中并不存在，因此屏幕将显示"学号无效"的出错信息，表明这是一次失败的删除，具体运行结果如下：

```
The original data is {显示文件中的原始数据}
---------------------------------------------------
Sno        Name    Theory  Practice    Total
---------------------------------------------------
s01        zhao      85        86        171
s02        qian      76        77        153
s03        sun       81        82        163
s04        li        90        91        181
---------------------------------------------------
Which number to delete?  111↙{输入一个并不存在的学号}
Sno. 100 is invalid.         {屏幕显示此学号无效}
Press any key to continue
```

下面来输入一个有效的学号"s03"，即学生 li 所对应的学号。因为在原来的文件中已经保存了"s03"这个学生的数据，因此本次删除将是一次成功的删除，运行结果如下：

```
The original data is {显示文件中的原始数据}
---------------------------------------------------
Sno        Name    Theory  Practice    Total
---------------------------------------------------
s01        zhao      85        86        171
s02        qian      76        77        153
s03        sun       81        82        163 {本数据即将被删除}
```

```
s04         li        90        91        181
-------------------------------------------------
Which number to delete?  s03✓{输入被删除学号}
The new file is                  {显示被删除后的新文件内容}
-------------------------------------------------
Sno       Name    Theory Practice   Total
-------------------------------------------------
s01       zhao      85        86        171
s02       qian      76        77        153
s04       li        90        91        181
-------------------------------------------------

Completed
Press any key to continue
```

5. 假设学生的基本信息同配套主教材的例 7.6，包括学号、三门功课的单科成绩、平均成绩这几部分。主教材上例 7.8 介绍了按照平均成绩从高到低的顺序进行降序排序，并将排序结果写入一个名为 sorted.txt 的文本文件中。现在从键盘上输入一个新生的相关数据（包括学号和三门课的单科成绩），在维持数据降序排列的前提下，把新输入的数据写到文件 sorted.txt 中合适的位置上。

主教材例 7.9 已经解决了这个在有序文件中插入数据的问题，它采用了添加另外一个辅助文件的做法。现在规定不得引入任何辅助文件，只能在原来的文件 sorted.txt 上完成直接插入，请编程实现。

【分析】

本题没有像配套主教材例 7.9 那样引入一个辅助文件，而是巧妙地使用了一个一维数组 old，由于在文件 sorted.txt 中的数据是按平均成绩降序排列的，因此数组 old 同样是按平均成绩降序排列的。

在程序开始时，首先将文件中的所有数据逐个读出并全部存入数组 old 中，接着输入要插入的新生的数据，然后在有序数组 old 中通过比较确定新生数据的合适位置 t，随后按照以下的顺序"比新生平均成绩高的那些数组元素→新生数据→比新生平均成绩低的那些数组元素"，把全部数据重新写入文本文件 sorted.txt 中，从而实现了在文件中插入新数据的操作，这是典型的对顺序文件的插入示例。

本题算法的 N-S 流程图如图 7-3 所示。

| 以读方式打开文件 sorted.txt |
| 读文件保存至数组 stu |
| 关闭文件 |
| 键盘输入新生的有关数据 |
| 在数组 stu 中查找新生的插入位置 |
| 以写方式重新打开文件 sorted.txt |
| 首先把高分的数据写入文件 |
| 再把新生的数据写入文件 |
| 最后把低分的数据写入文件 |
| 关闭文件 |

图 7-3　编程题 5 所采用的算法

【答案】

```
#include<stdio.h>
#include<stdlib.h>
#define N 100                        /*假设学生人数<=100*/
struct studinfo
{ char no[4];                        /*学号*/
  int s[3];                          /*三门课的单科成绩*/
  float ave;                         /*平均成绩*/
};
void main()
{ FILE *fp;
  struct studinfo old[N];            /*读文件数据至数组old中保存*/
  struct studinfo a;                 /*保存新输入的数据*/
  int i,t;
  int num;                           /*实际人数*/
   /*第一步: 以读方式打开文件sorted.txt*/
  if((fp=fopen("sorted.txt","r"))==NULL)
  { printf("Can not open file sorted.txt\n");
    exit(0);
  }
  /*------------------------------------------------*/
    第二步: 显示进行插入操作之前sorted.txt的内容
    显示格式: 文件中的顺序号、学号、三门课单科成绩、平均成绩
  /*------------------------------------------------*/
  printf("\nBefore inserting ...\n");
  printf("  no s1 s2 s3 average\n");    /*显示表头*/
  printf("=========================\n");
  i=0;
  /*顺序读取原始文件*/
  while(fscanf(fp,"%3s%4d%4d%4d%f",a.no,&a.s[0],&a.s[1],&a.s[2],&a.ave)!=EOF)
  {
    old[i]=a;
    printf("%4s%4d%4d%4d%8.1f\n",old[i].no,old[i].s[0],old[i].s[1],old[i].s[2],
    old[i].ave);
    i++;
  }
  printf("=========================\n");
  fclose(fp);
  num=i;  /*记录实际的学生人数*/

  /*第三步: 输入新学生的有关数据*/
  printf("Which sno do you want to insert? ");
  scanf("%s",a.no);           /* 输入新生学号 */
  printf("input 3 scores:\n");
  scanf("%d%d%d",&a.s[0],&a.s[1],&a.s[2]);
  a.ave=(a.s[0]+a.s[1]+a.s[2])/3.0f;
  /*------------------------------------------------------*/
    第四步: 在按平均成绩降序排列的数据文件中查找新生的插入位置t (即在
    数组stu中的下标),使得位于[0..t-1]的学生的平均成绩都高于新学生的平均
    成绩,而位于[t,n-1]的学生的平均成绩都小于等于新生的平均成绩
```

```
/*--------------------------------------------------------*/
for(t=0;old[t].ave>a.ave && t<num; t++);

/*第五步: 以写方式打开文件 sorted.txt*/
if((fp=fopen("sorted.txt","w"))==NULL)
{ printf("Can not open file sorted.txt\n");
  exit(0);
}
/*第六步: 把连同新生在内的全部有序数据写入文件*/
printf("\nAfter inserting ...\n");
printf("  no s1 s2 s3 average\n");    /*显示表头*/
printf("=========================\n");
/*先照抄原文件中的高总分（即位于[0..t]之间）的数据, 同时屏幕显示*/
for(i=0;i<t;i++)
{
  fprintf(fp,"%3s%4d%4d%4d%6.1f\n",old[i].no,old[i].s[0],old[i].s[1],
    old[i].s[2],old[i].ave);
  printf("%4s%4d%4d%4d%8.1f\n",old[i].no,old[i].s[0],old[i].s[1],
  old[i].s[2],old[i].ave);
}
/*再将新插入学生的数据写到文件的这个位置上*/
fprintf(fp,"%3s%4d%4d%4d%6.1f\n",a.no,a.s[0],a.s[1],a.s[2],a.ave);
printf("%4s%4d%4d%4d%8.1f\n",a.no,a.s[0],a.s[1],a.s[2],a.ave);
/*接着照抄原文件中的低总分（即位于[t,n-1]之间）的数据, 同时屏幕显示*/
for(i=t;i<num;i++)
{
  fprintf(fp,"%3s%4d%4d%4d%6.1f\n",old[i].no,old[i].s[0],old[i].s[1],
  old[i].s[2],old[i].ave);
  printf("%4s%4d%4d%4d%8.1f\n",old[i].no,old[i].s[0],old[i].s[1],old[i].
  s[2],old[i].ave);
}
printf("=========================\n");
fclose(fp);
printf("Completed\n");
}
```

程序运行结果如下所示, 与配套主教材上的例 7.9 的运行结果完全一致。

```
Before inserting ... {显示插入之前的文件内容, 数据按平均成绩降序排列}
  no s1 s2 s3 average
=========================
 004 91 92 93    92.0
 001 85 86 87    86.0
 002 72 73 74    73.0
 003 68 69 70    69.0
=========================
Which sno do you want to insert? 005✓{输入新学号}
input 3 scores:
88 89 90✓                              {输入新生的三门成绩}

After inserting ...                    {显示插入之后的数据文件的内容, 仍然降序}
  no s1 s2 s3 average
=========================
```

```
004  91  92  93   92.0
005  88  89  90   89.0
001  85  86  87   86.0
002  72  73  74   73.0
003  68  69  70   69.0
```

{新数据已经插在合适的位置上了}

```
=========================
Completed
Press any key to continue
```

6. 假设职工的完整信息包括工号、姓名、性别、年龄、住址、工资、健康状况和文化程度，已知表7-2所示的四位职工的完整信息。要求设计一个程序，把这些数据全部保存到一个名为employee.txt的文本文件中。

表7-2　编程题6中的职工信息

工号	姓名	性别	年龄	住址	工资	健康状况	文化程度
301	Zhao	M	30	Beijing	3000	Good	Master
302	Qian	M	24	Shanghai	2500	Pass	Bachelor
303	Sun	F	27	Tianjin	2800	Good	Master
304	Li	M	22	Chongqing	1500	Good	Bachelor

【分析】本题考查的是文本文件的写操作与读操作，其中创建过程是写文件，而显示文件内容是读文件。在具体操作时，为了控制输入职工数据的灵活性，对工号的输入进行了特别处理，即如果输入的工号是"000"，则输入过程结束，否则认可输入的数据都是有效的，这样就实现了有效职工数据的反复输入。数据的输入过程实际上就是写文件的过程，在程序结束之前会把刚创建好了的文件employee.txt的内容按表格方式显示在屏幕上。

如果刚开始运行程序时就直接输入工号"000"，则提示创建文件失败，同时结束程序。

【答案】

```c
#include<stdio.h>
#include<stdlib.h>
#include<string.h>
struct employee
{ char no[4];                              /*编号*/
  char name[9];                            /*姓名*/
  char sex;                                /*性别*/
  int age;                                 /*年龄*/
  char address[20];                        /*住址*/
  int salary;                              /*工资*/
  char health[8];                          /*健康状况*/
  char degree[10];                         /*文化程度*/
};
void main()
{ FILE *fp;
  struct employee s;
  int i=1;
  if((fp=fopen("employee.txt","w"))==NULL)  /*以写文件方式打开文本文件*/
  { printf("Can not create file employee.txt\n");
    exit(0);
```

```
  }
/*根据屏幕提示输入每人的基本情况(共 8 个数据项)*/
printf("----------------------------------------------------\n");
printf("Input number,if number is equal to 000 then quit\n");
scanf("%s",s.no);   /*输入工号时若输入"000"，则结束数据输入*/
while(strcmp(s.no,"000"))
{
  printf("Details of No.%s is following...\n",s.no);
  printf("  name is ");
  scanf("%s",s.name);
  getchar();                                /*跳过换行符不读*/
  printf("  sex is ");
  scanf("%c",&s.sex);
  printf("  age is ");
  scanf("%d",&s.age);
  printf("  address is ");
  scanf("%s",s.address);
  printf("  salary is ");
  scanf("%d",&s.salary);
  printf("  health is ");
  scanf("%s",s.health);
  printf("  degree is ");
  scanf("%s",s.degree);
  /*将每人的基本情况写入文本文件*/
  if(fwrite(&s,sizeof(struct employee),1,fp)!=1)
  { printf("file write error.\n");          /*如果出现写文件异常的情况*/
  fclose(fp);
    exit(0);
  }
  printf("\n");
  i++;
  printf("----------------------------------------------------\n");
  printf("Input number,if number is equal to 000 then quit\n");
  scanf("%s",s.no);
}
printf("----------------------------------------------------\n");
printf("Input finished.\n");
fclose(fp);
if(i==1)     /*判断是否输入了有效数据*/
{
   printf("No available data is inputed, ");
printf("press any key to exit ...\n");
exit(0);
}

if((fp=fopen("employee.txt","r"))==NULL)  /*以读文件方式打开文本文件*/
{ printf("Can not create file <employee.txt>\n");
  exit(0);
}
/*读取并显示刚创建的文本文件的内容*/
```

```
printf("The destination file employee.txt is\n");
for(i=1;i<=73;i++)printf("-");        /*画一条水平线*/
printf("\n");
/*屏幕显示格式: 编号、姓名、性别、年龄、住址、工资、健康状况、文化程度*/
printf("%4s%10s%4s%4s%21s","No.","name","sex","age","address");
printf("%8s%8s%12s\n","salary","health","degree");
for(i=1;i<=73;i++)printf("-");
printf("\n");
/*逐条读取文本文件中的记录*/
fread(&s,sizeof(struct employee),1,fp);
while(!feof(fp))
{
    /*按照指定格式显示保存在文件中的数据*/
    printf("%4s%10s%3c%5d%21s",s.no,s.name,s.sex,s.age,s.address);
    printf("%8d%8s%12s\n",s.salary,s.health,s.degree);
    fread(&s,sizeof(struct employee),1,fp);
}
for(i=1;i<=73;i++)printf("-");
printf("\n");
printf("Completed\n");
fclose(fp);
}
```

当程序运行时，根据屏幕提示，把表 7-2 中的四条模拟数据逐条输入，操程如下：

```
-------------------------------------------------
Input number, if number is equal to 000 then quit  {输入工号，000 则退出}
301✓                    {输入工号 301}
-------------------------------------------------
Details of No.301 is following...
    name is Zhao✓       {输入工号为 "301" 赵姓职工的详情}
    sex is M✓
    age is 30✓
    address is Beijing✓
    salary is 3000✓
    health is Good✓
    degree is Master✓


-------------------------------------------------
Input number,if number is equal to 000 then quit
302✓                    {输入工号 302}
-------------------------------------------------
Details of No.302 is following...
    name is Qian✓       {输入工号为 "302" 钱姓职工的详情}
    sex is M✓
    age is 24✓
    address is Shanghai✓
    salary is 2500✓
    health is Pass✓
    degree is Bachelor✓


-------------------------------------------------
```

```
Input number,if number is equal to 000 then quit
303✓      {输入工号 303}
---------------------------------------------------
Details of No.303 is following...
   name is Sun✓           {输入工号为 "303" 孙姓职工的详情}
   sex is F✓
   age is 27✓
   address is Tianjin✓
   salary is 2800✓
   health is Good✓
   degree is Master✓


---------------------------------------------------
Input number,if number is equal to 000 then quit
304✓      {输入工号 304}
---------------------------------------------------
Details of No.304 is following...
   name is Li✓            {输入工号为 "304" 李姓职工的详情}
   sex is M✓
   age is 22✓
   address is Chongqing✓
   salary is 1500✓
   health is Good✓
   degree is Bachelor✓


---------------------------------------------------
Input number,if number is equal to 000 then quit
000✓                      {工号字段输入 000 则退出输入}
---------------------------------------------------
Input finished.
The destination file employee.txt is  {显示创建好了的文件内容}
-------------------------------------------------------
---
   No.      name sex age        address salary health   degree
   -----------------------------------------------------------
   301      Zhao M   30         Beijing  3000   Good     Master
   302      Qian M   24         Shanghai 2500   Pass     Bachelor
   303      Sun  F   27         Tianjin  2800   Good     Master
   304      Li   M   22         Chongqing 1500  Good     Bachelor
   -----------------------------------------------------------
Completed
Press any key to continue
```

在程序运行开始时就直接输入工号 "000"，程序将结束运行，屏幕显示如下：

```
---------------------------------------------------
Input number,if number is equal to 000 then quit
000✓      {提示输入学号，如果输入 000 则退出输入}
---------------------------------------------------
Input finished.
No available data is inputed,press any key to exit ...{提示没有输入有效数据}
Press any key to continue
```

7. 假设职工的完整信息包括工号、姓名、性别、年龄、住址、工资、健康状况和文化程度，由习题 6 可知保存了职工完整信息的文本文件 employee.txt 已创建好了。要求设计一个程序，从 employee.txt 中读取数据，把其中的职工工号、姓名和工资这三项内容单独抽取出来，形成一个名为 salary.txt 的新文本文件。

【分析】本题需要解决的是如何从一个已知的源文件派生出另一个未知的新文件。已知源文件为 employee.txt，派生新文件为 salary.txt，实际上就是原有的 8 个字段中抽取出 3 个字段（即编号、姓名和工资），单独形成一个文本文件。在设计程序时，首先分别打开这两个文件，源文件以读方式打开，而派生文件以写方式打开，在从源文件中逐条读取数据的循环中，把有关的 3 个数据项写入派生文件即可。

【答案】

```
#include<stdio.h>
#include<stdlib.h>
struct employee
{ char no[4];                 /*编号*/
  char name[9];               /*姓名*/
  char sex;                   /*性别*/
  int age;                    /*年龄*/
  char address[20];           /*住址*/
  int salary;                 /*工资*/
  char health[8];             /*健康状况*/
  char degree[10];            /*文化程度*/
};
void main()
{ FILE *fpin,*fpout;
  struct employee s;
  int i;
  if((fpin=fopen("employee.txt","r"))==NULL)    /*以读方式打开原始数据文件*/
  { printf("Can not open file <employee.txt>\n");
    exit(0);
  }
  if((fpout=fopen("salary.txt","w"))==NULL)      /*以写方式打开结果文件*/
  { printf("Can not create file <salary.txt>\n");
    exit(0);
  }
  /*------------------------------------------------------*/
     从打开的 employee.txt 中逐条读取数据，并按格式显示职工的编号、
     姓名、性别、年龄、住址、工资、健康状况和文化程度等信息
  /*------------------------------------------------------*/
  printf("The original file employee.txt is\n");
  for(i=1;i<=73;i++)printf("-");                    /*画一条水平线*/
  printf("\n");
  /*屏幕显示格式: 编号、姓名、性别、年龄、住址、工资、健康状况、文化程度*/
  printf("%4s%10s%4s%4s%21s","No.","name","sex","age","address");
  printf("%8s%8s%12s\n","salary","health","degree");
  for(i=1;i<=73;i++)printf("-");
  printf("\n");
  /*逐条读取源文件中的记录*/
```

```
    fread(&s,sizeof(struct employee),1,fpin);
    while(!feof(fpin))
    {
        /*按照指定格式显示保存在文件中的数据*/
        printf("%4s%10s%3c%5d%21s",s.no,s.name,s.sex,s.age,s.address);
        printf("%8d%8s%12s\n",s.salary,s.health,s.degree);
        /*将每条记录中被筛选出的3个数据项写入派生文件*/
        fprintf(fpout,"%4s%10s%5d\n",s.no,s.name,s.salary);
        fread(&s,sizeof(struct employee),1,fpin);  /*读下一条数据*/
    }
    for(i=1;i<=73;i++)printf("-");
    printf("\n");
    fclose(fpin);                            /*关闭源文件及派生文件*/
    fclose(fpout);
    /* 打开刚创建的派生文件 salary.txt */
    if((fpin=fopen("salary.txt","r"))==NULL)      /*打开派生文件*/
    { printf("Can not open file <salary.txt>\n");
        exit(0);
    }
    printf("\nNew file salary.txt is\n");
    printf("-----------------------\n");
    /* 派生文件的显示格式为: 编号、姓名、工资 */
    printf("%4s%10s%8s\n","No.","name","salary");
    printf("-----------------------\n");
    /*逐条读取并显示派生文件的内容*/
    while(fscanf(fpin,"%4s%10s%5d\n",s.no,s.name,&s.salary)!=EOF)
        printf("%4s%10s%8d\n",s.no,s.name,s.salary);
    printf("-----------------------\n");
    printf("Completed\n");
    fclose(fpin);
}
```

程序运行结果如下:

```
The original file employee.txt is      {显示初始文件的内容}
---------------------------------------------------------------------
No.      name sex age          address  salary health     degree
---------------------------------------------------------------------
301      Zhao M   30           Beijing    3000  Good      Master
302      Qian M   24           Shanghai   2500  Pass      Bachelor
303      Sun  F   27           Tianjin    2800  Good      Master
304      Li   M   22           Chongqing  1500  Good      Bachelor
---------------------------------------------------------------------


New file salary.txt is       {显示派生新文件的内容, 只包含工号、姓名、工资字段}
-----------------------
No.       name  salary
-----------------------
301      Zhao  3000
302      Qian  2500
303      Sun   2800
304      Li    1500
```

```
------------------------
Completed
Press any key to continue
```

7.3 典型例题选讲

一、填空题选讲

1. 以下程序用来统计文本文件 file.txt 中字符的个数，请将程序补充完整。

```c
#include<stdio.h>
#include<stdlib.h>
void main()
{ FILE *fp;
  int count=0;
  if((fp=fopen("file.txt","r"))==NULL)
  { printf("Can not open the file.\n");
    exit(0);
  }
  while(fgetc(fp)!=EOF)
  _____;
  fclose(fp);
  printf("num=%d\n",count);
}
```

【分析】由最后一行代码可知变量 count 用来存放字符个数，充当计数器的角色，而具体的计算字符个数的语句就应该出现在 while 循环中，据此推断空缺的语句肯定和计数器自增有关，应该是 count++，或者++count、count=count+1 之类的等价语句。

【答案】count++ 或 ++count 或 count=count+1

2. 下面的程序将磁盘中的一个文件复制到另一个文件中，两个文件名在命令行中给出（假设文件名无误），请将程序补充完整。

```c
#include<stdio.h>
#include<stdlib.h>
void main(int argc,char *argv[])
{ FILE *fp1,*fp2;
  if(argc<____(1)____)
  { printf("argument error.\n");
    exit(0);
  }
  fp1=fopen(argv[1],"r");
  fp2=fopen(argv[2],"w");
  while(____(2)____)fputc(fgetc(fp1),fp2);
  fclose(fp2);
  fclose(fp1);
}
```

【分析】本题特点是通过 main()自带的参数来传递命令行中的文件名。main()的完整定义格式为：

```c
void main(int argc,char *argv[])
{ … }
```

格式中的形参 argc 表示命令行中参数的个数,由于在一个命令行中可执行文件的文件名本身也是一个参数,因此形参 argc 的值至少为 1;形参 argv 从定义形式上来看是一个指向字符串的指针数组,实际储存了可执行文件的文件名及命令行中的各个参数,这些值都是字符串。

带命令行参数的程序的执行方式主要有以下两种:

第一种:在命令提示符窗口中(即 MS-DOS 方式下),通过命令行参数来执行,格式如下:

　程序文件名　参数 1　参数 2　参数 3　…✓

各参数之间用空格分隔,并且参数都不能写成带双引号的形式。

第二种:在 VC++ 6.0 下编辑带命令行参数的源程序时,执行 "Project" → "Setting" 命令,在弹出的对话框的 "Debug" 选项卡中,在 "Program Arguments" 文本框中输入各个命令行参数,参数彼此之间用空格分隔,最后执行 "Build" → "Execute" 命令,或者按【Ctrl+F5】组合键运行。

现在返回程序填空问题的求解。根据已知条件,fp1 指向源文件,fp2 指向目标文件,除了可执行的文件名外,命令行中还应该包括源文件名及目标文件名这两个参数,故形参 argc 的值至少为 3,故空(1)填 3;while 循环完成的是把从源文件 fp1 中读出的一个字符,写入到目标文件 fp2 中。C 语言中用于判断文件读取是否结束的常用函数是 feof(),返回值为 1 表示文件读取结束,返回值为 0 则表示文件读取尚未结束,故空(2)的值应该是 !feof(fp1),或者是与之等价的形式 feof(fp1)==0。

【答案】

(1) 3

(2) !feof(fp1) 或者 feof(fp1)==0

3. 已知 3 个不同的文本文件 file1、file2 和 file3,它们各自的内容如下

文件名	文件内容
file1	AAA#
file2	BBB#
file3	CCC#

假设下面这段源程序对应的文件名为 myprog.C,经编译和连接后生成的可执行文件名为 myprog.exe。当在 MS-DOS 方式下执行下述命令时,

　myprog　file1　file2　file3✓

屏幕显示的结果是_____。

```c
#include<stdio.h>
#include<stdlib.h>
void f(FILE *fp0)
{ char c;
  while((c=getc(fp0))!='#')putchar(c+32);
}
void main(int argc,char *argv[])
{ FILE *fp; int i=1;
  while(--argc>0)
  { fp=fopen(argv[i++],"r");
    f(fp);
    fclose(fp);
  }
}
```

【分析】本题是 main()命令行参数的又一应用。依题意看形参 argc 的值为 4，形参 argv 数组的 4 个元素依次为"myprog"、"file1"、"file2"和"file3"。main()中所执行的 3 次循环依次为：以读方式打开文件 fp、以 fp 作为实参调用自定义函数 f()、关闭文件 fp。考虑到 3 个已知数据文件的内容均为大写字母，并皆以字符#结束，函数 f()实际上是把各个大写字母均转换成对应的小写字母，然后显示在屏幕上。

【答案】

```
aaabbbccc
```

二、选择题选讲

1. 下面各选项中能正确实现文件打开操作的是_____

A. fp=fopen(c:mydir\info.dat, "r")   B. fp=fopen(c:\mydir\info.dat, "r")

C. fp=fopen("c:\mydir\info.dat", "r")   D. fp=fopen("c:\\mydir\\info.dat", "r")

【分析】

文件打开函数 fopen()的调用格式为：fp=fopen(filename,mode)，其中 filename 表示要打开的文件名，通常是一个字符串，或者字符指针及字符数组，mode 表示文件的读写方式。对于 filename 而言，字符串是双引号来定界，若字符串中的文件名采用了带路径的表示形式，则代表路径的反斜杠 "\" 必须用转义字符"\\"表示。选项 A 和选项 B 显然都错了，选项 C 虽然使用了字符串，但由于没有使用转义字符，因此也错了，最后的正确答案是 D，被打开的文件是 C 驱动器下 mydir 文件夹下一个名为 info.dat 的文件。

【答案】：D

2. 在 C 语言中，把文件缓冲区中的数据写入文件的过程称为_____。

A. 输入   B. 输出   C. 修改   D. 删除

【分析】C 语言的文件是流式文件，它是由一个个的字符（或字节）组成的。在对文件的操作过程中，系统为每个正在使用的文件在内存中开辟了文件缓冲区，数据与文件之间的交换是借助文件缓冲区来进行的。一般来说，把缓冲区中的数据写到文件中去的过程称为输出，从一个打开的文件中读取数据的过程称为输入，故选项 B 正确。

【答案】B

3. 当顺利地执行了文件的关闭命令之后，函数 fclose()的返回值是_____。

A. -1   B. 1   C. 0   D. 非零

【分析】

函数 fclose()的功能是关闭 fp 所指的文件，同时释放所使用的文件缓冲区。若文件正常关闭，函数返回值为 0，当关闭发生错误时，返回值为 EOF（其值为-1），此时可用 ferror()函数来测试。故选项 C 正确。

【答案】C

4. 阅读以下程序：

```
#include<stdio.h>
#include<stdlib.h>
void main()
{ FILE *fp;
  int i,k=4,n=5;
  fp=fopen("d1.dat","w");
```

```
    for(i=1;i<4;i++)fprintf(fp,"%d",i);
    fclose(fp);
    fp=fopen("d1.dat","r");
    fscanf(fp,"%d%d",&k,&n);
    printf("%d %d\n",k,n);
    fclose(fp);
}
```

程序执行后的输出结果是_____。

A. 1 2　　　　　　　B. 123 5　　　　　　C. 1 23　　　　　　D. 4 5

【分析】在写文件时，格式化写函数 fprintf() 中使用的是 "%d"，并没有使用其他的分隔符，故顺序写入的 1、2 和 3 在文件中的存储形式为 123。当读方式时，读出两个整数分别存入变量 k 和 n 中。由于系统认为 123 为一个完整的整数（即没有把它看成是三个整数），很自然地将 123 赋值给了变量 k，由于变量 n 的值在文件中不存在，因此就没有读入，故变量 n 的值仍然是原来的值，选项 B 正确。

【答案】B

三、编程题选讲

已知两个文本文件，一个是住址文件 address.txt，它保存了一些同学的姓名和地址；另一个是电话文件 phone.txt，它保存了排列顺序不同的上述人的姓名与电话号码。这两个文件的内容如下：

```
type address.txt ✓        {显示地址文件}
ZhaoOne        Beijing
QianTwo        Shanghai
SunThree       Tianjin
LiFour         Chongqing
type phone.txt ✓          {显示电话文件}
LiFour         88101293
SunThree       87202350
ZhaoOne        85238546
QianTwo        84730172
```

现在要求设计一个程序，希望通过对比上述两个文件的内容，将同一个人的姓名、地址和电话号码抽取出来，形成一个完整的信息，最后保存到一个新的通讯录文件 message.txt 中。假设在这 3 个文件中，姓名、家庭住址、电话号码这 3 个数据项的长度都不超过 15 个字符。

```
#include<stdio.h>
#include<stdlib.h>
#include<string.h>
main()
{
    FILE *addfp,*phofp, *mesfp;
    /*--------------------------*/
      addfp 为 address.txt 的文件指针
      phofp 为 phone.txt 的文件指针
      mesfp 为 message.txt 的文件指针
    /*--------------------------*/
    char temp[15],namearr[15],addrarr[15],phonarr[15];
    if((addfp=fopen("address.txt","r"))==NULL) /*打开住址文件*/
    {   printf("Can not open address.txt");
```

```
            exit(0);
        }
    if((phofp=fopen("phone.txt","r"))==NULL)    /*打开电话文件*/
    {    printf("Can not open phone.txt");
        exit(0);
    }
    if((mesfp=fopen("message.txt","w"))==NULL) /*打开通讯录文件*/
    {    printf("Can not create message.txt");
        exit(0);
    }
    while(strlen(fgets(namearr,15,addfp))>1)    /*从住址文件中读姓名*/
    {
        fgets(addrarr,15,addfp);                /*从住址文件中读住址*/
        fputs(namearr,mesfp);                   /*将姓名写入通讯录文件*/
        fputs(addrarr,mesfp);                   /*将住址写入通讯录文件*/
        strcpy(temp,namearr);                   /*将住址文件中的姓名暂存*/
    /*根据刚从住址文件中得到的姓名（暂存在变量 temp 中），在电话文件中进行查找，*/
    /*找到这个人的电话号码，这样才形成了一个完整的信息*/
        do
        {
        fgets(namearr,15,phofp);                /*从电话文件中读姓名*/
        fgets(phonarr,15,phofp);                /*从电话文件中读电话号码*/
        }while(strcmp(temp,namearr)!=0);        /*比较是否就是这个人*/
        fputs(phonarr,mesfp);                /*将与姓名一致的电话号码写入通讯录文件*/
        rewind(phofp);                      /*调整电话文件的位置指针到文件首*/
    }
    fclose(addfp);                          /*关闭文件*/
    fclose(phofp);
    fclose(mesfp);
    printf("\nCompleted\n");
}
```

本例能够运行的前提条件是住址文件 address.txt 和电话文件 phone.txt 都必须存在。如果不存在，可以使用 Turbo C 中自带的编辑器来手工构造这两个数据文件。在编辑 address.txt 和 phone.txt 这两个文本文件时，数据的存储格式不能有错，根据题意，左边的姓名栏一定要占 15 个字符的指定宽度，右边的家庭住址和电话号码则按照实际内容设置宽度，同时这两个文本文件的第 5 行是一个以回车结束的空行。当数据文件编辑结束、保存文件时输入的扩展名应该是.txt 而不是.c。

住址文件和电话文件中存储的是同一批人的资料，故两个文件的数据行数一样，只是出现的顺序不同。本例中以住址文件为基准，在电话文件中顺序查找相同姓名的数据，如果查找成功，则合并数据并存入通讯录文件。如何判断读取的文件是否结束呢？实际编辑时采用了如下的判定方法：

```
while(strlen(fgets(namearr,15,addfp))>1)
{…}
```

通过函数 fgets()从住址文件 addfp 中读取一个姓名，它是一个字符串，其长度大于 1，则表示读到的是一个有意义的数据，否则表示读文件结束，因此在手工编辑已知的住址文件与电话文件时，要求在文件的末尾一定要有一个回车符，并且单独占一行。

查看由例 7.6 生成的通讯录文件 message.txt 的内容, 可用下述 type 命令:

```
type message.txt ✓
```

屏幕显示结果如下:

```
ZhaoOne       Beijing
 85238546
QianTwo       Shanghai
 84730172
SunThree      Tianjin
 87202350
LiFour        Chongqing
 88101293
```

结果显示通讯录文件 message.txt 的排列顺序与住址文件 address.txt 的排列顺序一致, 不过每个人的姓名与住址、电话号码被分成了两行显示, 如果要求把这 3 个数据项安排在同一行中显示, 该如何修改程序?

7.4 练习及参考答案

一、填空题

1. C 语言系统为每个正在使用的文件在内存中开辟了一个_____。

2. C 语言对文件操作的一般顺序是_____、_____和_____。

3. 在用 C 语言编程时, 能在程序中调用一条 MS-DOS 的内部命令或者是调用一个可执行文件的库函数是_____, 实现文件删除操作的库函数是_____, 对文件进行重命名的函数是_____。

4. 从键盘上输入某个文本文件的文件名, 要求把该文件的内容显示在屏幕上, 请将程序补充完整。

```c
#include<stdio.h>
#include<stdlib.h>
void main()
{ FILE *fp;
  char c,filename[20];
  printf("Input file name: ");
  scanf("%s",filename);
  if((fp=fopen(filename,"r"))==NULL)
  { printf("Can not open the file %s.\n",filename);
    exit(0);
  }
  while(!feof(fp))
  {
    _____;
    putchar(c);
  }
}
```

5. 下面程序的功能是从键盘上输入一个字符串, 把该字符串中的小写字母转换为大写字母, 然后输出到文件 eng.txt 文件中, 请根据题目要求将程序补充完整。

```c
#include<stdio.h>
#include<stdlib.h>
```

```
void main()
{ FILE *fp;
  char str[100];
  int i=0;
  if((fp=fopen("eng.txt",_____(1)_____))==NULL)
  { printf("Can not open this file.\n");
    exit(0);
  }
  printf("Please input a string.\n");
  gets(str);
  while(str[i])
  {
    if(str[i]>='a' && str[i]<='z')_____(2)_____;
    fputc(str[i],fp);
    i++;
  }
  fclose(fp);
  fp=fopen("eng.txt",_____(3)_____);
  fgets(str,_____(4)_____, fp);
  printf("%s\n",str);
  fclose(fp);
}
```

二、单项选择题

1. 下面结论中正确的是_____。

   A. 在 C 语言中如果要对文件操作，必须先打开文件

   B. 在 C 语言中如果要对文件操作，必须先关闭文件

   C. 在 C 语言中对文件的操作实际上并没有统一的规定

   D. 在 C 语言中如果要对文件操作，即使不打开文件也可以对其进行读/写

2. 在 C 语言中系统定义的标准出错输出文件是指_____。

   A. 文本文件　　　　　B. 二进制文件　　　　　C. 键盘　　　　　D. 显示器

3. 若将文件 fp 的读/写位置指针移动到距离文件头 200 个字节的位置，正确的操作是_____。

   A. fseek(fp,200,0);　　B. fseek(fp,200,1);　　C. fseek(fp,200,2)　　D. ftell(200)

4. 已知 stu 是一个数组，那么语句 fread(&stu,3,6,fp);的功能是_____。

   A. 从 fp 所指的数据文件中读取 6 次 3 字节的数据，然后存入数组 stu 中

   B. 从 fp 所指的数据文件中读取 3 次 6 字节的数据，然后存入数组 stu 中

   C. 从数组 stu 中读取 3 次 6 字节的数据，然后保存到 fp 所指的文件中

   D. 从数组 stu 中读取 6 次 3 字节的数据，然后保存到 fp 所指的文件中

5. 下面这段程序的功能是_____。

```
#include<stdio.h>
#include<stdlib.h>
void main()
{ FILE *fout, *fin;
  char c,infile[10],outfile[10];
  printf("Enter the input file name:\n");
  scanf("%s",infile);
```

```
printf("Enter the output file name:\n");
scanf("%s",outfile);
if((fin=fopen(infile,"r"))==NULL)
{ printf("can not open the source file.\n");
  exit(0);
}
if((fout=fopen(outfile,"w"))==NULL)
{ printf("can not open the destination.\n");
  exit(0);
}
while((c=fgetc(fin))!=EOF)fputc(c,fout);
fclose(fin);  fclose(fout);
}
```

A. 将两个磁盘文件首尾合并形成一个新的文件

B. 分别显示两个文本文件的内容

C. 将一个已知的源文件重命名为另一个新文件

D. 把一个文件复制为另一个文件

6. 阅读程序：
```
#include<stdio.h>
#include<stdlib.h>
void main()
{ FILE *fp;
  int i,a[4]={10,20,30,40},b;
  fp=fopen("abc.dat","wb");
  for(i=0;i<4;i++)fwrite(&a[i],sizeof(int),1,fp);
  fclose(fp);
  fp=fopen("abc.dat","rb");
fseek(fp,-2L*(long)sizeof(int),SEEK_END);
    /*使文件位置指针从文件尾向前移动2*sizeof(int)个字节*/
  fread(&b,sizeof(int),1,fp);
  printf("%d\n",b);
  fclose(fp);
}
```
程序执行后的输出结果是_____。

A. 10　　　　　B. 20　　　　　C. 30　　　　　D. 40

三、编程题

1. 设计一个程序，从键盘上输入文本文件名，分别统计该文本文件所包含的英文字母（含大小写）、阿拉伯数字和其他字符的个数，文本文件名从键盘上输入。

2. 设计一个程序，从键盘上输入文本文件名，要求把该文件中的所有'*'字符全部替换成'$'字符，同时统计并显示替换的次数。

参考答案

一、填空题

1. 文件缓冲区

2. 打开文件　读/写文件　关闭文件

3. system()　　remove()　　rename()

4. c=fgetc(fp)

5. "w"（或"w+"）　　str[i]=str[i]-32　　"r"（或"r+"）　　strlen(str)+1

二、单项选择题

1. A　　　　2. D　　　　3. A　　　　4. A　　　　5. D　　　　6. C

三、编程题

1.

```c
#include<stdio.h>
#include<stdlib.h>
void main()
{ FILE *fp;
  int n1,n2,n3;
  char filename[20],ch;
  n1=n2=n3=0;                        /*计数器 n1,n2,n3 分别表示字母、数字和其他字符的个数*/
  printf("Input file name: ");
  scanf("%s",filename);    /*输入文件名*/
  if((fp=fopen(filename,"r"))==NULL)  /*打开文件*/
  { printf("Can not open file %s.\n",filename);
    exit(0);
  }
  /*从文件中读取字符并进行分类统计*/
  while(!feof(fp))
  { ch=fgetc(fp);
    if(ch>='a' && ch<='z' || ch>='A' && ch<='Z')n1++;
    else if(ch>='0' && ch<='9')n2++;
      else n3++;
  }
  fclose(fp);                            /*关闭文件*/
  /*显示分类统计结果*/
  printf("\n---------------------------");
  printf("\n The result is following");
  printf("\n---------------------------");
  printf("\nAlphabetic: %d",n1);
  printf("\nArabic numerals: %d",n2);
  printf("\nOthers: %d",n3);
  printf("\n---------------------------");
  printf("\n** completed **");
}
```

2.

```c
#include<stdio.h>
#include<stdlib.h>
void main()
{ FILE *fp;
  int count=0;                           /*统计字符的修改次数*/
  char filename[20];                     /*保存文件名*/
  printf("\nInput file name: ");
  scanf("%s",filename);                  /*输入文件名*/
```

```
  if((fp=fopen(filename,"r+"))==NULL)          /*读写方式 r+*/
  { printf("Can not open the file %s.\n",filename);
    exit(0);
  }
  while(!feof(fp))
    if(fgetc(fp)=='*')                         /*查找到了*号字符*/
    {
      fseek(fp,-1L,SEEK_CUR);                   /*让读写位置指针回退指向星号字符*/
      fputc('$',fp);                           /*写入$字符替换原来位置上的*字符*/
      fseek(fp,ftell(fp),SEEK_SET);            /*重新调整位置指针*/
      count++;                                  /*修改次数加一*/
    }
  fclose(fp);
  printf("\nNumber of modified is %d.\n",count);
}
```

面向对象技术与 C++ <<<

8.1 本章要点

1. 标准输入流 cin。
2. 标准输出流 cout。
3. 函数参数的默认值。

在函数说明或函数定义时，C++允许给一个或多个形式参数指定默认值。

4. 内联函数。

在定义函数时，如果在函数返回值类型的前面加上关键字 inline，就构成了内联函数。注意，内联函数的使用是有条件的。

5. 重载函数。

同一个函数名字对应多个不同的函数实现。

6. 引用。

引用的定义格式如下：

    <类型名>&<引用名>=<变量名或对象名>

7. 面向对象程序设计的特点。

封装性、继承性和多态性。

8. 类的定义。

类的一般定义格式如下：

```
class<类名>
/*类的说明部分*/
{
  public:
     <公有的数据和成员函数>
  private:
     <私有的数据和成员函数>
};
  /*类的实现部分*/
  <成员函数的实现>
```

9. 对象的定义。

对象的定义格式如下：

    <类名> <对象名表>;

10. 对象成员的表示。

一般对象成员的表示方法如下：

    <对象名>.<数据成员名>

<对象名>.<成员函数名>(<参数表>)

11. 构造函数。

构造函数（constructor）是特殊的成员函数，函数名与类名相同，用来完成对新建对象的初始化。构造函数可以重载。

12. 析构函数（Destructor）。

析构函数是特殊的成员函数，函数名为"~类名"，用来释放对象。析构函数不能重载。

8.2 主教材习题解答

一、选择题

1. 下列关于 C++与 C 语言关系的叙述中，错误的是（ ）。

A. C++是 C 语言的超集

B. C++是对 C 语言进行了扩充

C. C++包含了 C 语言的全部语法特征

D. C++与 C 语言都是面向对象的程序设计语言

【分析】C++是以 C 语言为基础发展演变而成的一门程序设计语言。之所以说 C++是 C 语言的超集，是指 C++中包含了 C 语言的全部语法特征。C++的设计宗旨是在不改变 C 语言语法规则的基础上扩充新的特征，需要注意的是，C++是一种面向对象的程序设计语言，而 C 语言是结构化程序设计语言，这是两者最重要的区别。本题选项 D 错误。

【答案】D

2. 下列字符序列中，可以用作 C++标识符的是（ ）。

A. 010　　　　　　B. case　　　　　　C. this　　　　　　D. _abc

【分析】标识符的组成要符合如下规则：以字母或下画线开头，由字母、数字、下画线组成的序列；不能与任意一个关键词同名；标识符中的字母区分大小写；标识符不宜过长。故选项 D 正确。

【答案】D

3. 下列符号中，表示行注释的开始符号是（ ）。

A. /*　　　　　　B. //　　　　　　C. */　　　　　　D. #

【分析】注释是解释性的文字，是提高程序可读性的一种手段，对维护软件非常有用。注释本身并不会增加执行代码的长度，在编译时注释被当作空格跳过。C++中的注释有两种：第一种是以双字符"/*"开始，以双字符"*/"结束，用于块注释；第二种是行注释，双字符"//"表示注释开始，注释到它所在行结束处终止。本题选项 B 正确。

【答案】B

4. 以下不属于类的存取权限的是（ ）。

A. public　　　　　B. static　　　　　C. protected　　　　D. private

【分析】从访问权限上看，类的成员分为三大类：公有成员（public）、私有成员（private）和受保护成员（protected），其中公有成员不仅能被成员函数使用，而且提供了类的接口功能，可以被外界程序使用；私有成员是被隐藏的数据，只有该类的成员函数（或友元函数）才可使用，外界程序不能访问它；说明为保护的成员与私有成员类似，只是除类本身的成员函数和说明为友元类的成员函数可以访问保护成员外，该类的派生类的成员也可以访问。选项 B 表示的是静态属性，它不属于类的访问权限，因此本题选择 B。

【答案】B

5. 面向对象程序设计思想的 3 个主要特征不包括（　　　）。

A. 继承性 　　　　　　　　　　　　B. 封装性

C. 功能分解，逐步求精 　　　　　　D. 多态性

【分析】能体现面向对象程序设计思想的 3 个主要特征是封装性、继承性和多态性，而选项 C 所描述的是结构化程序设计思想的主要内容，因此本题选择 C。

【答案】C

二、简答题

1. 什么是内联函数？为什么要引进内联函数？

【答案】

在定义函数时，如果在函数首部的最前面（也就是在函数返回值的类型名前面）加上了关键字 inline，这样定义的函数就是内联函数。内联函数的使用是有条件的，并非所有的函数都能定义为内联函数。

由于内联函数是用函数体语句来代替函数的调用，因此使用内联函数可以提高程序的执行效率。一般的函数调用要花费一定的时间和内存空间来保存函数调用的现场，这样做降低了程序的运行效率。由于引入了内联函数，在调用内联函数时就能直接用内联函数的函数体来代替函数的调用，虽然这样做会增加程序的代码，但提高了效率，减少了函数调用的时间开销和空间开销；同时，由于内联函数的代码往往比较小，内联函数调用时对程序执行的影响也不大，因此对于那种代码小且访问频繁的函数采用内联的做法是值得提倡的。

2. 什么是重载函数？定义重载函数应注意什么问题？

【答案】

所谓重载函数，是指同一个函数名对应多个不同的函数实现。重载函数除了在函数实现的功能上比较接近外，各重载函数在定义时还要有一些区别，这种差别主要表现在函数返回值类型的不同、函数参数类型的不同、函数参数个数的不同、函数参数顺序的不同这 4 个方面，那种仅仅靠函数返回值类型的不同来区分重载是不够的。

在定义重载函数时应注意以下两点：

（1）不能使用类型定义语句（typedef）定义的类型名来区分重载函数中的参数类型。

（2）使用重载函数一般要求实现的功能要相同或接近，因此不提倡让重载函数去执行两个或两个以上功能根本不相同的操作。

3. 什么是引用？它与指针有何区别？

【答案】

所谓引用，简单地说就是给某个变量（或对象）取一个别名。在 C 语言中一般使用指针来建立其他变量的别名，而在 C++中，除了仍然可以沿用指针来建立其他变量的别名外，还可以通过使用引用来建立变量或对象的别名，而且引用更像是在使用普通变量，使用更方便，可读性更好。

使用引用时要注意，引用仅仅是替代某个变量（或对象）的别名而已，它本身并不是值，引用不占用内存空间，对引用只能说明而不能定义。引用和指针的区别主要表现在以下几点：

（1）指针是变量，它有独立的内存单元，而引用不是变量，引用和与它捆绑在一起的变量（或对象）占用同一个内存单元。

（2）指针可以被引用，而引用不能再次被引用。

（3）指针可以充当数组元素，此时的数组简称为指针数组，而引用不能作为数组元素。

（4）空的指针是允许的，但没有空的引用。

4. 什么是类？类的定义格式如何？类中成员的访问权限有哪些？

【答案】

类是一种复杂的数据类型，它是将不同类型的数据和与这些数据有关的操作封装在一起的集合体，因此类具有数据的抽象性、隐蔽性和封装性。在 C++ 中可以把具有相同内部存储结构和一组操作的对象看成是同一类。

类的定义格式包括说明部分和实现部分，其中说明部分用来说明类中的多个成员（包括被说明的数据成员和成员函数），而实现部分用来描述说明部分中成员函数的实现（或定义）。类的一般定义格式如下：

```
class<类名>
/*说明部分*/
{
  public:
<公有的数据和成员函数>
  private:
<私有的数据和成员函数>
};
/*实现部分*/
<成员函数的实现>
```

类的说明部分放在类体内，而类的实现部分既可以放在类体内，也可以放在类体外。

根据访问权限来划分，类的成员分为公有的、私有的和受保护的三大类，其中公有成员不仅可以被成员函数使用，还可以被外界程序所使用；私有成员是被隐藏的数据，只有该类的成员函数（或友元函数）才可使用，其他外界程序不能使用它；保护成员不能被外界程序所使用，这一点和私有成员类似，但它可以被派生类中的成员函数使用。

5. 类中的数据成员和成员函数有何区别？对象如何表示？指向对象的指针的成员又如何表示？

【答案】

类的定义包括说明部分和实现部分，其中说明部分用来说明该类中的多个成员（包括被说明的数据成员和成员函数），而实现部分用来描述说明部分中成员函数的实现（或定义）。数据成员的说明包括对成员的名字和类型的说明，根据不同的访问权限来分类，类的成员可分为公有的、私有的和受保护的三大类；而类的成员函数是类内部对数据成员进行操作的函数实现。简单地说，类的说明部分放在类体内，告诉使用者做什么，而类的实现部分则用来说明怎么做，它既可以放在类体内，也可以放在类体外。

类代表了一批对象的共性和特征，是抽象的表示形式，而对象则是类的具体化表示，是该类的一个实例。作为类中实例的对象，其定义格式如下：

    `<类名><对象名表>;`

类中对象的成员表示如下：

    `<对象名>.<数据成员名>`

    `<对象名>.<成员函数名>(<参数表>)`

指向对象的指针的成员表示如下：

    `<对象指针名>-><数据成员名>`

    `<对象指针名>-><成员函数名>(<参数表>)`

或者

    `(*<对象指针名>).<数据成员名>`

    `(*<对象指针名>).<成员函数名>(<参数表>)`

6. 构造函数有什么特点？析构函数有什么特点？

【答案】

  构造函数是一种特殊的成员函数，用来完成对新建对象的初始化。构造函数的名字与类名相同，它可以有一个参数或多个参数，也可以没有参数（其中默认的构造函数就是无参函数），因此构造函数可以重载。在定义和说明构造函数时不必指明构造函数的类型，因为它没有返回值，更不需要加 void 类型说明。构造函数的说明一般放在类体内，而它的实现部分既可以放在类体内，也可以放在类体外。在程序中定义一个没有给定初始值的对象时，系统会自动调用默认构造函数来创建对象。

  析构函数也是一种特殊的成员函数，其作用与构造函数正好相反，当某个对象的生存期结束时，系统会自动调用析构函数来释放这个对象。析构函数的名字与类名相同，为了与构造函数相区别，析构函数的名字前要加上符号~，以表示析构函数的功能与构造函数相反。析构函数没有参数，也不能指定函数返回值的类型（包括 void 类型），因此析构函数不能重载，在一个类中只能有一个析构函数。析构函数的说明一般放在类体内，它的实现部分既可以放在类体内，也可以放在类体外。

  析构函数通常由系统自动执行，在下面两种情况下析构函数将被自动执行：

  （1）当一个对象的生存期结束时，系统将自动调用析构函数来释放该对象。

  （2）对于使用 new 运算符创建的对象，在使用 delete 运算符来释放这个对象时，系统自动调用析构函数。

  当析构函数被执行时，对于相同生存期的两个对象，先创建的对象后释放，后创建的对象先释放。

三、给出下列各程序的运行结果

（1）

```
#include<iostream.h>
void fun(int,int,int *);
void main()
{
  int a,b,c;
  fun(7,8,&a);
  fun(9,a,&b);
  fun(a,b,&c);
  cout<<a<<','<<b<<','<<c<<endl;
}
void fun(int i,int j,int *k)
```

```
{
    j+=i;
    *k=j-i;
}
```

【分析】

本题程序由主函数 main() 和用户自定义函数 fun() 组成。函数 fun() 的形参表中使用了指针变量 k，而在 main() 中对 fun() 进行调用时，对应的实参是指向某个变量的地址。在 C++ 中对变量名（或对象名）可以使用引用，但 C 语言中的指针在 C++ 中仍然可以沿用，此处便是一例。

在 main() 中，第一次调用 fun() 时，即执行到语句 fun(7,8,&a) 时，通过参数传递，此时形参表中形参的值为 i=7 和 j=8。在此后的 fun() 执行过程中，当执行到语句 j+=i 时，j 的值为 j=j+i=8+7=15，此时指针变量 k 所指的单元的值是 *k=j-i=15-7=8。根据函数调用时地址传递的特点，第一次函数调用 fun(7, 8, &a) 结束后实参 a 的值就是 8。类似的，第二次调用 fun() 结束后实参 b 的值为 8，第三次调用 fun() 结束后实参 c 的值也是 8。

【答案】

```
8,8,8
```

（2）

```
#include<iostream.h>
void print(int),print(char),print(char *);
void main()
{
    int m(2002);
    print('m');
    print(m);
    print("see you");
}
void print(int x)
{
    cout<<x<<endl;
}
void print(char x)
{
    cout<<x<<endl;
}
void print(char *x)
{
    cout<<x<<endl;
}
```

【分析】

本题所考查的是对 C++ 中函数重载内容的理解。本题中被重载的函数名为 print，它一共重载了 3 次，这 3 个重载函数的差别主要体现在形参表中参数类型的不同上。

C++ 规定使用重载函数时，至少要求在函数返回值的类型、参数的类型、参数的个数、参数的顺序上要有所区别，仅仅在函数返回值类型上的不同是不够的。在区别使用不同的重载函数时，需要把实参的类型与被调用的重载函数的形参的类型进行逐一比较，从而决定调用哪个重载函数。本题中的 3 个重载函数 print()，其函数返回值类型都是 void 型，而且形参表中参数的个数也都是一个，能够进行彼此区分的就是形参的类型各不相同，因为对应的形参分别是 int 类型、char 类型和指针类型，根据上面介绍的重载函数的区分调用原则，就能较容易地得到程序运行的最后结果。

【答案】

```
m
2002
see you
```

（3）

```
#include<iostream.h>
void main()
{
  void fun(int,int&);
  int a,b;
  fun(5,a);
  fun(8,b);
  cout<<"a+b="<<a+b<<endl;
}
void fun(int i,int&j)
{
  j=i*3;
}
```

【分析】

本题主要考查的是读者对 C++中引用作为函数参数的理解。所谓引用，简单地说就是给某个变量（或对象）取一个别名。使用引用时要注意，由于引用仅仅是替代某个变量（或对象）的别名而已，它本身并不是值，因此引用不占用内存空间，对引用只能说明而不能定义。在定义函数时形参可以出现引用，此时引用充当函数参数所进行的是地址传递，与 C 语言中使用指针变量作为函数参数所起到的效果是一样的，而且在 C++中使用引用作为函数参数比较普遍，这样做能增加程序的可读性。在 main()中，通过对自定义函数 fun()的两次调用，得到的结果依次为 a=15 和 b=24，因此最后程序的运行结果是 a+b=39。

【答案】

```
a+b=39
```

（4）

```
#include<iostream.h>
int &fun(int);
int aa[10];
void main()
{
  int a=10;
  for(int k(0);k<10;k++)fun(k)=a+k;
  for(k=0;k<10;k++)cout<<aa[k]<<"  ";
  cout<<endl;
}
int &fun(int a)
{
  return aa[a];
}
```

【分析】

本题的引用是作为函数的返回值来使用的。一般函数在返回结果时都要建立临时变量，也就是先将函数返回表达式的值传给临时变量，当返回到主调函数时，再把临时变量的值传递给相应的接收函数返回值的变量。当引用作为函数的返回值时，此时并不产生临时变量，而是将函数的返回值直接传给接收函数返回的变量或对象。在 C++中将函数说明为返回一个引用的主要目的是将该函数名用在赋值运算符的左边（即返回引用的调用函数作为一个左值参与运算），而在其他情况下，一个函数是不能作为左值的。

本题中由于使用了返回值为引用的函数，函数 main()中的 for 循环语句：

```
for(int k(0); k<10; k++)fun(k)=a+k;
```

实际上相当于 for(int k(0); k<10; k++)aa[k]=a+k;，循环中数组 aa 中下标从 0 开始到 9 结束的这10 个数组元素的值依次是 10、11、12、…、19。

【答案】

```
10  11  12  13  14  15  16  17  18  19
```

（5）

```cpp
#include<iostream.h>
class A
{
  public:
  A()
  {
    a1=a2=0;
    cout<<"Default constructor called.\n";
  }
  A(int i,int j)
  {
    a1=i;
    a2=j;
    cout<<"Constructor called.\n";
  }
  void print()
  {
    cout<<"a1="<<a1<<",a2="<<a2<<endl;
  }
  private:
    int a1,a2;
};
void main()
{
  A x,y(11,15);
  x.print();
  y.print();
}
```

【分析】

本题所考查的是有关构造函数以及构造函数发生重载的内容。在类的定义中构造函数是一种特殊的成员函数，该函数的名字与类名相同，它可以是有参的函数，也可以是无参的函数，因此构造函数允许重载。之所以说构造函数是一种特殊的成员函数，是因为这种函数和其他成员不同，它不需要用户调用执行，而是在建立一个对象时由系统自动执行，而且只能执行一次，主要实现对新创建的对象初始化。

本题中定义一个类 A，它有两个私有的数据成员和 3 个公有的成员函数，其中类 A 的数据成员有两个，分别为 a1 和 a2；同名的构造函数 A() 发生了两次重载，分别是默认的构造函数 A() 和包含了两个参数的有参构造函数 A(int i, int j)，类 A 的第三个成员函数 print() 用来输出类中两个私有的数据成员的值。两个重载的构造函数的函数体都是相同的，通过构造函数实现了对数据成员 a1 和 a2 的赋 0 值操作（即为对象赋初值），然后再输出一个提示信息 "Default constructor called."。

在 main() 中通过语句

```
A x,y(11,15)
```

先后定义了两个对象 x 和 y，在创建对象时系统将自动调用相应的构造函数来给对象初始化。具体地说，在创建对象 x 时，系统调用无参的默认构造函数 A() 来对 x 进行初始化，此时 x.a1 和 x.a2 的值都为 0，并在屏幕上输出如下提示信息：

```
Default constructor called.
```

在创建对象 y 时，系统自动调用包含了两个参数的构造函数 A(int i, int j)，此时数据成员 y.a1 和 y.a2 的值分别是 11 和 15，并在屏幕上输出如下提示信息：

```
Constructor called.
```

最后通过分别调用对象 x 和对象 y 中的成员函数 print() 来显示 x 和 y 这两个对象的私有数据成员的值。

【答案】
```
Default constructor called.
Constructor called.
a1=0,a2=0
a1=11,a2=15
```

四、编程题

1. 三位同学在学习编程时遇到了麻烦，想打电话咨询计算机老师。但他们三人只记得老师的电话号码由 8 位数字组成，其中前 4 位数字是 4623，后 4 位数字记不清了。甲同学说他记得后 4 位数字中的前面 2 位数字相同，乙同学说电话号码的最后 2 位数字也相同，丙同学说后 4 位数字正好是某一个整数的完全平方。问老师的电话号码到底是多少？

【分析】
根据题意，已知某个整数 i 的完全平方为 4 位数，则可确定整数 i 的变化范围为 [32,99]；再根据题目条件，整数 i 的完全平方（注：用变量 n 表示）的千位数字和百位数字相同，而且十位数字与个位数字也相同，则对区间 [32,99] 中各数的平方进行逐个筛选，直至找出满足条件的整数 i。最后再在 i 的左边拼上数字 "4623"，这样就得到老师完整的电话号码。

【答案】
```
#include<iostream.h>
void main()
{
  int i,n,a1,a2,b1,b2;
  for(i=32; i<100; i++)
```

```
    {
      n=i*i;                    /*待确定的后四位电话号码n*/
      a1=n/1000;                /*千位数字*/
      a2=n/100%10;              /*百位数字*/
      b1=n/10%10;               /*十位数字*/
      b2=n%10;                  /*个位数字*/
      if(a1==a2 && b1==b2)
        cout<<"完整的电话号码是"<<"4623"<<n<<endl;
    }
  }
```

程序运行结果如下：

```
完整的电话号码是 46237744
```

2. 有如图 8-1 所示的数学式子：

$$\begin{array}{r} ABCD \\ -\ CDC \\ \hline ABC \end{array}$$

图 8-1　数学式子

已知 A、B、C、D 都是一位非负的阿拉伯数字，并且 A 和 C 都非零，问 A、B、C、D 的值分别是多少？

【分析】

根据分析可知 A 为 1～9 之间的整数，B 为 0～9 之间的整数，C 为 1～9 之间的整数，D 为 0～9 之间的整数，利用多重循环进行筛查判断。

【答案】

```
#include<iostream.h>
void main()
{
  int a,b,c,d;
  int abcd,cdc,abc;
  for(a=1;a<=9;a++)
    for(b=0;b<=9;b++)
      for(c=1;c<=9;c++)
        for(d=0;d<=9;d++)
        {
          abcd=a*1000+b*100+c*10+d;        /*被减数 ABCD*/
          cdc=c*100+d*10+c;                /*减数 CDC*/
          abc=a*100+b*10+c;                /*两数之差 ABC*/
          if(abc==abcd-cdc)
            cout<<"A="<<a<<",B="<<b<<",C="<<c<<",D="<<d<<endl;
        }
}
```

运行结果如下：

```
A=1, B=0, C=9, D=8
```

3. 编写一个打印万年历的程序。从键盘输入一个年份值，完整地显示出这一年的日历。要求日历按月份顺序排列，每月按星期顺序排列，类似挂历的格式。如果输入的年份为 2016，则运行结果如图 8-2 所示。

图 8-2 打印 2016 年的日历

【分析】

程序采用了一般的日历计算方法。根据输入的年份值，首先计算出本年中各月的天数，如果是闰年，则二月份的天数 29 天，否则二月份的天数为 28 天；然后计算出指定年份的 1 月 1 日是星期几，再根据这些数据计算出全年日历，一边计算一边显示。

程序中用到了以下两个自定义函数：

（1）函数 leap()：用于判定输入的年份是否为闰年。闰年判断规则为"四年一闰百年不闰、四百年又闰"，即如果该年份值能被 4 整除但不能被 100 整除，或者该年份值能被 400 整除，满足这两个条件中的一个即为闰年（366 天），否则为平年（365 天）。

（2）函数 week()：用于计算 year 年份的 1 月 1 日是星期几。其判定规则如下：

```
date=year-1+(year-1)/4-(year-1)/100+(year-1)/400+c
whichday=date%7
```

其中，year 代表输入的年份，c 表示从元旦起，到要算的那天的总天数。由于这里是求 year 年的第一天是星期几，自然有 c=1，最后的结果保存在 whichday 中，它的值 0、1、…、6 分别对应周日、周一、…、周六。

【答案】

```
#include<iostream.h>
#include<iomanip.h>
static char *title=" SUN MON TUE  WED  THU  FRI  SAT";/*星期的显示格式*/
static char *month[12]={"一月","二月","三月", "四月","五月","六月","七月","八
月", "九月","十月","十一月","十二月"};      /*一年的 12 个月*/
static day[12]={31,28,31,30,31,30,31,31,30,31,30,31};//平年当中每月的天数
int leap(int year);                    /*判断是否为闰年*/
```

```
int week(int year);                       /*判断该年的1月1日是星期几*/
void main()
{   int i,j,year,date;
    cout<<"\t 输入年份:";
    cin>>year;
    if(leap(year)) day[1]=29;             /*如果是闰年则二月份29天*/
    date=week(year);
    cout<<"\n\t"<<setw(21)<<year;
    for(i=0;i<12;i++)                     /*全年12个月的循环*/
    {
        cout<<"\n\t";
        for(int k=0;k<35;k++)cout<<"-";
        cout<<"\n\t"<<setw(21)<<month[i];
        cout<<"\n\n\t"<<title<<"\n\t";
        for(k=0;k<date;k++)cout<<"     ";
        for(j=1;j<=day[i];j++)
        {
          if((j+date)%7==1)cout<<"\n\t";
          cout<<setw(5)<<j;
        }
        cout<<"\n\t";
        for(k=0;k<35;k++)cout<<"-";
        date=date+day[i]%7;
        if(date>6) date-=7;
    }
    cout<<endl;
}
 /*判断 year 年份是否为闰年*/
int leap(int year)
{   int leap;
    if(year%400==0)leap=1;
    else if(year%4==0 && year%100!=0)leap=1;
    else leap=0;
    return leap;
}
 /*计算 year 年的 1 月 1 日是星期几 (modified)*/
int week(int year)
{   int date,c;
    c=1;                                  /*当前就是1月1日*/
    date=year-1+(year-1)/4-(year-1)/100+(year-1)/400+c;
    return date%7;
}
```

8.3 典型例题选讲

一、填空题选讲

1. 在对 C++的输入/输出中，除了保留了 C 语言中的 scanf()函数和 printf()函数之外，还增加了标准输入流_____和标准输出流_____，后面的这两个标准流在头文件中有定义。

【分析】C++的文件是一种流式文件，对文件的存取是以字符（字节）为单位进行的，输入数据时字符（字节）从输入设备流向内存，而输出数据时字符（字节）从内存流向输出设备，标准的输入设备为键盘，标准的输出设备为显示器。

在 C++中，cin 和提取运算符"＞＞"共同完成数据流从键盘向内存的流动，而 cout 和插入运算符"＜＜"则共同完成数据流从内存到显示器的流动，这两个标准流在头文件 iostream.h 中有定义。

【答案】cin　　cout　　iostream.h

2. 定义内联函数时，要在函数返回值类型名的前面加上关键字_____。

【分析】内联函数的使用是有条件的，程序中使用内联函数的好处在于通过函数体语句的替换来代替函数的调用，从而提高了程序的执行效率。定义内联函数时要在函数首部的最前面，也就是在函数返回值的类型名的前面，加上关键字 inline，其余部分与一般的函数定义相同。

【答案】inline

3. 函数的重载不是函数的重复定义，它要求各重载函数在_____、_____、_____和_____4 个方面要有所不同。

【分析】所谓重载函数，是指同一个函数名字对应多个不同的函数实现，在 C++中通过重载函数可以把那些在功能上比较接近的多个函数用重载的形式统一起来，但要求各重载函数在函数返回值的类型、函数参数的类型、函数参数的个数、函数参数的顺序这 4 个方面要有所不同，单靠函数返回值类型的不同来区分是不够的。

【答案】函数返回值的类型　　函数参数的类型　　函数参数的个数　　函数参数的顺序

4. C++是一种面向对象的程序设计的语言，突出表现在_____、_____和_____3 个方面。

【分析】衡量一种计算机语言是否是面向对象的程序设计（OOP）语言，主要看它是否支持封装性、继承性和多态性。

【答案】封装性　　继承性　　多态性

5. 在讨论类的继承性时，称已经存在的且被用来生成新类型的类为_____，而由它派生出来的新类称为_____。

【分析】在面向对象的语言中，继承是针对类而言的，通过继承这种机制，可以利用已有的类型来产生新的类型，定义出来的新类型在拥有原来类型的属性的同时，还拥有新的属性，人们称已经存在的且被用来生成新类型的类为基类，而从基类中派生出来的新类为派生类。

【答案】基类　　派生类

二、选择题选讲

1. 下列有关设置函数参数默认值的描述中，（　　）是正确的。

A. 对设置函数参数默认值的顺序没有任何规定

B. 函数具有一个参数时不能设置默认值

C. 默认参数要设置在函数的定义语句中，不能出现在函数的说明语句中

D. 设置默认参数可以使用表达式，但表达式中不可以使用局部变量

【分析】C++要求设置参数的默认值应该从形参表的最右端的参数开始指定，指定默认

值要从右向左进行,在指定了默认值的参数的右边不允许再出现尚未指定默认值的参数存在,因此可以为形参表中的所有参数指定默认值,也可以为形参表中最右边的几个连续的参数指定默认值。根据这个原则,选项A是错误的。

在函数说明或函数定义中,C++允许给一个或多个参数指定默认值,如果某个函数的形参表中只有一个参数时,也可以指定默认值,因此选项B也是错误的。

当需要对函数参数设置默认值时,如果程序中存在函数说明,则默认的参数值就应该设置在函数的说明部分,而不能设置在函数的定义部分;若程序中没有函数说明,则默认的参数值将设置在函数的定义部分。根据这个原则,选项C也是错误的。

在给函数设置默认值时,被指定的默认值不仅可以是常数,也可以是表达式。全局变量可以被指定为参数的默认值,但局部变量不行,因为默认参数的函数调用是在编译时确定的,此时局部变量在编译时无法确定,由此得出本题的正确答案是选项D。

【答案】D

2. 关于引用的描述中,( )是错误的。

A. 引用是某个变量或对象的别名

B. 建立引用时,要对它进行初始化

C. 对引用初始化可以使用任意类型的变量

D. 引用不是变量,它本身没有地址值

【分析】引用实际上就是某个变量或对象的别名,在为某个变量或对象建立引用时,需要对引用进行初始化,这时引用和用来初始化的那个变量便"捆绑"在一起,对引用的改变也就是对变量的改变;由于引用本身不是值,它不占用内存空间,对引用只能说明而不能定义。

根据上述的分析可知选项C的叙述是错误的,其他3个选项的叙述都是正确的。

【答案】C

3. 下面关于类的定义格式的描述中,( )是错误的。

A. 一般类的定义格式分为说明部分和实现部分

B. 一般类中包含了数据成员和成员函数

C. 类中成员有3种访问数据,即公有、私有和保护

D. 成员函数都应该是公有的,而数据成员都应该是私有的

【分析】类的定义格式一般分为两大部分,即说明部分和实现部分,其中说明部分用来说明该类中包含了哪些数据成员和成员函数,而实现部分则用来描述说明部分中出现的成员函数的实现(或定义)。根据访问的权限来划分,类中的成员可分为公有的、私有的和受保护的3种,通常将类中的全部或部分成员函数定义为私有类型,以便能被外界程序所使用,而将部分或全部数据成员定义为私有成员,将一些数据成员隐藏起来。

根据上述分析可知,选项D的叙述不正确,其他3个选项的叙述都是正确的。

【答案】D

4. 下面关于构造函数的描述,( )是错误的。

A. 构造函数是一种成员函数,它具有一般成员函数的特点

B. 构造函数的名称与类名相同

C. 定义构造函数时必须指明其类型

D. 一个类中可以定义一个或多个构造函数

【分析】构造函数是一种特殊的成员函数，它的名字与类名相同，主要用于完成对创建对象的初始化。构造函数允许重载，因此一个类中可以定义一个或多个重载的构造函数，但在定义和说明构造函数时不必指明函数的类型，因为它没有返回值，更不需要加 void 类型来说明。

根据上述的分析可知，在众多的选项中，只有选项 C 的描述是错误的，而其他 3 个选项的叙述都是正确的。

【答案】C

5. 在指针和引用的关系描述中，（　　　）是错误的。

A. 指针是变量，引用不是变量

B. 指针和引用都可以作为函数的参数

C. 指针和引用在创建时都必须进行初始化

D. 指针可以作为数组元素，而引用则不能作为数组元素

【分析】引用是某个变量或对象的别名，它本身不是值，故不占用内存空间。指针是一种用来存放某个变量地址值的变量，一个变量存放了哪个变量的地址值，就称该指针指向哪个变量。建立引用时，要用某个变量名或对象名来对引用进行初始化，建立引用的格式如下：

<类型说明符>&<引用名>=<变量名或对象名>；

一个引用一旦被初始化，它就被绑定在被初始化的那个变量或对象上，并且不再改变。而定义指针并不要求一定要初始化，可以通过赋值的方法让指针指向同类型中的不同变量。指针可以做数组元素，如可以定义一个指针数组，但引用不能做数组元素。

通过上述分析可知，选项 C 的叙述是错误的，其他 3 个选项的叙述都是正确的。

【答案】C

三、程序阅读题选讲

1. 分析下列程序的运行结果。

```
#include<iostream.h>
void main()
{ static int x[]={5,4,3,2,1};
  int *p=&x[1];
  int a=10,b;
  for(int i=3;i>=0;i--)
    b=(*(p+i)<a)?*(p+i):a;
  cout<<b<<endl;
}
```

【分析】本程序定义了一个一维数组 x，它有 5 个元素，分别是 5、4、3、2、1；指针变量 p 的初值指向数组 x 中下标为 1 的元素，即指针变量 p 所指的存储单元的值为 4。循环体中的 *(p+i) 实际上是数组元素 x[i+1] 的指针表示方法，赋值号右边的表达式是由一个条件运算符组成的条件表达式，它是三目运算符。条件表达式的一般形式如下：

<表达式 1>?<表达式 2>:<表达式 3>

如果<表达式 1>的值非零，则该条件表达式的值就是<表达式 2>的值，否则取<表达式 3>的值。

程序中的 for 循环总共执行了 4 次，循环期间变量 b 的值分别为 1、2、3、4，因此本程序的运行结果就是 4。

【答案】4

2. 分析下列程序的运行结果。

```cpp
#include<iostream.h>
class B
{
  public:
    B(){};
    B(int i,int j);
    void printB();
  private:
    int b1,b2;
};
B::B(int i,int j)
{ b1=i;b2=j;
}
void B::printB()
{ cout<<"b1="<<b1<<",b2="<<b2<<endl;
}
class A
{
  public:
    A(){};
    A(int i,int j,int k);
    void printA();
  private:
    int a;
    B c;
};
A::A(int i,int j,int k):c(i,j),a(k)
{ }
void A::printA()
{ c.printB();
  cout<<"a="<<a<<endl;
}
void main()
{ A x(12,65,100);
  x.printA();
}
```

【分析】程序中定义了两个类，分别是类 A 和类 B，这两个类的关系是类 B 中的对象 c 作为类 A 的一个数据成员，这样类 A 中就包括了类 B 的一个子对象。

在类 B 中定义了两个私有的数据成员 b1 和 b2，它们都是 int 类型的；除了用于输出数据成员值的成员函数 printB()之外，类 B 还包含了两个重载的构造函数 B()，其中一个是无参数的默认构造函数 B()，另一个是两个参数的构造函数 B(int i, int j)。

在类 A 中，同样定义了一个默认的构造函数 A()和一个带有 3 个参数的重载构造函数 A(int i, int j, int k)，还有一个是用于输出数据成员值的成员函数 printA()。类 A 中数据成员有两个，一个是 int 类型的变量 a，另一个是类 B 的子对象 c。

由于 A 类中有一个 B 类的对象作为 A 类的数据成员，因此在创建 A 类的对象时就应该考虑如何给子对象赋值，于是类 A 中就出现了如下的构造函数：

```
A::A(int i,int j,int k):c(i, j),a(k)
{ }
```

在上面定义的这个构造函数中共有 3 个参数，其中前两个参数是用来给子对象 c 初始化的，第三个参数用来初始化类 A 中的数据成员 a。上式中 c(i,j)对数据成员子对象 c 初始化，通过调用类 B 中的包含了两个参数的构造函数来实现；a(k)表示用参数 k 给类 A 的私有数据成员 a 初始化，此时上面的构造函数也可以写成如下形式：

```
A(int i,int j,int k):c(i,j)
{ a=k; }
```

两者的区别在于构造函数中的成员初始化表列（即冒号后面的部分）中的项数不同，前者的成员初始化表列中有两项，而后者只有一项，它的另一项被放到函数体内进行处理。

在 main()函数中创建了一个对象 x，给定了 3 个参数，调用带有 3 个参数的构造函数对该对象初始化之后，使得对象 x 的数据成员 a 的值为 100，子对象 c 的两个数据成员分别为 12 和 65。

【答案】

```
b1=12,b2=65
a=100
```

8.4 练习及参考答案

一、填空题

1. C++语言支持面向对象思想的 3 个主要特征是_____、_____和_____。
2. 所有 C++程序开始执行的入口是_____。
3. 在 C++的面向对象程序设计框架中，_____是程序的基本单元。
4. 在面向对象程序设计中，类与类之间能够按照逻辑关系组成有条理的_____结构。
5. 一个 C++程序的开发步骤通常包含编辑、编译、_____、运行。
6. cout 是 C++中的标准输出流对象，它在标准头文件_____里有说明。

二、给出下列程序的运行结果

```
#include<iostream.h>
class M
{
  public:
    M(int i,int j)
    {
      m1=i;
      m2=j;
    }
    void Sum(M a,M b)
    {
      m1=a.m1+b.m1;
      m2=a.m2+b.m2;
    }
    void Print()
    {
      cout<<"m1="<<m1<<",m2="<<m2<<endl;
```

```
    }
  private:
    int m1,m2;
};
void main()
{  M a(12,34);
  M b(a);
  M c(a);
  c.Sum(a,b);
  c.Print();
}
```

三、编程题

科学家们正在观察一种新的农作物的生长情况。他们从第一天早上的 8 点 30 分开始做实验,每隔 2 小时 20 分钟记录一次农作物的生长数据,假设中途不能间断实验。请问连续记录了 30 次数据之后,是第几天的几点钟?要求采用如下所示的输出格式:

第 xx 天的 yy 小时 zz 分钟

参考答案

一、填空题

1. 封装性　继承性　多态性　 2. 主函数或 main()

3. 类　 4. 层次　 5. 连接　 6. iostream.h

二、给出下列程序的运行结果

m1=24,m2=68

三、编程题

源程序中用 hour、minute 分别表示几点几分,循环变量 i 表示实验次数。

```
#include<iostream.h>
void main()
{
  int day,hour,minute,c,i;
  hour=8;
  minute=30;
  for(i=1; i<=30; i++)          /*共进行了 30 次实验*/
  {  hour=hour+2;
    minute=minute+20;
  }
  c=minute/60;                  /*将分钟转换为小时*/
  minute=minute % 60;
  hour=hour+c;
  day=hour/24;                  /*将小时转化为天数*/
  hour=hour % 24;
  cout<<"第 "<<day<<" 天 "<<hour<<":"<<minute<<endl;
}
```

运行结果如下:

第 3 天 6:30

Code::Blocks 上机指导 ≪≪

Code::Blocks(CB)是一款自由软件，一个集程序编辑、编译、连接、调试为一体的 C/C++ 程序集成开发环境（IDE）。其功能强大，可以配置多种编译器。本书建议读者使用 GCC 编译器和 GDB 调试器。GCC（GNU Compiler Collection）和 GDB（GNU Project Debugger）都是自由软件基金会 GNU 维护的自由软件，可以免费使用。本章通过几个实例来介绍 Code::Blocks 的上机过程，以帮助初学者提高上机水平，节省上机时间，提高上机效率。

9.1 Code::Blocks 的 IDE 操作界面

启动 Code::Blocks 的操作方法有如下两种：

（1）若桌面上有快捷方式，则从桌面上找到 CodeBlocks 的快捷方式并双击。

（2）或依次执行"开始"→"所有程序"→"CodeBlocks"→"CodeBlocks"命令。

上述两种方法均可启动 Code::Blocks，请根据当前计算机的实际情况进行选择。Code::Blocks 启动后，其界面如图 9-1 所示。

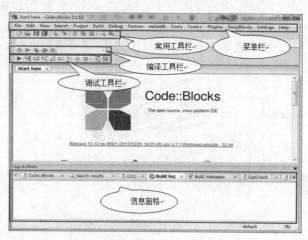

图 9-1　Code::Blocks 的启动界面

安装完 Code::Blocks 后或在使用过程中不能编译，需对编译环境进行设置，方法如下：

（1）依次执行"Settings"→"Compiler"命令，弹出如图 9-2 所示的"Compiler settings"对话框。

（2）选择"Toolchain executables"选项卡，再单击"Auto-detect"按钮，此时系统会自动检测"Compiler's installation directory"。

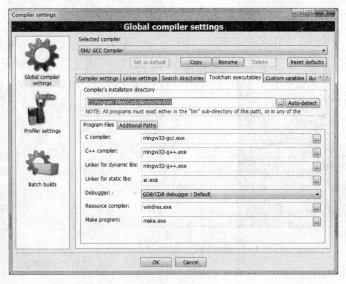

图 9-2 "Compiler settings" 对话框

9.2 一个简单的 C 程序上机的一般过程

先看下面的例子，在屏幕上显示 "Hello,world!"，程序如下：

```c
#include<stdio.h>
void main()
{
  printf("Hello,world!\n");
}
```

其上机过程如下：

（1）若 Code::Blocks 没有启动，则先启动 Code::Blocks。

（2）依次执行 "File" → "New" → "File..." 命令，弹出 "New From Template" 对话框，如图 9-3 所示。

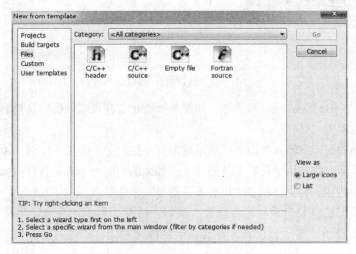

图 9-3 New From Template 对话框

（3）单击"C/C++ source"图标，再单击"Go"按钮，弹出"C/C++ source"文件向导对话框，如图9-4所示。

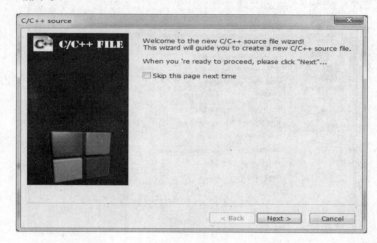

图9-4　"C/C++ source"文件向导对话框

（4）单击"Next"按钮，弹出选择语言对话框，如图9-5所示。在该对话框中选择C语言后，单击"Next"按钮。

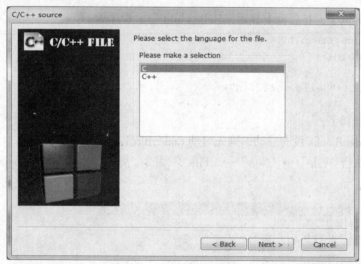

图9-5　选择语言对话框

（5）弹出"Select filename"对话框，如图9-6所示。在该对话框中选择好存盘路径，输入文件名，然后单击"保存"按钮。

（6）在弹出的窗口中输入如图9-7所示的源程序代码。在编辑程序时，可以使用【Ctrl+滚动鼠标中键】组合键来调整代码字体的大小。其他编辑键与Office软件类似。单击"编译工具栏"中的◎按钮，在信息窗格中出现编译信息，如图9-7所示。

（7）根据错误信息和出错行进行修改，改好一处后，再单击◎按钮进行编译，若还有错误，反复进行修改、编译，直到所有的错误修改完为止，此时信息窗格的信息如图9-8所示。

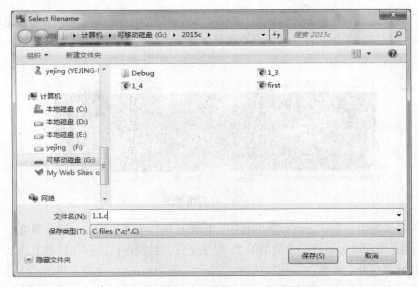

图 9-6　"Select filename" 对话框

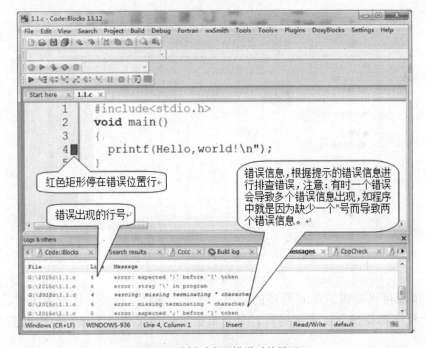

图 9-7　编译时发现错误时的界面

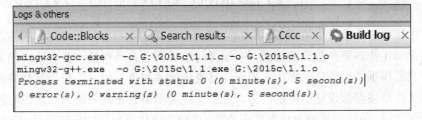

图 9-8　编译信息

（8）当编译完成后，单击 ▶ 按钮运行程序，运行结果如图 9-9 所示。结果看完后可按任一键退出结果窗口。（注：若一个程序要运行，必须关闭前一个程序运行的窗口，否则将无法运行。）

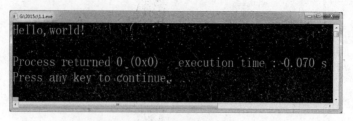

图 9-9　运行结果图

（9）如果要编辑、编译、运行新的程序，请重复执行步骤（2）～（8）即可。

（10）如果要编译、运行一个简单的 C 程序文件，且程序已经存在磁盘上的某个文件夹下，则可以直接打开，步骤为：依次执行"File"→"Open..."命令，弹出"Open file"对话框，如图 9-10 所示。找到要打开的文件并双击，则打开了该文件，然后按步骤（6）～（8）进行操作。

图 9-10　"Open file"对话框

上述步骤可以完成简单 C 程序的编辑、调试、编译、连接、运行等工作，但并不是每一个程序都要按上述步骤进行，应当根据具体情况执行上述步骤中的若干步。

9.3　一个较为复杂的 C 程序上机的一般过程

一个很简单的 C 程序，在编辑、调试、编译、连接、运行等过程中出现的错误，主要是语法错误和工作环境参数设置错误，在编译时编译器会自动报错，并会给出相关错误信息。用户只要根据错误信息的提示，很容易排查错误并纠正。但一个较为复杂的程序把语法错误和工作环境参数设置错误都已排查完了，还是得不到正确的结果。这说明程序中肯定存在逻辑错误，使得结果和所预期的不一致。这种错误排查要使用调试工具。Code::Blocks 不能对单个的源程序文件用调试工具排查，而是对项目中的程序进行排查。如图 9-7 所示中的单个程序的调试工具栏都是灰色的，不能使用。下面通过一个例子，给出几种排查逻辑错误的方法。

例如编程实现：由键盘输入 m，求 sum=1+2+3+⋯+m。某同学编写的代码如下：

```c
#include<stdio.h>
int func(int x);                    /*函数声明*/
void main()                         /*主函数*/
{
   int m,sum;                       /*说明部分，定义变量m和c*/
   printf("Please enter an integer number m:");
   scanf("%d",&m);
   sum=func(m);                     /*调用函数func()计算累加和，将得到的值赋给c*/
   printf("The sum=%d\n",sum);      /*显示结果*/
}
int func(int x)
{
    int i;                          /*i 为整型*/
    int sum=0;
    for(i=1; i<=x; i++);
        sum=sum+i;
    return sum;                     /*返回 sum 的值，通过func()带回调用处*/
}
```

运行结果如下：

```
Please enter an integer number m:5✓
The sum=6
```

该程序编译、连接都没有错误，但运行结果是错误的，正确的结果为 The sum=15。那么究竟该程序错在哪里呢？下面通过调试来进行排错。

1. 建立项目文件，编辑源程序。

（1）启动 Code::Blocks，依次执行"File" → "New" → "Project..."命令，弹出如图 9-11 所示的"New from template"对话框，单击"console application"图标，单击"Go"按钮，在出现的对话框中，单击"Next"按钮。

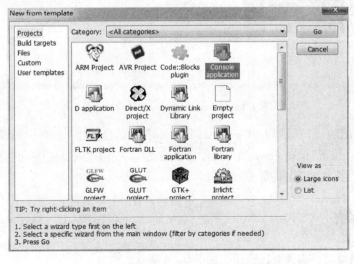

图 9-11 "New from template"对话框

（2）弹出如图 9-12 所示的"Console application"对话框，在"Please make a selection"对话框中选择"C"，再单击"Next"按钮。

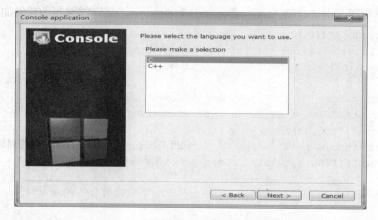

图 9-12 "Console application"对话框

（3）弹出如图 9-13 所示的"Console application"对话框，在"Project title"中输入项目名称"exam"，在"Folder to create project in:"设置项目所在的文件夹，即路径，此处设为"D:\2015c"，其他使用默认值。单击"Next"按钮。

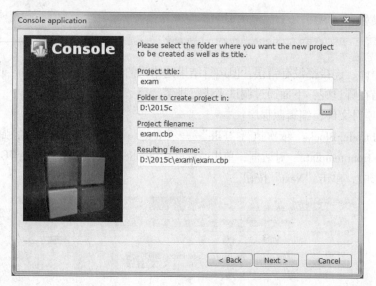

图 9-13 "Console application"对话框

（4）弹出如图 9-14 所示的"Console application"对话框，此对话框中的设置均使用默认值，单击"Finish"按钮，此时 exam 项目文件已创建完成。在创建项目文件的同时，Code::Blocks 会自动创建一个名为 main.c 的源程序文件。

（5）执行"File"→"Open"命令，弹出如图 9-15 所示的"Open file"对话框。设置打开文件的路径为"D:\2015C\exam"，找到 main.c 文件并双击，打开 main.c 的源程序文件。

（6）在编辑窗口，输入上述程序，如图 9-16 所示。

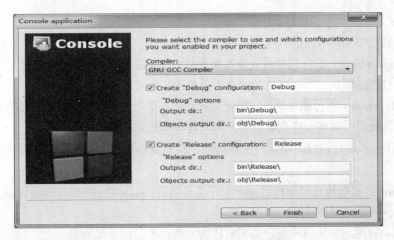

图 9-14 "Console application"对话框

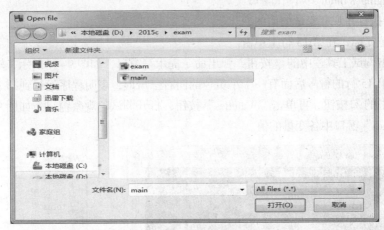

图 9-15 "Open file"对话框

![main.c编辑窗口]

图 9-16 项目下的源程序编辑窗口

2. 调试工具栏的主要按钮。

调试工具栏中主要按钮的具体含义如下：

▶Debug/Continue：运行到断点。设置断点的方法是在编辑窗口中的行号后面单击，该处将出现一个红色的圆点，若在红色的圆点上再单击，则可取消断点。

Run to consor：运行到光标处。先把光标设置在某行，再单击该按钮，程序将运行到光标处停下来。此时可观察一些变量的值，判断程序到此处时是否正确。

Next line：逐行执行。单击一次该按钮，执行光标所在一行的语句，并把光标移到下一行。

Step into：跟踪执行。跟踪到用户自定义函数的函数体内执行，检查函数是否有错误。若是库函数，不要使用该功能。

Step out：跳出。从用户自定义函数体内，跳出到调用该函数处。

Debugging Windows：调试窗口集。

3. 单步执行并观察变量的值的变化。

（1）定位光标，在第 15 行上单击。

（2）单击调试工具栏中的 按钮，弹出命令提示符窗口，如图 9-17 所示，输入 5。

（3）在第 15 行的行号后面有一个小黄色的向右三角形，表明程序运行到第 15 行。单击调试工具栏中的 按钮，再单击 "Watches" 按钮，打开调试的观察窗口，如图 9-18 所示。观察 "Watches" 窗口中各变量的值。

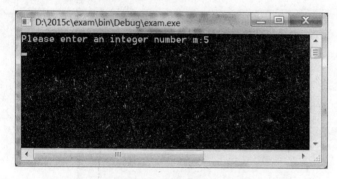

图 9-17 输入窗口

图 9-18 "Watches" 窗口

（4）单击两次调试工具栏中的 按钮，观察 "Watches" 窗口中的变量值，发现循环执行结束后，变量 i 的值为 6；而变量 sum 的值还为 0。这说明 for 语句已经执行了 5 次，而赋值语句 "sum=sum+i;" 一次都没有执行，即语句 "sum=sum+i;" 不是 for 循环的循环体语句。据此可以认为 for 语句可能有错误，仔细检查发现 for 后面有 ";" 号，说明 for 的循坏体是一条空语句，而 "sum=sum+i;" 不是 for 语句的循环体语句。删除 for 后的 ";" 号，重新运行，结果正确，错误已排除。

4. 设置断点。

上面单步跟踪执行能有效地、一行一行地检查一些关键数据的值，但是如果程序很长，是难以逐行进行检查的。对于一个较长的程序，常用的方法是在程序中设若干个断点，程序执行到断点时暂停，用户可以检查此时有关变量或表达式的值。如果没有发现错误，就使程序继续执行到下一个断点，如此一段一段地检查。这种方法实质上是把一个程序分割成几个小分区，逐区检查有无错误，这样就可以将找错的范围从整个程序缩小到一个分区，然后集中精力检查有问题的分区。再在该分区内设若干个断点，把一个小分区分成几个更小的分区，然后寻找有错的小分区。用这种方法可不断缩小找错范围直到找到出错点。

设置断点的方法是，在要设置断点的行号后面单击，行号后面出现红色小圆点，断点即设置完成，用同样的方法在其他位置也设置断点。本例仍是以主教材中的例 1.4 为例，设置断点如图 9-19 所示。

单击调试工具栏中的 ▶ 按钮，观察"Watches"窗口中变量的值得变化，若没有问题，则再单击 ▶ 按钮并观察，直到找到问题并改正。

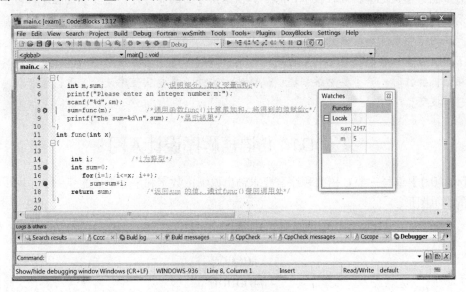

图 9-19　断点设置

实验题选讲 ≪

为了能够尽快地掌握编程技术，除了加强语法方面的学习外，更要多读程序，多上机操作，只有这样才能提高学习效率，才能加深对知识的理解，才能尽快提高编程的水平，进而培养严谨的治学态度和增强克服困难的信心。

下面把各章一些比较典型的实验题进行集中讲解，这些实验题型不一，难度不同，希望读者在上机操作时，除了要熟练掌握调试程序方法外，更要从程序设计入手，理解程序设计的思想与技巧。

10.1 C 语言程序设计入门

【**例 10.1**】编写一个 C 语言程序，要求输出以下由数字和字母组成的、一个占据了 4 行位置的简单图形。

> 1AAAAA
>
> 3CCCCC
> 4DDDDD

【**分析**】本程序比较简单，实际上是考查对常用输出函数 printf( )的掌握，以及对换行符'\n'的理解。默认情况下，使用 printf( )输出数据时，各个输出项是在同一行中顺序地从左往右显示，除非遇到了换行符。本题图形分为 4 行显示，故在处理每行的输出时要强制分行。

【**答案**】

```
#include<stdio.h>
void main()
{
    printf("1AAAAA\n");        /*输出第 1 行图形*/
    printf("\n");              /*输出第 2 行图形，实际上是空一行位置*/
    printf("3CCCCC\n");        /*输出第 3 行图形*/
    printf("4DDDDD\n");        /*输出第 4 行图形*/
}
```

对于这种比较简单的图形输出，程序也可以采用以下只用一个 printf( )的写法。

```
#include<stdio.h>
void main()
{
    printf("1AAAAA\n\n3CCCCC\n4DDDDD\n");
}
```

后一个程序中的 4 行输出用同一个 printf( )来实现，书写简捷，执行效率高，但与前一个程序相比，后者在可读性方面虽然要差一些，但要求读者也要适应这种写法。

【例 10.2】从键盘上输入一个整数，编程计算它的相反数是多少。

【分析】针对 integer 类型的数据，它在输入函数 scanf()和输出函数 printf ()中的格式控制字符串都为"%d"。

【答案】

```
#include<stdio.h>
void main()
{
    int a,b;
    printf("Enter an integer: ");
    scanf("%d",&a);
    b=-a;     /*本条赋值语句也可以写为 b=(-1)*a;*/
    printf("The opposite number is %d\n",b);
}
```

10.2 数据类型、运算符与表达式

【例 10.3】在 VC++ 6.0 平台下，编程计算并显示存储各种基本类型的数据分别需要多少个字节（byte）。

【分析】在描述数据存储时，1 字节等于 8 位（即 1 byte=8 bit），同时在主教材第 2 章里也介绍了在 C 语言中各种基本类型数据所占用的字节数，但是在使用不同 C 语言编译器时，这些数据类型所对应的字节数会有差异。为了验证在 VC++ 6.0 平台下某种类型的数据占用多少字节，可通过运算符 sizeof()来完成，使用格式为

    sizeof(数据类型名)

或者

    sizeof(已定义为某种数据类型的变量名)

需要提醒的是，sizeof()是运算符而不是函数。

【答案】

```
#include<stdio.h>
void main()
{
    printf("在VC++ 6.0 下存储各种基本类型所需要的字节数\n");
    printf("char 类型：%d 个字节\n",sizeof(char));
    printf("int 类型：%d 个字节\n",sizeof(int));
    printf("unsigned int 类型：%d 个字节\n",sizeof(unsigned int));
    printf("short int 类型：%d 个字节\n",sizeof(short int));
    printf("float 类型：%d 个字节\n",sizeof(float));
    printf("double 类型：%d 个字节\n",sizeof(double));
}
```

程序运行结果如下：

```
在VC++6.0 下存储各种基本类型所需要的字节数
char 类型：1 个字节
int 类型：4 个字节
unsigned int 类型：4 个字节
short int 类型：2 个字节
float 类型：4 个字节
```

double 类型：8 个字节

【例 10.4】 从键盘上输入两个实数 x 和 y 的值，编程计出下列数式的结果。

$$\sqrt{x^6 + y^5}$$

【分析】 本例考查如何把一个数学表达式转换为等价的 C 语言的表达式。C 语言中求几次幂的函数为 pow()，求算术平方根的函数为 sqrt()，两者均在标准头文件 math.h 中有说明。其中，函数 pow() 的格式为 double pow(double a, double n)，表示计算 a 的 n 次幂；函数 sqrt() 的格式为 double sqrt(double x)，表示计算 x 的算术平方根，其中 x 不能为负数。至于要输入的两个实数 x 和 y，程序中将其定义为 double 类型，使用输入函数 scanf() 时，格式控制字符串为 "%lf"；使用 printf() 输出结果时，格式控制字符串为 "%f"。

【答案】

```
#include<stdio.h>
#include<math.h>
void main()
{
    double x,y,result;
    printf("Please input x and y: ");
    scanf("%lf,%lf",&x,&y);
    result=sqrt(pow(x,6)+pow(y,5));
    printf("result is %f\n",result);
}
```

10.3 算法与程序设计基础

【例 10.5】 "C 语言程序设计"课程的总评成绩源自平时成绩、上机成绩和笔试成绩这三项基本成绩，其中平时成绩的满分为 20 分，上机成绩的满分为 30 分，笔试成绩的满分为 100 分，且总评成绩计算公式为总评成绩=平时成绩+上机成绩+笔试成绩的一半。

教务处判定学生是否要补考的依据如下：

标准 1：如果笔试成绩低于 50 分的，直接判补考。

标准 2：笔试成绩不低于 50 分，但总评成绩如果不足 60 分的，也要补考。

现在从键盘上输入某生的平时成绩、上机成绩和笔试成绩（假设它们都为整数），如果判定该生要补考，则在屏幕上显示"很糟糕，你需要补考"，否则显示总评成绩，要求结果保留一位小数。

【分析】 本题编程时用 if 语句更方便，既可用并列的 if 语句来完成（因为题目中有 3 种情况），也可用一条嵌套的 if 语句来完成。以下程序用后者完成，读者可考虑根据前者编程。

【答案】

```
#include<stdio.h>
void main()
{
    int a,b,c;      /*依次代表平时成绩、上机成绩和笔试成绩*/
    float sum;      /*总评成绩 */
    printf("请依次输入平时成绩、上机成绩和笔试成绩:\n");
    scanf("%d%d%d",&a,&b,&c);
    if(c<50)printf("很糟糕，你需要补考\n");           /*第一条不及格的标准*/
```

```
else
{
    sum=a+b+c/2.0f;
    if(sum<60)printf("很糟糕，你需要补考\n");      /*第二条不及格的标准*/
    else printf("你的总评成绩是%.1f\n",sum);
}
}
```

这里提供三组测试数据，供运行程序时参考，如表 10-1 所示，看看谁要补考。

表 10-1 测试用例

测试数据	平时成绩（≤20分）	上机成绩（≤30分）	笔试成绩（≤100分）
第1组	15	25	45
第2组	20	28	83
第3组	10	15	60

【例 10.6】 键入一个三位的正整数，将其个位、十位和百位数字重新进行排列，要求组成一个尽可能大的三位整数。例如，如果输入的是 217，则得到的结果应该是 721。

【分析】 首先拆分出这个三位整数的个位、十位和百位数字，接着对这三个数进行从大到小的降序排序，最后按百位、十位和个位的顺序重组为一个新的三位整数。

【答案】

```
#include<stdio.h>
void main()
{
    int n,a,b,c,t;
    do
    {
        printf("请输入一个三位的整数：");
        scanf("%d",&n);
    }while(n<100||n>=1000);      /*确保输入的是三位正整数*/
    a=n/100;                      /*取百位数字*/
    b=n%100/10;                   /*取十位数字*/
    c=n%10;                       /*取个位数字*/
    /*对 a,b,c 降序排序*/
    if(a<b){ t=a; a=b; b=t;}
    if(a<c){ t=a; a=c; c=t;}
    if(b<c){ t=b; b=c; c=t;}
    n=a*100+b*10+c;              /*重组后的三位整数*/
    printf("\n 最大的三位整数是%d\n",n);
}
```

【例 10.7】 猴子吃桃子问题。有若干个桃子，猴子第 1 天吃了一半，还不过瘾，又多吃了一个。第 2 天将剩下的桃子吃掉了一半，又多吃了一个。依此类推，以后每天都吃了前一天剩下的一半多一个。到了第 10 天想再吃时，发现只剩一个桃子了。请计算这批桃子一共有多少个。

以下的程序有两处错误，请指出并改正，但不能改变程序的结构和语句的位置。

```
#include<stdio.h>
void main()
```

```
{
  int day,x1,x2;
  day=9;
  x2=1;
  while(day>0)
  { x1=x2*2+1;
    x2=x1;
    day++;
  }
  printf("total=%d\n",x2);
}
```

【分析】程序中采用了逆推法。已知第 10 天有 1 个桃子，则第 9 天有(1+1)×2=4 个桃子，第 8 天有桃子数为（第 9 天的桃子数+1）×2，依次类推，直至求出第 1 天的桃子数。程序中用变量 x2 表示后一天的桃子数，其初值为 1，变量名 x1 表示前一天的桃子数，变量名 day 表示天数，循环时从 9 开始逐一递减到 0。

【答案】

错误 1：x1=x2*2+1;　　　　　改正后：x1=(x2+1)*2

错误 2：day++;　　　　　　　改正后：day--;

【例 10.8】任何一个整数的立方都可以写成一串相邻奇数之和，这就是著名的尼科梅彻斯（Nicomachus）定理。例如：

$1^3=1$
$2^3=3+5$
$3^3=7+9+11$
$4^3=13+15+17+19$
…

下面的程序用于验证尼氏定理，请在下画线空白处将程序补充完整，但不得增删原来的语句。

```
#include<stdio.h>
void main()
{
  int x;
  int j,a,start,sum;
  printf("请输入整数x: ");
  scanf("%d",&x);
  start=1;
  do
  {
    sum=0;
    a=_____(1)_____;   /*假设这是结果中的第一个奇数*/
    for(j=1;j<=x;j++) /*该循环对从 a 开始的连续 x 个奇数求和，结果存在 sum 中*/
    { sum+=a;
      a+=2;
    }
    if(_____(2)_____) /*假设求解问题成功了*/
    { printf("%d 的立方=%d=%d",x,x*x*x,start);
      for(j=1;j<x;j++)printf("+%d",start+=2);
      printf("\n");
```

```
        break;   /* end */
    }
    else start+=2;     /*本次奇数设置失败, 重新设置奇数*/
}while(1);
printf("\n");
}
```

【分析】

对于输入的整数 x, 假设待求证的奇数之和的起点（注: 在程序中用变量 start 表示）为 1, 开始计算从 1 开始的连续 x 个奇数的和, 是不是就等于 x 的立方, 如果相等, 则该起点即为所求, 否则将起点的值修改为 1 的下一个奇数 3, 再判断从 3 开始的连续 x 个奇数的和是否等于 x 的立方; 若相等, 则此时的起点即为所求, 否则将起点的值修改为 3 的下一个奇数 5, 再进行判断, 依此类推。这个不断求解的过程, 在程序中通过 do…while 循环来描述。当成功确定了第一个奇数之后, 通过循环将连续的 x 个奇数的相加形式显示出来, 并利用 break 语句来结束程序。

主教材中的例 3.39 就是用于验证尼科梅彻斯定理的, 但是它用到了一个推论, 即组成 x^3 的 x 个奇数的奇数序列中第一个奇数为 $x*(x-1)+1$。在更多的情况下, 当处理类似的问题时, 如果难于通过推导找到这个序列的第一项时, 就可以采用现在这种方法进行穷举, 本算法更适合于初学编程人员。

【答案】

（1）start

（2）sum==x*x*x

程序运行示例如下:

```
请输入整数 x: 5↙
5 的立方=125=21+23+25+27+29
```

10.4 函 数

【例 10.9】 在下面的程序中, 函数 fun()用于计算区间[a,b]内所有偶数的和, 请按照所给的算法提示, 将程序补充完整。

```
#include<stdio.h>
int add(int a,int b)
{
    确定[a,b]区间内的起始偶数 a;
    确定[a,b]区间内的终止偶数 b;
    利用循环求区间[a,b]内所有偶数的和,包括两个端点 a 和 b;
    将求到的和返,函数定义结束;
}
void main()
{
    int m,n;
    while(1)
    {
        printf("请输入整数 m 和 n: ");
        scanf("%d%d",&m,&n);
```

```
        if(m>0 && n>0 && m<n)break;   /*确保输入有效的整数数据*/
    }
    printf("Sum=%d\n",add(m,n));      /*调用函数并显示结果*/
}
```

【分析】如果给定的区间为[3,9]，即 a=3,b=9，则位于该区间的第一个偶数（即起始偶数）为 4，最后一个偶数（即终止偶数）为 8，计算[3,9]区间内的所有偶数的和，即是求 4+6+8 的和。可通过求余运算符%来判断 a 和 b 的是否为偶数，进而产生真正的偶数区间。

【答案】

```
int add(int a,int b)
{
    int i,s=0;
    if(a%2==1)a++;
    if(b%2==1)b--;
    for(i=a;i<=b;i+=2)s+=i;
    return s;
}
```

若要上机运行，只需将答案中的函数 add( )的代码替换上述题目中的函数定义部分。

【例 10.10】输入一个整数成绩，假设范围为[0,100]，编程将"百分制"成绩转换为"五分制"等级，即用大写字母 A、B、C、D、E 分别表示优≥90 分、良[80,89]、中[70,79]、及格[60,69]和不及格[0,59]这 5 个分数段，并要求用自定义函数 char grade(int s)来实现百分制转五分制。

【分析】

主教材第 3 章例 3.14 介绍了如何用 switch 语句实现百分制转五分制。根据自定义函数中 return 语句的特点，本题采用了并列的 if 语句来描述这 5 种情况。

【答案】

```
#include<stdio.h>
char grade(int s)   /*百分制转五分制*/
{
    if(s>=90)return 'A';
    if(s>=80)return 'B';
    if(s>=70)return 'C';
    if(s>=60)return 'D';
    return 'E';
}
void main()
{
    int score;
    printf("请输入百分制成绩: ");
    scanf("%d",&score);
    if(score>=0 && score<=100)
        printf("与%d 等价的五分制成绩是%c\n",score,grade(score));
    else
        printf("输入的成绩%d 超出了范围，无效!\n",score);
}
```

【例 10.11】用递归的方法显示如下的三角形图案，请在下画线空白处将程序补充完整，但不得增删原来的语句。

```
                                      1
                                     222
                                    33333
                                   4444444
                                  555555555
```

```
#include<stdio.h>
int level=0;
void fun(int n)
{
    int i;
    if(n==1)
    { for(i=1;i<=level;i++)printf(" ");/*每次打印一个空格*/
      printf("%d\n",n);                /*打印塔尖的1*/
      return;
    }
    _____(1)_____;
    _____(2)_____;                   /*进行递归*/
    level--;
    for(i=1;i<=level;i++)printf(" ");   /*每次打印一个空格*/
    for(i=1;i<=2*n-1;i++)printf("%d",n);
    printf("\n");
}
void main()
{   fun(5);                            /*函数调用*/
}
```

【分析】

用递归的方法画三角形的步骤是：若要输出最底层塔基 555555555，则须先画出第 1~4 层的三角形；而要画出倒数第二层 4444444，必须先画出第 1~3 层的三角形；依次递归下去。由于要控制输出每一行前的空格数，因此程序中定义了一全局变量 level，初始化为 0。每次进入下一次递归前，将 level 加 1，因为越到塔顶，行前输出的空格数依次递增；每次递归返回，level 均减 1，因为越到塔底，行前输出的空格数依次递减。

【答案】

（1）`level++`

（2）`fun(n-1)`

10.5 数组类型与指针类型

【例 10.12】假设元旦是一年当中的第 1 天，则元月 2 日就是这一年的第 2 天，2 月 1 日就是第 32 天。现在输入年号和该年的第几天，要求反推出对应这一年的几月几日。

【分析】

主教材的例 3.18 和例 5.5 分别采用 switch 语句和一维数组的方法，根据输入的年、月、日来计算这一天是该年的第几天，而本题的要求正好与之相反，是已知第几天要反推出几月几日。

根据输入的年号，可以判断 2 月份是 28 天还是 29 天。假设输入的第几天用 int 类型的变量 total 来表示，通过循环不断地用 total 减去一月份的天数、二月份的天数、……，直至出现零（或者负数）为止，此时几月几日的答案也即显示出来。

【答案】

```
#include<stdio.h>
void main()
{
    int year,month,total;
    int a[13]={0,31,28,31,30,31,30,31,31,30,31,30,31};/*12 个月的天数*/
    printf("请输入年号：");
    scanf("%d",&year);
    printf("请输入今年的第几天：");
    scanf("%d",&total);
    printf("\n%d 年的第 %d 天是 ",year,total);
    if(year%4==0 && year%100!=0 || year%400==0)a[2]=29; /*闰年*/
    month=1;
    while(total-a[month]>0)
    {
        total-=a[month];
        month++;
    }
    printf("%d 月 %d 日\n",month,total);
}
```

【例 10.13】输入一个字符串，然后进行如下变换：如果下标为偶数时，则照抄原位置上的字符，若下标为奇数，则跳过该字符。例如，字符串 abcdefg 经变换后成为 aceg。

请在下画线空白处将程序补充完整，但不得增删原来的语句。

```
#include<stdio.h>
#include<string.h>
void change(char *s,char t[])
{
    int i,j,n;
    n=strlen(s);
    for(i=0,j=0;i<n;i++)
        if(____(1)____){t[j]=s[i];j++;}
    t[j]=____(2)____;
}
void main()
{
    char s[80],t[80];
    printf("请输入原始字符串:\n");
    scanf("%s",s);
    change(s,t);
    printf("转换后的结果字符串为%s\n",t);
}
```

【分析】在自定义函数 change()中，变量 i 用于读取原始的字符串 s，而变量 j 用于生成变换后的新字符串 t，它们的初值都是从 0 开始。另外，在构造一个字符串时，比如说此处的字符串 t，在字符串 t 的末尾一定要赋字符串的结束标志（即字符'\0'），这样的字符串才完整。

【答案】

（1）i%2==0

（2）'\0'

【例10.14】对于一个给定了数据的一维整型数组，假设各个元素互不相同，要求把数组中最大值与最小值的位置互换，并显示互换后的全部数组元素。例如，对于一维数组{11,6,10,29,7,22,55,8}，它的最大值为 55，最小值为 6，互换最大值与最小值位置之后，数组变成了{11,55,10,29,7,22,6,8}。

以下程序有两处错误，请指出并改正，但不能改变程序的结构和语句的位置。

```c
#include<stdio.h>
void main()
{
    int i;
    static int a[8]={11,6,10,29,7,22,55,8};
    void swapmaxmin(int *p,int n);        /*函数声明*/
    printf("初始数组如下:\n");
    for(i=0;i<8;i++)printf("%4d",a[i]);
    printf("\n");
    swapmaxmin(a,8);                      /*函数调用*/
    printf("交换了最大值和最小值之后的数组如下:\n");
    for(i=0;i<8;i++)printf("%4d",a[i]);
    printf("\n");
}
void swapmaxmin(int p,int n)             /*函数定义*/
{
    int t,*max,*min,*end,*q;
    end=p+n;
    max=min=p;
    for(q=p+1;q<=end;q++)
    {   if(*q>*max)max=q;
        if(*q<*min)min=q;
    }
    t=*max;*max=*min;*min=t;
}
```

【分析】在自定义函数中要使用一维数组，形参既可以是一维数组也可以是指向数组的指针。在本题函数 swapmaxmin()中，max 和 min 分别是指向当前最大值和最小值的指针变量，而指针变量 end 则指向一维数组的最后一个元素。

【答案】

错误1：在函数定义中，void swapmaxmin(int p,int n)的形参 p 定义有错，改正如下。

　　void swapmaxmin(int p[],int n)　或者　void swapmaxmin(int *p,int n)

错误2：在函数定义中的 end=p+n；　改正如下。

　　end=p+n-1;

10.6　结构类型与联合类型

【例10.15】下面的程序用来统计学生的成绩，请在下画线空白处将程序补充完整，但不得增删原来的语句。

```
struct student {
  int no;
  int x,y,z;
  int total;
} list[20];
void sumup(struct student *pl)
{
  int i;
  _____(1)_____;
  for(i=0;i<20;i++)
  {
    t=pl[i].x+pl[i].y+pl[i].z;
        _____(2)_____;
  }
}
```

【分析】数组的统计只需要一个循环，即可完成所有数组成员的统计。很明显，total 域是用来存放统计结果的，因此，第二个空是对 l[i].total 的结果赋值；由于使用了 t 作为结果保存的中间变量，但没有对其定义，因此，第一个空是对整型变量 t 的定义。

【答案】

（1）int t

（2）pl[i].total=t

【例 10.16】下面的程序用来对单链表进行遍历，但程序有错误，请改正。

```
struct node { int data; struct node * next};
void traverse( struct node *head)
{
  struct node *p;
  while(p!=NULL)
  { p=p.next;
      printf("%d",(*p).data);
  }
}
```

【分析】单链表的遍历程序是一个循环，是由 p 从 head 到 NULL 的循环。程序中 p 没有设置初值 head；根据循环条件 p!=NULL，表示指针变量 p 进入循环时已经指向一个待访问的结点，但是，循环体中却立即让 p 指向下一个结点，这会使第一个结点漏掉；设置 p 指向下一个结构的命令中，p 是指针不能用圆点分隔，应改成箭头（->）。

【答案】

（1）p 没有初始化，增加 p=head;。

（2）p 引用 next 的方式不对，改为 p=p->next;。

（3）while 循环中两条语句的位置错了，应该互换位置。

10.7 文 件

【例 10.17】假设文本文件 aabbcc.txt 已经存在，其内容如下：

```
#include<stdio.h>                    /*include head file*/
#include<stdlib.h>                   /*include head file*/
```

```
void main()                          /*main function*/
{
  printf("Beijing 2008\n");          /*display "Beijing 2008" prompt*/
}                                    /*end of main*/
```

当执行完下面这个名为 practise.c 的程序之后，会根据已知的原始文件 aabbcc.txt 自动生成另一个名为 whoami.txt 的结果文件。请问文件 whoami.txt 的内容是什么？

```
/*practise.C*/
#include<stdio.h>
#include<stdlib.h>
void main()
{
  FILE *fp1,*fp2;
  int c,i=0;
  if((fp1=fopen("aabbcc.txt","r"))==NULL)
  {
    printf("Can not open file aabbcc.txt\n");
    exit(0);
  }
  if((fp2=fopen("whoami.txt","w"))==NULL)
  {
    printf("Can not create file whoami.txt\n");
    exit(0);
  }
  while((c=fgetc(fp1))!=EOF)
    if(c=='\n') fprintf(fp2,"\n");
    else
      switch(i)
      {
        case 0: if(c=='/')i=1;
                else fprintf(fp2,"%c",c);
                break;
        case 1: if(c=='*')i=2;
                else
                {
                  fprintf(fp2,"%c",c);
                  i=0;
                }
                break;
        case 2: if(c=='*')i=3;
                break;
        case 3: i=(c=='/')?0:2;
                break;
      }
  printf(" The source file is:\n");
  printf("--------------------\n");
  system("type aabbcc.txt");  /* 显示源文件 aabbcc.txt 的内容 */
  printf(" The target file is:\n");
  printf("--------------------\n");
  system("type whoami.txt");  /* 显示目标文件 whoami.txt 的内容 */
  fclose(fp1);
```

```
    fclose(fp2);
}
```

【分析】由于程序 practise.c 的操作对象是文本文件 aabbcc.txt，因此在执行 practise.c 之前，先来看看原始数据文件 aabbcc.txt 如何生成，下面介绍两种方法。

方法一：启动 Visual C++ 6.0，执行 "File" → "New" 命令，在弹出对话框的 "Files" 选项卡中选择 "Text File" 选项，然后在右边的 "Location" 文本框中填写新建文件所在的文件夹位置，即 practise.c 所在的文件夹，再在 "File" 文本框中填写要新建的文本文件的名字 "aabbcc.txt"，单击 "OK" 按钮后开始输入该文件的具体内容，输入完毕最后再保存文件。

方法二：使用 Windows 系统自带的 "记事本" 程序进行创建。"记事本" 位于 Windows 系统的 "附件" 程序组中，需要注意的是，在 "记事本" 程序中把文本文件 aabbcc.txt 的内容输入完毕之后，在保存文件时输入文件名 aabbcc.txt，保存的位置一定是 practise.c 所在的文件夹，否则程序 practise.c 运行时会提醒文件 aabbcc.txt 不存在。

通过对程序 practise.c 的分析知道，操作过程实际上是读入 aabbcc.txt 文件，然后进行转换，最后生成另一个文本文件 whoami.txt。实际上就是把原始文件 aabbcc.txt 中的注释命令全部删除，包括两端的/*和*/，文件的其他内容照抄，甚至连同在编辑 aabbcc.txt 时使用的【Tab】键来跳格在 whoami.txt 中也保留下来。

【答案】

结果文件 whoami.txt 的内容如下：

```
#include<stdio.h>
#include<stdlib.h>
void main()
{
    printf("Beijing 2008\n");
}
```

【例 10.18】设计一个文件名为 dumpf.c 的程序，要求程序具有以下功能：读入一个文本文件，能够逐个显示被读入的字符及其所对应的八进制编码；如果读入的是非显示的字符，则显示字符 "@" 以取代原来的字符。简而言之，要求该程序能够实现 Debug 调试工具中的 dump 功能。

假设该程序对应的可执行文件名为 dumpf.exe，要求该程序运行时采用如下的命令行形式：

dumpf　文本文件名↙

例如，已知一个名为 whoami.txt 的文本文件，其内容如下：

```
#include<stdio.h>
#include<stdlib.h>
void main()
{
    printf("Beijing 2008\n");
}
```

本程序编译之后生成的执行文件 dumpf.exe，需要在命令提示窗口（即 MS-DOS 提示符状态）下运行。

在 Windows 7 系统中，打开命令提示符窗口的方法如下：执行 "开始" 命令，在 "搜索" 框中输入命令 cmd，然后按【Enter】键，屏幕上出现命令提示窗口。

在 Windows XP 中，打开命令提示符窗口主要有两种方法：

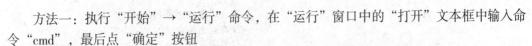

方法一：执行"开始"→"运行"命令，在"运行"窗口中的"打开"文本框中输入命令"cmd"，最后点"确定"按钮

方法二：执行"开始"→"程序"→"附件"→"命令提示符"命令。

此时在命令提示窗口下输入以下命令（注意 dumpf 和 whoami.txt 之间用空格分隔）：

```
dumpf  whoami.txt↙
```

程序的运行结果如图 10-1 所示。

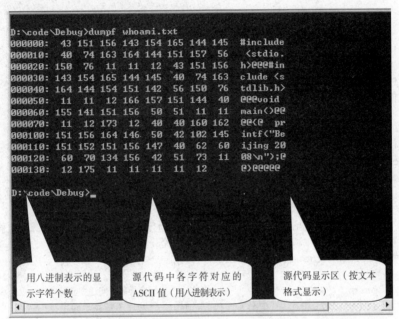

图 10-1　采用格式显示文件 whoami.txt 的结果

若想从命令提示窗口返回原来的 Windows 桌面，在提示符状态下输入命令"exit"后按【Enter】键即可。

【分析】从图 10-1 中可以看到，整个屏幕的输出从左到右分为 3 个显示区，其中文本文件 myfirst.c 中的源代码在屏幕的最右边显示，而且是每行显示 8 个字符，其中那些不可显示的字符均以"@"的形式出现；屏幕中间部分显示的是文本文件中各个字符的 ASCII 值，注意此时的 ASCII 值是以八进制的形式给出的。屏幕最左边显示的是行号，表示目前从文件中已经读取到的字符的个数，它是按照每行 8 个的格式来计数，行号的显示也采用了八进制的形式。

为了能够通过命令行的方式得到被访问的文件名，程序中使用了带参数的 main() 函数，根据题目的要求，此时形式参数 argc 的值应该是 2。

源程序的主体结构是一个二重循环，外循环是一个 do…while 循环，用于控制字符逐行的显示，内循环是一个 while 循环，用来实现一行中 8 个字符的显示。编程时所用的变量名在注释部分都有说明，请仔细阅读。

【答案】

```
#include<stdio.h>
#include<stdlib.h>
void main(int argc, char *argv[])
{
```

```
char str[9];                      /*存放屏幕右边每行的 8 个字符*/
int ch;                           /*保存从文件中读入的一个字符*/
int i;                            /*屏幕右半边一行当中已经显示的字符数,i<=8*/
int count;                        /*屏幕左半边显示的行号*/
FILE *fp;
/*说明本程序的使用格式: dumpf 文本文件名*/
if(argc!=2)
{
  puts(" Error in format,Usage: dumpf <filename>");
  exit(0);
}
                                        /*打开被访问的文本文件*/
if((fp=fopen(argv[1],"r"))==NULL)
{
  printf(" The file %s can not be opened.\n",argv[1]);
  exit(0);
}
count=0;                              /*左边显示行号的起始值*/
do
{
  i=0;
  printf("%06o:",count*8);   /*最左边的行号显示栏,用八进制数表示,前导符为 0*/
                             /*下面这个while循环用于字符ASCII码八进制的显示*/
  while((ch=fgetc(fp))!=EOF)
  {
    printf("%4o",ch);                 /*在屏幕中间逐个显示字符对应的八进制代码*/
    if(ch<0x20||ch>0x7e)str[i]='@';  /*处理不可显示的字符*/
    else str[i]=ch;                   /*逐步产生最右边的显示字符串 str*/
    if(++i==8)break;                  /*每行只显示 8 个字符*/
  }
  str[i]='\0';              /*产生一行 8 个的显示字符串,准备用于屏幕最右边的显示*/
  if(i!=8)
  for(;i<8;i++)printf("%4c",' '); /*当文件结束时不足 8 个的剩余字符用空格表示*/
  printf(" %s\n",str);             /*在屏幕右边显示一行 8 个的字符*/
  count++;
}while(ch!=EOF);
fclose(fp);
}
```

📚 10.8　面向对象技术与 C++

【例 10.19】有一根 393 cm 的长杆,要求按照 29 cm、41 cm 和 81 cm 这 3 种规格进行剪裁,最后这样一根长杆就被切成了长短不一的多根短杆。问: 在保证至少有一根 41 cm 的短杆和至少有一根 81 cm 的短杆的前提下,如何切才能使得最后所剩的余料浪费最少? 请将下述程序补充完整。

```
#include<iostream.h>
void main()
{
```

```
    int a,b,c,a1,b1,c1;
    int min,x;
    x=28;                         /*最长的余料*/
    for(a=1;a<=393/81; a++)
      for(b=1;b<=(393-a*81)/41; b++)
        for(c=_____(1)_____; c<=(393-a*81-b*41)/29; c++)
        {
          min=_____(2)_____;      /*余料长度*/
          if(_____(3)_____)
          { x=min;
            a1=a;b1=b;c1=c;
          }
        }
    cout<<"29cm="<<c1<<",41cm="<<b1<<",81cm="<<a1<<endl;
    cout<<"Remainder= "<<x<<"cm"<<endl;
}
```

【分析】本题属于最小求值问题。程序中的变量 a、b、c 分别用于 81 cm、41 cm、29 cm 的短杆数的循环，变量 x 记录某种剪裁方案下的最小余料长度，变量 a1、b1、c1 对应这种方案下的 3 种规格的杆数；由已知条件 81 cm 和 41 cm 这两种规格的短杆，每种至少都要有 1 根，而 29 cm 的短杆数应该从 0 开始算。

【答案】

（1）0

（2）393-a*81-b*41-c*29

（3）min<x

程序运行结果如下：

```
29cm=5,41cm=4,81cm=1
Remainder=3cm
```

【例 10.20】设计一个程序，按照一行显示 10 个字符的格式，在屏幕显示出 ASCII 码为 30～119 的全部字符，如图 10-2 所示。

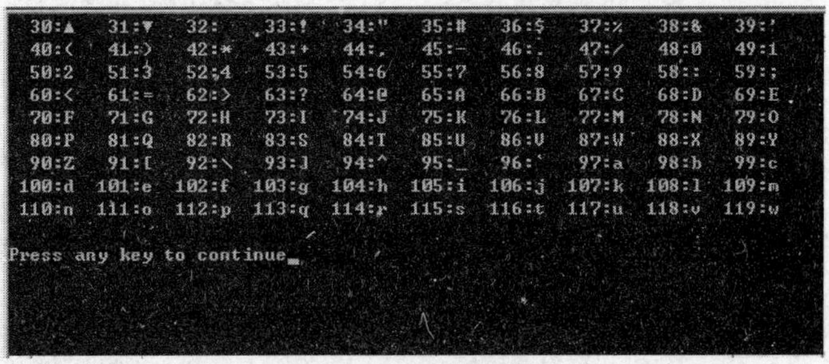

图 10-2　按格式显示 ASCII 值为 30～119 的全部字符

【分析】

本题考查对常用 I/O 流类库操纵符的使用。程序中的 setw 操纵符可以指定每个数值占用的宽度，即这个字符占用的最小字符长度。

【答案】

```
#include<iostream.h>
#include<iomanip.h>
void main()
```

```
    {
      int i,n=0;
      for(i=30;i<=119;i++)
      {
        cout<<setw(3)<<i<<":"<<(char)i<<" ";          /*两栏的间距为两个字符宽*/
        n++;
        if(n%10==0)cout<<endl;
      }
      cout<<endl;
    }
```

【例 10.21】编程打印如图 10-3 所示的 N 阶杨辉三角形，其中 n 由用户输入，要求该值不能大于 13。

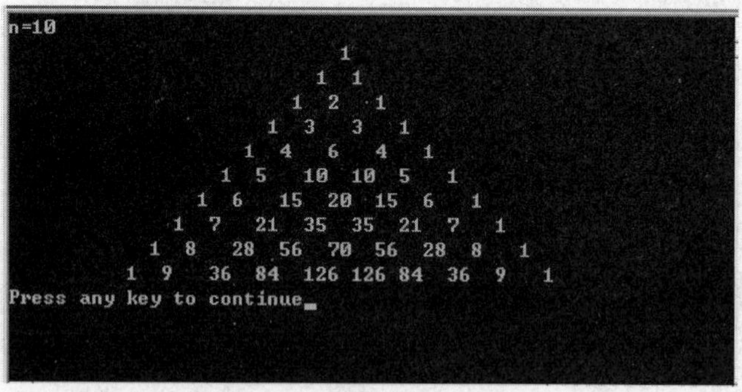

图 10-3　打印杨辉三角形

【分析】在杨辉三角形中，每个数值可以由组合 C_i^j 来表示，这个值具体表示了第 i 行第 j 列位置上的值。而 C_i^j 来的计算公式如下：

$$\begin{cases} C_i^i = 1 \\ C_i^j = C_i^{j-1} * (i-j+1)/j \end{cases}$$

此处要求：i 的取值为 0，1，2，…，而 j 的取值为 1，2，3，…，i。

【答案】

```
    #include<iostream.h>
    void main()
    {
      int i,j,c,n;
      cout<<"n=";
      cin>>n;
      if(n>13)
        cout<<"Too large!"<<endl;
      else
      {
        for(i=0;i<=n-1;i++)
        {
          for(j=1;j<15-i;j++)cout<<"  ";      /*每次循环显示 2 个空格*/
          c=1;
          cout<<c<<"  ";
```

```
    for(j=1;j<=i;j++)
    {
      c=c*(i-j+1)/j;
      if(c<100)
        if(c<10)cout<<c<<"   ";         /*包含3个空格的字符串*/
        else cout<<c<<"  ";             /*包含2个空格的字符串*/
      else
        cout<<c<<" ";                   /*包含1个空格的字符串*/
    }
    cout<<endl;
  }
 }
}
```

上机实验 ‹‹‹

实验一 Visual C++ 6.0 的使用

1. 实验目的。

（1）熟悉 Visual C++ 6.0 的开发环境。

（2）掌握 C 程序运行的基本步骤，包括编辑、编译、连接和运行。

（3）理解程序调试的思想，熟悉 Visual C++ 6.0 的调试过程。

2. 实验内容。

（1）以下程序虽然是正确的，但可读性却很差。请先输入下面这段程序，然后按嵌入式的书写格式（也称缩格方式）编辑源程序，使之易读；最后将调整好了的程序代码另存为名为 standard.c 的源程序文件，并上机运行。

```
#include<stdio.h>
const int x=20;const y=30;void main(){ int z;z=x+y;printf("%d+%d=%d\n",
    x,y, z); }
```

（2）国际田联标准的田径场整体呈环形，中间部分为矩形，两端为同半径的半圆形。整个场地由 8 个环形跑道组成，最里面的跑道称为第一道次，由里往外数，最外面的跑道称为第八道次。已知中间矩形直道的长度为 85.96 m，宽度为 72.6 m，实际上这个宽度也就是第一道所对应的半圆的直径，而相邻两个跑道的间隔为 1.25 m。假设两个人从同一根起跑线（比如从 100 m 终点的位置）开始跑，一人跑第 n 道，另一人跑相邻的第 n+1 道，1≤n≤7，问这样跑一圈下来，跑外道的要比跑内道的多跑多少米？

（3）下面的程序有几处错误，请先看懂程序的功能，然后将程序中的错误改正过来，使之能正确运行。

```
include<stdio.h>
void main()
{
  int x,y;
  scanf("%f,%f",x,y)
  z=x%y;
  w=x/y;
  printf("z=%d,y=%d/n",z,w);
}
```

实验二 顺序结构程序设计

1. 实验目的。

（1）掌握 C 语言基本数据类型的定义和使用。

（2）掌握运算符和表达式的使用。

（3）掌握输入函数/输出函数的使用。

2. 实验内容。

（1）阅读以下程序，首先分析程序的结果，然后上机运行验证你的想法是否正确。

```
#include<stdio.h>
void main()
{
    int a=1,b=6;
    printf("运行之前 a=%d,b=%d\n",a,b);
    a=a+b;
    b=a-b;
    a=a-b;
    printf("运行之后 a=%d,b=%d\n",a,b);
}
```

提示：上述程序提供了一种技巧，要求读者掌握。

（2）输入一个用度数来表示的角度，编程求该角度所对应的正弦值是多少？

提示：C 语言中正弦函数的原型为 double sin(double x)，它的声明在头文件 math.h 中；另外，圆周率 π 在数学中是常数，而在 C 语言中则不是常数。

（3）转换时间格式。假设输入的时间格式为四位正整数，其中最高两位代表小时，最低两位代表分钟，范围从 0000～2359。比如输入 1430，就表示时间 14：30。现在从键盘上输入一个有效的四位整数，要求把它拆分成小时与分钟两部分，彼此之间用冒号分隔。

实验三　选择结构程序设计

1. 实验目的。

（1）了解 C 语言中逻辑真（非 0）和逻辑假（0）的表示方法。

（2）掌握逻辑运算符和逻辑表达式的表示方法。

（3）使用单步执行查看程序运行的过程，理解并掌握 if 语句和 switch 语句。

（4）在 switch 结构中能正确使用 break 语句。

2. 实验内容。

本实验要求事先编写好以下程序，然后上机输入程序并调试运行程序。

（1）假设本期彩票的中奖号码为整数 1234，对应的中奖奖品为笔记本电脑与 1 万元现金。现在从键盘上输入你的猜奖号码，判断是否中了奖。请将以下猜奖程序中的错误改正。

```
#include<stdio.h>
void main()
{
    int n;
    printf("请输入你的猜奖号码：");
    scanf("%d",n);
    if(n=1234)printf("恭喜恭喜，你中大奖了！\n");
    printf("奖你笔记本电脑\n");
```

```
        printf("奖你 1 万元的奖金\n");
    }
```

（2）根据输入的 x 值，计算对应的 y 值。

$$y = \begin{cases} |x| & \text{当 } x < 5 \\ 3x^2 - 2x + 2 & \text{当 } 5 \leq x < 20 \\ x/5 & \text{当 } x \geq 20 \end{cases}$$

程序运行三次，分别输入大于 20、小于 5 和在 5 和 20 之间的数（譬如 21、–8、7），查看程序的运行结果。

（3）衡量一个人健康与否，目前比较流行的是考核 BMI（身体质量指数，Body Mass Index）的值，即用体重除以身高的平方，其中体重用千克表示，身高用米表示，两者可以是实数。对于东方人来说，正常的 BMI 值应该是在[18.5，24]范围内；如果 BMI 值 > 24，表示偏胖甚至肥胖，而 BMI 值 < 18.5 则表示偏瘦。从键盘上输入你的体重和身高，对照 BMI 的标准，判断你身体状况，是属于正常、偏瘦还是偏胖（甚至肥胖）。请编程实现。

实验四 循环结构程序设计

1. 实验目的。

（1）熟悉并掌握 while 循环、do…while 循环和 for 循环的表示方法。

（2）掌握循环程序设计中常用的一些算法，如穷举法、递推法等。

（3）在循环程序设计中能正确使用 break 语句和 continue 语句。

2. 实验内容。

本实验要求事先编写好以下程序，然后上机输入程序并调试运行程序。

（1）下列程序用于产生如图 11-1 所示的九九乘法表，请将下列程序补充完整。

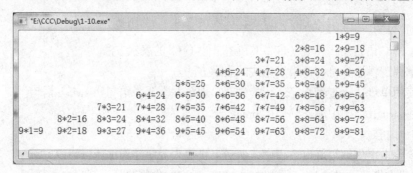

图 11-1 另一种九九乘法表

```
#include<stdio.h>
void main()
{   int i,j;
    for(i=1;      (1)      ;i++)
    {
        for(j=1;j<=9;j++)
          if(      (2)      )printf("%d*%d=%d\t",i,j,i*j);
          else printf("\t");
        printf("\n");
```

```
    }
}
```

（2）鸡兔同笼问题。把若干只鸡与兔子关在同一个笼子里，从上面数有 30 个头，从下面数有 90 只脚，问鸡与兔各有多少只？

（3）根据已经掌握了的判断素数的方法，产生从 11 开始的连续 20 个素数，要求按照每行 6 个数的格式显示。

实验五　自定义函数

1．实验目的。

（1）了解用户自定义函数的定义格式。

（2）能正确区分形参与实参的概念，掌握函数调用时参数的两种传递方式，即值传递与地址传递。

（3）能用函数嵌套或递归的方法解决一些较简单的问题。

（4）理解程序中函数原型声明的作用。

2．实验内容。

本实验要求事先编写好以下程序，然后上机输入程序并调试运行程序。

（1）输入一个不多于 8 位数的正整数，要求按照从右向左的顺序反向输出该整数，例如输入 75312468，则反向输出的结果为 86421357。请将以下程序补充完整。

```
#include<stdio.h>
void fun(int n)
{
    while(n)
    { printf("%d",n%10);
        _____(1)_____;    /*得到一个少了一位的整数*/
    }
}
void main()
{
    int x;
    printf("请输入整数: ");
    scanf("%d",&x);
    printf("\n 从右向左的输出结果为: ");
    _____(2)_____;       /*调用函数*/
    printf("\n");
}
```

（2）从键盘上输入 3 个整数，求它们的最大公约数。下列程序中的函数 gcd(a,b,c)用于求 a、b、c 三个整数的最大公约数，在主函数中对其进行调用。请将程序补充完整。

```
#include<stdio.h>
void gcd(int a,int b, int c)  /*求 3 个整数的最大公约数*/
{
    /*根据本程序末尾的算法提示将代码实现*/
}
void main()
{
```

```
int x,y,z,m;
for(;;)  /*确保输入有效的整数*/
{
    printf("请输入三个整数: ");
    scanf("%d%d%d",&x,&y,&z);
    if(x>0 && y>0 && z>0)break;
}
m=gcd(x,y,z);  /*调用函数*/
printf("\n%d,%d和%d的最大公约数为%d\n",x,y,z,m);
}
```

提示：求 3 个整数的最大公约数可采用"穷举法"，即首先求出 3 个整数的最小值，然后将该最小值逐次递减，直至最后到 1 进行循环；一旦这个范围内的某个值能同时被原来的 3 个整数整除，立即终止循环，得到的值即为最大公约数。

（3）输入正整数 n 和实数 x，根据以下公式计算 e 的 n 次方，请编写完整的程序。

$$e^n=1+ n + n^2/(2!)+n^3/(3!) + \ldots + n^x/(x!)$$

要求除了主函数 main( )之外，还要另外编写 3 个自定义函数 f1(n,i)、f2(i)和 f3(n)，它们分别用于计算 n^i、$i!$、e^n；要明确各函数之间的调用关系，尤其要注意是否要对函数进行声明。

实验六　编译预处理命令

1．实验目的。

（1）理解编译预处理的种类及其作用。

（2）熟练掌握#include、#define、#if、#ifdef、#ifndef 等预处理命令的语法，并能在程序中正确使用。

（3）理解宏替换的作用，能区分宏替换与函数的不同。

2．实验内容。

本实验要求事先编写好以下程序，然后上机输入程序并调试运行程序：

（1）定义一个宏，已知球的半径 r，计算该球的体积。规定宏的定义格式为：

```
#define Volume(r)  (要求设计的宏体)
```

（2）已知 1 千克等于 2.204 62 磅，定义一个宏，把用千克表示的体重 g，转用磅数来表示。规定宏的定义格式为：

```
#define Pounds(g)  (要求设计的宏体)
```

（3）阅读以下程序，分析运行结果，并上机验证。

```
#include<stdio.h>
#define multiplication1(a,b)  (a)*(b)
#define multiplication2(a,b)  a*b
void main()
{
  printf("The first value is ");
  printf("%d\n",multiplication1(4,2+3));
  printf("The second value is ");
  printf("%d\n",multiplication2(4,2+3));
}
```

实验七　数组与字符串

1. 实验目的。

（1）了解数组变量与一般变量在使用方式上的不同。

（2）能利用指针操作完成数组元素的访问。

（3）掌握字符串作为函数参数的方法。

2. 实验内容。

本实验要求事先编写好以下程序，然后上机输入程序并调试运行程序：

（1）下列程序采用插入排序法实现对十个整数的升序排序，请将程序补充完整。

```c
#include<stdio.h>
void fun(int b[],int n)   /*插入排序*/
{
    int x,i,j;
    /*注意 i 从 1 开始，i 代表第 m 项，依次递增*/
    for(i=1;i<=n-1;i++)
    /*j 代表前 m-1 项，前 m-1 项是已排序的*/
    {
        j=i-1;
        x=b[i];
         /*找出数组的第 m 项在前 m-1 项中的位置，比第 m 项大的元素依次后移*/
        while(x<b[j]  && _____(1)_____)
        {
            b[j+1]=b[j];
            j--;
        }
         /*将第 m 项插入预留出来的位置中*/
        b[j+1]=_____(2)_____;
    }
}
void main()
{
    int a[10]={1,3,5,7,9,2,4,6,8,10},i;
    /*for(i=0;i<10;i++) scanf("%d",&a[i]); 换用此行则为任意输入数据*/
    printf("排序之前的初始数组为\n");
    for(i=0;i<10;i++)printf("%3d",a[i]);
    printf("\n");
    fun(a,10); /*函数调用*/
    printf("\n 排序之后的结果数组为\n");
    for(i=0;i<10;i++)printf("%3d",a[i]);
    printf("\n");
}
```

提示： 如果将主函数 main( )中原来给一维数组 a 赋初值的语句

```c
int a[10]={1,3,5,7,9,2,4,6,8,10},i;
```

进行修改，要求产生位于区间[60,100]内的十个随机整数，此时主函数内的这段程序应该应该如何写，请上机运行。

（2）一个班有 60 名同学，假设他们的 C 语言成绩用数组 int scores[60];来表示。现在从键盘上逐一输入每人的成绩，求出全班的平均成绩（用两位小数表示），并统计成绩在平均分线上的（含等于平均分）的人数。

（3）首先编写一个自定义函数 int newlength(char s[]){…}，用于计算一个已知字符串的长度，规定不能用标准库函数 strlen()来做。然后，编写主程序 main()来调用该函数。

要求：任意输入一个非空的字符串，显示并判断得到的结果是否正确；当输入一个空字符串时，查看其结果是否为零；若输入一个带汉字及换行符的字符串，判断程序结果如何。

实验八 指针与动态空间

1. 实验目的。

（1）了解指针变量与一般变量在使用方式上的异同。

（2）掌握指针变量作为函数参数的使用方法。

（3）掌握动态空间分配函数。

2. 实验内容。

本实验要求事先编写好以下程序，然后上机输入程序并调试运行程序：

（1）分析以下程序的运行结果，并上机进行验证。

```c
#include<stdio.h>
    void main()
    {
        int i=0,c=0;
        char a[]="ABCDEFGHI",b[]="ABcdEFgHi";
        char *pa=a,*pb=b;
        while(i<=8)
        {   if(*(pa+i)==*(pb+i))c++;
            i++;
        }
        printf("The same is %d\n",c);
    }
```

（2）输入一个正整数，它代表用秒作为单位来表示的用时总数，要求把这个时间转换为等价的小时、分钟和秒的形式。例如，某选手参加 42 公里零 195 米的全程马拉松比赛，总用时为 12948 秒，经过换算之后得到的成绩就是 3 小时 35 分 48 秒。

以下的程序有两处错误，请指出并改正，但不能改变程序的结构和语句的位置。

```c
    #include<stdio.h>
    void ftransform(int t,int *p1,int *p2,int *p3); /*实现转换*/
    void main()
    {
        int time,h,m,s;
        int *ph=&h,*pm=&m,*ps=&s;
        printf("请输入用秒来表示的总用时数：");
        scanf("%d",&time);
        ftransform(&time,ph,pm,ps);
```

```
    printf("与秒数%d等价的用时是：%d小时%d分钟%d秒\n",time,h,m,s);
}
void ftransform(int t,int *p1,int *p2,int *p3)
{
    *p1=t/3600;
    *p2=t%3600/60;
    *p3=t/60;
}
```

（3）首先输入个数 n，建立 n 个动态整型单元，然后将从键盘上输入的整数逐个填入，并显示结果。

运行程序看结果是否正确，注意运行前要保存程序，因为内存使用不当会出现"死机"现象。如果正确，改变 n 的大小并建立实型单元，观察结果是否正确。

实验九　结构与单链表

1. 实验目的。

（1）了解结构中的域变量与简单变量在使用方式上的不同。

（2）能正确使用结构变量作为函数参数。

（3）掌握单链表的简单操作。

2. 实验内容。

本实验要求事先编写好以下程序，然后上机输入程序并调试运行程序：

（1）建立一个学生成绩册，包含学号、姓名、成绩。

运行程序，判断输出结果是否与输入结果一致，修改其显示方式，任意输入一个学号查看能否显示其姓名与成绩。

（2）编写函数，完成对两个复数的乘法运算，并且返回复数结果。（提示：可以利用结构类型来定义 a+bi 形式的复数。）

编写主程序，给定（3，0）和（-7，0），查看结果是多少。再输入一对复数（1，2）和（3，4），判断结果是否正确。

（3）建立一个 5 元素的单链表，删除其第三个元素并显示结果。

输入 1～5 到单链表中作为元素，删除元素后查看其结果。如果删除第一元素该如何修改，如果删除最后一个元素又如何，请试验。

实验十　数据文件

1. 实验目的。

（1）了解 C 语言文件的概念。

（2）熟悉文件操作中常用标准库函数的使用。

（3）掌握文件读/写的具体操作过程。

2. 实验内容。

本实验要求事先编写好以下程序，然后上机输入程序并调试运行程序：

（1）从键盘上输入一个字符串（假设字符总数不超过 100 个），该字符串中可以出现数字字符、大小写英文字母、半角状态下的其他字符（如空格、标点符号、左右括号等），要求把输入的字符串全部写入到名为 test.txt 的文本文件中。

（2）打开（1）题中创建的文本文件 test.txt，按下述要求进行转换：

- 若当前从文件中读入的是英文字母（不论大写或小写），一律用字母'A'来显示。
- 若当前从文件中读入的是数字，则一律用字符'1'来表示。
- 若读入的是其他字符，则一律照原样显示。

请把转换后的结果显示在屏幕上。

（3）仔细阅读下面这段程序，了解随机整数的产生方法，分析程序的运行结果。

```
/*RAND.C: This program seeds the random-number generator
 * with the time, then displays 10 random integers.
 */
#include<stdlib.h>
#include<stdio.h>
#include<time.h>
void main(void)
{
    int i;
    /*Seed the random-number generator with current time so that
     * the numbers will be different every time we run.
     */
    srand((unsigned)time(NULL));
    /*Display 10 numbers.*/
    for(i=0; i<10;i++)printf("  %6d\n",rand());
}
```

提示：

① 用于设置随机数种子的库函数 srand( )。

函数格式：void srand(unsigned int seed);

说明：srand( )的原型在 stdlib.h 中。

② 产生随机整数的库函数 rand( )。

函数格式：int rand(void);

说明：rand( )的原型在 stdlib.h 中。

请注意：本函数产生的随机整数位于 0～32767 之间，并且在调用 rand()之间，必须要用 srand()函数来对随机数的种子进行设置。

在上述基础上，编写一个程序，产生 20 个界于[10,90]之间的随机整数，并把这些整数全部写入名为 20to90.txt 的文本文件中。

实验十一　　C++趣味编程基础

1. 实验目的。

（1）初步掌握一些趣味编程问题的求解方法。

（2）熟悉 C++的上机环境（Visual C++、Code::Blocks）。

（3）了解 C++语言面向对象程序设计（OOP）的特点。

2．实验内容。

本实验要求事先编写好以下程序，然后上机输入程序并调试运行程序。

（1）甲、乙、丙三人常去图书馆看书。甲每隔 9 天去一次图书馆，乙每隔 6 天去一次图书馆，丙每隔 5 天去一次图书馆。假设甲、乙、丙三人今天在图书馆相遇，问至少过多少天，他们三人又能在图书馆相遇？

（2）上地理课时，老师提问我国四大淡水湖的大小，有 4 个学生是这样回答的：

甲说："洞庭湖最大，洪泽湖最小，鄱阳湖第三。"

乙说："洪泽湖最大，洞庭湖最小，鄱阳湖第二，太湖第三。"

丙说："洪泽湖最小，洞庭湖第三。"

丁说："鄱阳湖最大，太湖最小，洪泽湖第二，洞庭湖第三。"

其实，对于这 4 个淡水湖的大小，每个学生只答对了 1 个，请编程确定这 4 个湖的排列顺序。

（3）数字黑洞问题。对于一个三位正整数 n，规定它的个位、十位和百位数字不能完全相同，如不允许 111、222 这样的数，但是重复两次的数字是允许的，如 121、112 或者 211 都是允许的。对于符合上述条件的三位整数，现在把它的个位、十位和百位数字按大小重新排列，分别得到最大的三位数和最小的三位数，用最大数减去最小数，得到了一个新的数；再对新的数，同样按照上述方法重新转换，这样下去，最后总会得到 495，此处称 495 为"数字黑洞"。

编写程序，任意输入一个符合条件的三位正整数，要求从该数开始，把最终转换为"数字黑洞"495 的详细过程都显示出来。例如，当输入 123 时，最终变成 495 需要进行 5 次变换，详细的转换过程如下：

```
123 -> 198 -> 792 -> 693 -> 594 -> 495
```

第 12 章

模拟试题及参考答案 <<<

模拟试题（一）

第一部分：笔试部分（总分 100 分）

试题一、语言基础选择题（每小题 1 分，共 25 分）。按各小题的要求，从提供的候选答案中选择一个正确的，并把所选答案的字母填入答卷纸的对应栏内。

1. C 语言中基本的数据类型包括（　　　）。
   A. 整型、实型、字符型和逻辑型　　　　　　B. 整型、实型、字符型和结构体
   C. 整型、实型、字符型和枚举型　　　　　　D. 整型、实型、字符型和指针型

2. 下列算术运算符中，只能用于整型数据的是（　　　）。
   A. -　　　　　　　　B. +　　　　　　　　C. /　　　　　　　　D. %

3. 若已定义 x 和 y 为 double 类型，则表达式 x=1, y=x+3/2 的值是（　　　）。
   A. 1.0　　　　　　　B. 1.5　　　　　　　C. 2.0　　　　　　　D. 2.5

4. 在 C 语言中，要求运算对象必须是整数的运算符是（　　　）。
   A. /　　　　　　　　B. %　　　　　　　　C. +　　　　　　　　D. &&

5. C 语言中，定义 PI 为一个符号常量，下列正确的是（　　　）。
   A. #define　PI　3.14　　　　　　　　　　B. define PI　3.14
   B. #include PI 3.14　　　　　　　　　　D. include　PI　3.14

6. 以下正确的整型变量说明是（　　　）。
   A. INT x;　　　　　　B. int x;　　　　　　C. x INT;　　　　　　D. x int;

7. 现已定义 int i=1;，执行循环语句 while(i++<5);后 i 的值为（　　　）。
   A. 1　　　　　　　　B. 5　　　　　　　　C. 6　　　　　　　　D. 7

8. 下列表达式中，（　　　）可以正确表示 y<=0 或 y>=1 的关系。
   A. (y>=1)&&(y=0)　　　　　　　　　　　B. y>1||y<=0
   C. y>=1.or.y<=0　　　　　　　　　　　D. y>=1||y<=0

9. C 语言程序的 3 种基本结构是（　　　）。
   A. 顺序结构、选择结构、循环结构　　　　　B. 递归结构、循环结构、转移结构
   C. 嵌套结构、递归结构、顺序结构　　　　　D. 循环结构、转移结构、顺序结构

10. 下述语句中，（　　　）中的 if 语句是错误的。
   A. if(x>y);　　　　　　　　　　　　　　B. if(x==y) x+y;
   C. if(x!=y) scanf("%d",&x) else scanf("%d",&y); D. if(x<y) {x++;y++;}

11. 若有程序段：

```
int a=-2L;
printf("%d\n",a);
```

则以上语句（   ）。

    A. 赋值不合法   B. 输出值为-2

    C. 输出为不确定值   D. 输出值为2

12. 下面关于 switch 语句和 break 语句的结论中，只有（   ）是正确的。

    A. break 语句是 switch 语句中的一部分

    B. 在 switch 语句中可以根据需要使用或不使用 break 语句

    C. 在 switch 语句中必须使用 break 语句

    D. 以上结论都不正确

13. 当执行以下程序段时，（   ）。

```
y =-1 ;
do {y--;} while(--y);
printf("%d\n",y--);
```

    A. 循环体将执行一次   B. 循环体将执行两次

    C. 循环体将执行无限次   D. 系统将提示有语法错误

14. 当 c 的值不为 0 时，下列选项能正确将 c 的值赋给变量 a 和 b 的是（   ）。

    A. c=b=a;   B. (a=c) || (b=c);

    C. (a=c)&&(b=c);   D. a=c=b;

15. 若有如下程序段，其中 s、a、b、c 均已定义为整型变量，且 a、c 均已赋值（c>0）：

```
s=a; for(b=1;b<=c;b++) s=s+1;
```

则与上述程序段功能等价的赋值语句是（   ）。

    A. s=a+b;   B. s=a+c;   C. s=s+c;   D. s=b+c;

16. 以下（   ）不是 C 语言程序的 3 种基本结构。

    A. 循环结构   B. 递归结构   C. 顺序结构   D. 选择结构

17. 以下函数定义形式正确的是（   ）。

    A. `double myfun(int x,int y)`   B. `myfun(int x,y)`

       `{ z=x+y;return z; }`   `{ int z;return z; }`

    C. `myfun(x,y)`   D. `double myfun(x,y)`

       `{ int x,y;double z;`   `{ double z;`

       `z=x+y;return z; }`   `z=x+y;return z; }`

18. 在 C 语言程序中，下面描述正确的是（   ）。

    A. 函数的定义可以嵌套，但函数的调用不可以嵌套

    B. 函数的定义不可以嵌套，但函数的调用可以嵌套

    C. 函数的定义和函数调用都可以嵌套

    D. 函数的定义和调用都不可以嵌套

19. 如果在一个函数的复合语句中定义了一个变量，则该变量（   ）。

    A. 只在该复合语句中有效   B. 在该函数中任何位置都有效

    C. 定义错误，因为不能在其中定义变量   D. 在本程序的源文件范围内均有效

20. 在定义函数时若没有明确指定类型标识符，则函数返回值的类型为（　　）。
    A. char 型　　　　　　　B. int 型　　　　C. 没有返回值　　　D. 无法确定
21. 指针是一种（　　）。
    A. 标识符　　　　　　　B. 变量　　　　　C. 内存地址　　　　D. 运算符
22. 显示指针变量 p 中的值，可以使用命令（　　）。
    A. printf("%d",p);　　　　　　　　　　B. printf("%d",*p);
    C. printf("%p",*p);　　　　　　　　　　D. printf("%p",p);
23. 若有定义 int a[]={1,2,0};，那么 a[a[a[0]]]的值是（　　）。
    A. 0　　　　　B. 1　　　　　C. 2　　　　　D. 3
24. 若结构类型变量 x 的初值为{"20",30,40,35.5}，那么合适的结构定义是（　　）。
    A. struct s {int no; int x,y,z;};　　　　B. struct s {char no[3]; int x,y,z;};
    C. struct s {int no; float x,y,z;};　　　D. struct s {char no[3];float x,y,z;};
25. 下面各选项中能正确实现打开文件的操作是（　　）。
    A. fp=fopen(c:mydir\info.dat, "r")　　B. fp=fopen(c:\mydir\info.dat, "r")
    C. fp=fopen("c:mydir\info.dat", "r")　　D. fp=fopen("c:\\mydir\\info.dat", "r")

试题二、程序阅读选择题（每选项 3 分，共 45 分）。按各小题的要求，从提供的候选答案中选择一个正确的，并把所选答案的字母填入答卷纸的对应栏内。

1. 以下程序段的执行结果为____（1）____。

```
#include <stdio.h>
#define PLUS(A,B)  A+B
void main()
{ int a=2,b=1,c=4,sum;
  sum=PLUS(a++,b++)/c;
  printf("Sum=%d\n",sum);
}
```
（1）A. Sum=1　　　B. Sum=0　　　C. Sum=2　　　D. Sum=4

2. 下面程序的功能是：计算 1～10 之间（不含 10）奇数之和及偶数之和，请填空。

```
#include <stdio.h>
void main()
{ int a=0,b=0,i;
  for(i=0;i<10;i+=2) {a=__(2)__ ; b=__(3)__ ;}
  printf("偶数和为:%d,奇数和为:%d\n",a,b);
}
```
（2）A. a+i　　　B. a+i+1　　　C. a+i-1　　　D. a+1
（3）A. b+i　　　B. b+i+1　　　C. b+i-1　　　D. b+1

3. 以下程序的功能是计算 $s = \sum_{k=0}^{n} k!$，补足所缺语句。

```
#include <stdio.h>
long fun(int n)
{ int i;long m;
  m=__(4)__ ;
  for(i=1;i<=n;i++)m=__(5)__ ;
  return m;
```

```
}
void main()
{ long m;int k,n;
  scanf("%d",&n);
  m=  (6)  ;
  for(k=0;k<=n;k++)m=m+  (7)  ;
  printf("%ld \n",m);
}
```

（4）A. 0　　　　　　B. 1　　　　　　C. n　　　　　　D. i

（5）A. i+n　　　　　B. i*n　　　　　C. i+m　　　　　D. i*m

（6）A. 0　　　　　　B. 1　　　　　　C. n　　　　　　D. k

（7）A. fun(n)　　　　B. n!　　　　　C. fun(k)　　　　D. k!

4. 打印出以下的杨辉三角形（要求打印10行）

```
    1
    1   1
    1   2   1
    1   3   3   1
    1   4   6   4   1
    1   5  10  10   5   1
```

下面程序的编程思路为：使用数组保存每行数据，两行数据之间有变化规律，即下一行的元素等于上一行对应位置元素加上其左边的位置元素，最后位置上的元素没有对应的上一行元素，可以直接放 1。

```
#include<stdio.h>
#define N 10
void main()
{ int i,j,a[N][N];
  for(i=1;i<N;i++)
  { a[i][1]=1;
      (8)  ;}
  for(i=  (9)  ;i<N;i++)
    for(j=2;j<=i-1;j++)
      a[i][j]=  (10)  ;
  for(i=1;i<N;i++)
  { for(j=1;j<=i;j++)printf("%6d",a[i][j]);
      (11)  ; }
}
```

（8）A. a[i][i]=1　　　B. a[i][0]=0　　C. a[0][i]=1　　　D. a[1][i]=0

（9）A. 2　　　　　　B. 3　　　　　　C. 4　　　　　　D. 5

（10）A. a[j-1][i]　　　B. a[i][j+1]　　C. a[i-1][j-1]-a[i-1][j]　　D. a[i-1][j-1]+a[i-1][j]

（11）A. printf("%t")　B. printf("\b")　C. printf("\n")　　D. printf("\n")

5. 下面程序的功能是：将字符数组 a 中下标值为偶数的元素从小到大排列，其他元素不变。

```
#include<stdio.h>
#include<string.h>
void main()
{ char a[]="computera",t;
  int i,j,k;
```

```
    k=( __12__ );
    for(i=0;i<=k-2;i+=2)
    for(j=i+2;j<=k; __(13)__ )
      if( __(14)__ )
      { t=a[i];a[i]=a[j]; __(15)__ ;}
    puts(a);
    printf("\n");
}
```

（12）A. len(a)　　　B. strlen(a)　　　C. len(a[0])　　　D. strlen(a[0])

（13）A. j++　　　　B. j+2　　　　　　C. j=j+1　　　　　D. j=j+2

（14）A. a[i]<a[j]　B. a[i]>a[j]　　　　C. a[i]>a[k]　　　D. a[i]<a[k]

（15）A. t=a[j]　　　B. t=a[i]　　　　　C. a[j]=t　　　　　D. a[i]=t

试题三、程序设计题（每题 15 分，共 30 分）。

1. 从键盘上输入一个正整数 n，要求 $1 \leqslant n \leqslant 10$，显示 n 行由大写字母 A 开始的、顺序递增排列的倒三角形图案。例如，当 $n=7$ 时，运行结果如下：

　　　A B C D E F G
　　　H I J K L M
　　　N O P Q R
　　　S T U V
　　　W X Y
　　　Z A
　　　B

注意：输入的 n 既表示要显示的倒三角形的行数，也指定了第一行要显示的字母个数；如果下一个要显示的字母超过了字母 Z，则重新从字母 A 开始。

2. 随机产生十个两位的正整数，编程计算并显示这批随机整数中的最大值和最小值，并显示所有随机整数的平均值。

第二部分：上机部分（总分 40 分）

试题四、程序改错题（20 分）。

下面程序中的函数 fun() 用于统计字符串 s 中各个元音字母（即 A、E、I、O、U）的个数，注意在统计过程中，遇到某个元音字母大写（或小写），都放在一块儿统计，不单独区分大写或者小写。例如，若输入 This IS a bOok，则输出结果为 1、0、2、2、0，分别表示 A、E、I、O 和 U 所出现的次数。

现在程序中发现有两个错误，请找出错误并将错误改正过来，使程序能正确运行。要求在调试过程中不能改变程序结构，更不能增加（或者删除）语句。

```
#include<stdio.h>
#include<conio.h>
void fun(char *s,int *num)
{ int k;
  for(k=0;k<5;k++)num[k]=0;
    for(;*s;s++)
```

```
        switch(s)
        {  case 'a':case 'A':{num[0]++;break;}
           case 'e':case 'E':{num[1]++;break;}
           case 'i':case 'I':{num[2]++;break;}
           case 'o':case 'O':{num[3]++;break;}
           case 'u':case 'U':{num[4]++;break;}
        }
}
void main()
{ char s[81]; int num[5],k;
  printf("\nPlease enter a string: \n");
  gets(s);
  fun(s,num);
  for(k=1;k<5;k++) printf("%d,",num[k]);
}
```

试题五、程序填空题（20 分）。

所谓同构数，是指一个正整数又会出现在它的平方值的右侧。例如，5 的平方是 25，且 5 出现在 25 的右侧，因此 5 是一个同构数。类似地，可以推算出 6、25 和 76 都是同构数。

下面程序的功能是从键盘输入一个不大于 100 的正整数，判断该数是否是同构数。函数 fun(x)的功能是判断 x 是否同构数，若 x 是同构数，则函数返回值为 1，否则返回 0。

现在的程序是一个不完整的程序，请在下画线空白处将其补充完整，以便得到正确的答案，但不得增删原来的语句。

```
#include<conio.h>
#include<stdio.h>
int fun(int x)
{  int k,m=1000;
   int x2=x*x;
   if(x<10) m=10;
   else  if(x<100) m=100;
   for(k=0;k*m+x<=x2;k++)
      if(k*m+x==x2)_____(1)_____;
   return 0;
}
void main()
{  int x;
   printf("\n Please enter x:");
   scanf("%d",&x);
   if(x>100) {printf("Input error. \n"); return; }
   printf("%d %s\n",x, _____(2)_____ ?"Yes":"No");
}
```

模拟试题（一）参考答案

第一部分：笔试部分（总分 100 分）

试题一、语言基础选择题（每小题 1 分，共 25 分）。

1. C   2. D   3. C   4. B   5. A   6. B   7. C   8. D   9. A

10. C　11. B　12. B　13. C　14. C　15. B　16. B　17. A　18. B
19. A　20. B　21. C　22. B　23. A　24. D　25. D

试题二、程序阅读选择题（每选项 3 分，共 45 分）。

1. C　　　　　2. A B　　　3. B D A C　　　4. A A D C
5. B　D　A　C

试题三、程序设计题（每题 15 分，共 30 分）。

1. 源程序如下：

```c
#include<stdio.h>
void main()
{ int i,j,n;
  char ch='A';
  do
  { printf("Enter a positive integer N (0<N<11): ");
    scanf("%d",&n);
  }while(!(n>0 && n<11));           /*确保 n 值合法*/
  for(i=1;i<=n;i++)
  { for(j=1;j<=n-i+1;j++)
    { printf("%2c",ch);
      ch++;                         /*顺序产生下一个字母*/
      if(ch>'Z')ch='A';            /*若超过字母 Z，则重新从 A 开始*/
    }
    printf("\n");
  }
}
```

2. 源程序如下：

```c
#include<stdio.h>
#include<stdlib.h>
#include<time.h>
void main()
{ int a[10],i,max,min,sum;
  srand((unsigned)time(NULL));      /*随机数种子发生器*/
  for(i=0;i<10;i++)
  { a[i]=rand()%90+10;              /*产生两位随机的正整数*/
    printf("%d, ",a[i]);
  }
  printf("\n");
  max=min=sum=a[0];
  for(i=1;i<10;i++)
  { if(max<a[i]) max=a[i];
    if(min>a[i]) min=a[i];
    sum+=a[i];
  }
  printf("max=%d,min=%d,average=%f\n",max,min,sum/10.0f);
}
```

提示：假设 a 和 b 都是正整数，且 a<b，如果想产生位于[a,b]区间的随机整数，公式为 rand()%(b-a+1)+a 。

第二部分：上机部分（总分40分）

试题四、程序改错题（20分）。

```
#include<stdio.h>
#include<conio.h>
void fun(char *s,int *num)
{ int k;
  for(k=0;k<5;k++)num[k]=0;
   for(;*s;s++)
     switch(*s)              /*修改的第1处错误，此处改为switch(s[k])也正确*/
     { case 'a':case 'A':{num[0]++;break;}
       case 'e':case 'E':{num[1]++;break;}
       case 'i':case 'I':{num[2]++;break;}
       case 'o':case 'O':{num[3]++;break;}
       case 'u':case 'U':{num[4]++;break;}
      }
}
void main()
{ char s[81]; int num[5], k;
  printf("\nPlease enter a string: \n");
  gets(s);
  fun(s,num);
  for(k=0;k<5;k++)printf("%d,",num[k]); /*修改的第2处错误*/
}
```

试题五、程序填空题（20分）。

（1）return 1;   （2）fun(x)

模拟试题（二）

第一部分：笔试部分（总分100分）

试题一、语言基础选择题（每小题1分，共25分）。 按各小题的要求，从提供的候选答案中选择一个正确的，并把所选答案的字母填入答卷纸的对应栏内。

1. 下列符号中不属于转义字符的是（   ）。

    A. \\   B. \x00   C. \00   D. \09

2. 下列符号中不属于C语言保留字的是（   ）。

    A. if   B. then   C. static   D. for

3. 下列符号串中属于C语言合法标识符的是（   ）。

    A. else   B. a-2   C. _00   D. 12_3

4. 下列说法中正确的是（   ）。

    A. 主函数名main是由程序设计人员按照"标识符"的命名规则来选取的

    B. 分号和回车符都可以作为语句的结束符号

    C. 在程序清单的任何地方都可以插入一个或多个空格符号

    D. 程序的执行总是从主函数main()开始的

5. 假设下面语句中出现的变量都是int类型的，则屏幕显示的结果是（   ）。

```
sum=pad=5;
pAd=sum++,pAd++,++pAd;
printf("%d\n",pad);
```
    A. 7   B. 6   C. 5   D. 4

6. 下面程序段的输出结果是（   ）。

```
int i=010,j=10;
printf("%d,%d\n",++i,j--);
```
    A. 11,10   B. 9,10   C. 010,9   D. 10,9

7. 不属于结构化程序设计思想的是（   ）。

    A. 模块化   B. 逐步求精   C. 程序可重用   D. 自顶向下

8. 在 VC++ 6.0 语言中 short 类型数据在内存中占 2 个字节，则 unsigned short 的取值范围是（   ）。

    A. 0～65535   B. 0～32767

    C. -32767～32768   D. -32768～327687

9. 设有语句：

```
int a=7;
float x=2.5f,y=4.7f;
```
则表达式 $x + a \% 3 * (int)(x + y) \% 2/4$ 的值是（   ）。

    A. 2.750000   B. 4.500000   C. 3.500000   D. 2.500000

10. 关于表达式 "2>1>0?3>2>1:4>3>2?5>4>3:6>5>4" 的描述中，说法正确的是（   ）。

    A. 表达式语法错   B. 表达式的值为 0

    C. 表达式的值为 1   D. 表达式的值为-1

11. 假设 a 是一个三位的正整数，自左而右各个数位上的数字分别是 x、y、z。若用 C 语言表示 a 的大小，以下描述正确的是（   ）。

    A. x*100+y*10+z   B. x × 100+y × 10+z

    C. xyz   D. zyx

12. 下列表达式中，不属于逗号表达式的是（   ）。

    A. a=b,c   B. a,b=c   C. a=(b,c)   D. a,(b=c)

13. 设有以下说明

```
int (*ptr)[10];
```
其中的标识符 ptr 是（   ）。

    A. 10 个指向整型变量的指针

    B. 指向具有 10 个整型元素的一维数组的指针

    C. 一个指向 10 个整型变量的函数指针

    D. 具有 10 个指针元素的一维指针数组，它的每个元素都只能指向整型量

14. C 语言中 while 与 do…while 的主要区别是（   ）。

    A. do…while 的循环体至少无条件执行一次

    B. while 的循环控制条件比 do…while 的要严格

    C. do…while 的循环体不能是复合语句

    D. 即使 while 的循环条件不成立，循环体也会执行一次

15. 设有以下语句：

    ```
    int x=3,y=4,z=5;
    ```

    则下面表达式中值为 0 的是（   ）。

    A. 'x' && 'y'   B. x || y+z && y−z

    C. !((x < y) &&!z || 1)   D. x <= y

16. 表达式 sizeof(double)的含义是（   ）。

    A. 一种函数调用   B. 一个整型的表达式

    C. 一个实型的表达式   D. 一个不合法的表达式

17. 下列有关 do…while 语句的描述，正确的是（   ）。

    A. 用 do…while 语句构成的循环不能用 while 循环来改写

    B. do…while 语句构成的循环必须用 break 语句才能退出

    C. 在 do…whil 语句构成的循环中，当 while 语句中表达式的值不为零时结束循环

    D. 在 do…whil 语句构成的循环中，当 while 语句中表达式的值为零时结束循环

18. 设有以下语句：

    ```
    char str[4][12]={"aaa","bbbb","ccccc","dddddd"},*strp[4];
    int i;
    for(i=0;i<4;i++)strp[i]=str[i];
    ```

    对字符串不能正确引用的是（   ），其中 0≤k<4。

    A. strp   B. str[k]   C. strp[k]   D. *str

19. 设有以下语句：

    ```
    char str1[]="string",str2[8],*str3,*str4="string";
    ```

    不能对库函数 strcpy()进行正确调用的是（   ）。

    A. strcpy(str1,"hello1");   B. strcpy(str2,"hello2");

    C. strcpy(str3,"hello3");   D. strcpy(str4,"hello4");

20. C 语言中形参默认的存储类型是（   ）。

    A. 自动（auto）   B. 静态（static）

    C. 寄存器（register）   D. 外部（extern）

21. 下列数组定义语句中正确的是（   ）。

    A. int a[][]={1,2,3,4,5,6};   B. char a[2][3]='a','b';

    C. int a[][3]={1,2,3,4,5,6};   D. static int a[][]={{1,2,3},{4,5,6}};

22. 设有以下语句：

    ```
    int x,*p=&x;
    ```

    则下列表达式中错误的是（   ）。

    A. *&x   B. &*x   C. *&p   D. &*p

23. 已知 int a[4][5]={0};，根据数组元素在内存中的存储规律，假设 a[0][0]作为数组 a 的第 1 个元素，则第 8 个元素是（   ）。

    A. a[8]   B. a[7]   C. a[1][3]   D. a[1][1]

24. 在下面有关函数间传递数据的 4 种方式中，不能把被调用函数的数据带回到主调函数中的是（   ）。

    A. 地址传递   B. 值传递   C. 返回值传递   D. 全局外部变量

25. 设有以下语句：

```
struct xx {int x;};
struct yy {struct xx xxx;int yy;}xxyy;
```

则下列表达式中能正确表示结构类型 xx 中成员 x 的表达式是（　　　　）。

    A. xxyy.x   B. xxyy->x   C. (&xxyy)->xxx.x   D. xxx.x

试题二、程序阅读选择题（每选项 3 分，共 45 分）。按各小题的要求，从提供的候选答案中选择一个正确的，并把所选答案的字母填入答卷纸的对应栏内。

1. 语句 printf("\\102\103");的输出结果是（　　　　）。

    A. \\102\103   B. \102C   C. \BC   D. 102103

2. 以下程序的输出结果是（　　　　）。

```
#include<stdio.h>
#include<string.h>
void main()
{    char str[12]={'s','t','r','i','n','g','\0'};
     printf("%d\n",strlen(str));
}
```

    A. 6   B. 7   C. 8   D. 12

3. 以下程序的输出结果是（　　　　）。

```
#include<stdio.h>
void main()
{ int a=2, b=5;
  printf("a=%%d,b=%%d\n",a,b);
}
```

    A. a=%2,b=%5   B. a=2,b=5

    C. a=%%d,b=%%d   D. a=%d,b=%d

4. 以下程序的输出结果是（　　　　）。

```
#include<stdio.h>
void main()
{ int i;
  for(i=1;i<=5;i++)
  { if(i % 2)printf("*");else continue;
    printf("#");
  }
  printf("$\n");
}
```

    A. #*#*$ B. #*#*#*$ C. *#*#$ D. *#*#*#$

5. 以下 for 语句构成的循环共执行了（　　　　）次。

```
#include<stdio.h>
#define N 2
#define M N+1
#define NUM (M+1)*M/2
void main()
{ int i,n=0;
  for(i=1;i<=NUM;i++){ n++;printf("%d",n);}
  printf("\n");
}
```

A. 4   B. 6   C. 8   D. 9

6. 以下程序调用函数 findmax()来求数组中最大元素所在的下标，程序中缺少的语句是（   ）。

```c
#include<stdio.h>
void findmax(int *s,int t,int *k)
{ int p;
  for(p=0,*k=p; p<t; p++)
 if(s[p]>s[*k])_____;
}
void main()
{ int a[10],i,k;
   for(i=0;i<10;i++)scanf("%d",&a[i]);
   findmax(a,10,&k);
   printf("%d,%d\n",k,a[k]);
}
```

A. k=p   B. *k=p-s   C. k=p-s   D. *k=p

7. 以下程序的输出结果是（   ）。

```c
#include<stdio.h>
void main()
{ union {char c; char i[2];} z;
   z.i[0]=0x39; z.i[1]=0x36;
   printf("%c\n",z.c);
}
```

A. 0x39   B. 9   C. 0x36   D. 6

8. 设有以下程序：

```c
#include<stdio.h>
void main()
{ int c;
   while((c=getchar())!='\n')
   { switch(c-'2')
     { case 0:
       case 1: putchar(c+4);
       case 2: putchar(c+4); break;
       case 3: putchar(c+3);
       default: putchar(c+2); break;
     }
   }
   printf("\n");
}
```

程序运行时，如果输入以下数据 2473↙，则程序的输出结果是（   ）。

A. 668966   B. 668977   C. 66778777   D. 667789

9. 以下程序的输出结果是（   ）。

```c
#include<stdio.h>
void main()
{ int func(int a,int b);
int k=4,m=1,p;
   p=func(k,m);
```

```
    printf("%d,",p);
    p=func(k,m);
    printf("%d\n",p);
}
int func(int a,int b)
{  static int m=0,i=2;
   i+=m+1;
   m=i+a+b;
   return (m);
}
```

A. 8,17   B. 8,16   C. 8,20   D. 8,8

10. 以下 4 个程序中，（   ）不能对两个整型变量的值进行交换。

A.

```
#include<stdio.h>
#include<malloc.h>
void swap(int *p,int *q);
void main()
{  int a=10,b=20;
   swap(&a,&b);
   printf("%d %d\n",a,b);
}
void swap(int *p,int *q)
{  int *t;
   t=(int *)malloc(sizeof(int));
   *t=*p,*p=*q,*q=*t;
}
```

B.

```
#include<stdio.h>
void swap(int *p,int *q);
void main()
{  int a=10,b=20;
   swap(&a,&b);
   printf("%d %d\n",a,b);
}
void swap(int *p,int *q)
{  int t;
   t=*p,*p=*q,*q=t;
}
```

C.

```
#include<stdio.h>
void swap(int *p,int *q);
void main()
{  int *a,*b;
   *a=10, *b=20;
   swap(a,b);
   printf("%d %d\n",*a,*b);
}
void swap(int *p,int *q)
{  int *t;
```

```
         t=p,p=q,q=t;
      }
   D.
   #include<stdio.h>
   void swap(int *p,int *q);
   void main()
   { int a=10,b=20;
      int *x=&a,*y=&b;
      swap(x,y);
      printf("%d %d\n",a,b);
   }
   void swap(int *p,int *q)
   { int t;
      t=*p,*p=*q,*q=t;
   }
```

11. 假设欲建立名为"data1.dat"的二进制数据文件,其中依次存放了以下 4 个单精度实数:–12.1、12.2、–12.3 和 12.4,程序中缺少的语句是(   )。

```
#include<stdio.h>
void main()
{ FILE *fp;int i;
   float x[4]={-12.1f,12.2f,-12.3f,12.4f};
   if((fp=fopen("data1.dat","wb"))==NULL)
   { printf("can not create the file.\n");
      exit(0);
   }
   for(i=0;i<4;i++) _____;
   fclose(fp);
}
```

A. fwrite(x[i],4,1,fp)   B. fwrite(&x[i],4,1,fp)
C. fwrite(x[i],1,4,fp)   D. fwrite(&x[i],1,4,fp)

12. 下列程序的功能是输入一个字符串且存入字符数组 a 中,然后将其中所有的字符'\'删除后再存入字符数组 b 中,最后将字符数组 b 中的字符全部输出。程序中缺少的语句是(   )。

```
#include<stdio.h>
#include<sting.h>
void main()
{ char a[81],b[81],*p1=a,*p2=b;
   gets(p1);
   while(*p1!='\0')
     if(*p1=='\\') _____;else *p2++=*p1++;
   puts(b);
}
```

A. p2=p1+1   B. p1-=1   C. p1+=1   D. p2=p1-1

13. 以下程序的输出结果是(   )。

```
#include<stdio.h>
void sub1(char a,char b)
{ char c;c=a;a=b;b=c; }
```

```
void sub2(char *a,char b)
{ char c;c=*a;*a=b;b=c; }
void sub3(char *a,char *b)
{ char c;c=*a;*a=*b;*b=c; }
void main()
{ char a,b;
  a='A';b='B';
  sub3(&a,&b);putchar(a);putchar(b);
  a='A';b='B';
  sub2(&a,b);putchar(a);putchar(b);
  a='A';b='B';
  sub1(a,b);putchar(a);putchar(b);
}
```

    A. BABBAB   B. ABBBBA   C. BABABA   D. BAABBA

14. 以下程序的输出结果是（   ）。

```
# include<stdio.h>
void main()
{ int a=1,b=10;
  do
  { b-=a++;
  } while(b--<0);
  printf("a=%d,b=%d\n",a,b);
}
```

    A. a=3,b=11   B. a=4,b=9   C. a=1,b=-1   D. a=2,b=8

15. 以下程序的输出结果是（   ）。

```
#include<stdio.h>
typedef union
{ long i;
  int k[5];
  char c;
} DATA;
struct data
{ int a;
  DATA b;
  double c;
} too;
DATA max0;
void main()
{
  printf("%d\n",sizeof(struct data)+sizeof(max0));
}
```

    A. 26   B. 52   C. 30   D. 8

试题三、程序设计题（每题 15 分，共 30 分）。

1. 从键盘上输入一个十进制整数，然后输出它所对应的二进制整数。

2. 假设学生基本信息包括姓名（规定为 8 个字符的长度）、年龄、五门功课的单科成绩和平均成绩这 4 个方面内容。根据上述描述首先要求定义一个名为 struct info 的结构类型，然后从键盘上输入 30 个学生的基本信息，最后按平均成绩从高到低的顺序输出完整的结果。

第二部分：上机部分（总分40分）

试题四、程序改错题（20分）。

下列程序中的函数 findstr()用来返回字符串 s2 在字符串 s1 中第一次出现的首地址；如果字符串 s2 不是 s1 的子串，则该函数返回空指针 NULL。

现在程序中发现有两个错误，请找出错误并将错误改正过来，使程序能正确运行。要求在调试过程中不能改变程序结构，更不能增加（或者删除）语句。

```
#include<stdio.h>
#include<string.h>
char *findstr(char *s1,char *s2)
{ int i,j,ls1,ls2;
  ls1=strlen(s1);
  ls2=strlen(s2);
  for(i=0;i<=ls1-ls2;i++)
  { for(j=0;j<ls2;j++) if(s1[j+i]!=s2[j])break;
    if(j==ls2)return(s1+j);
  }
  return NULL;
}
void main()
{ char *a="dos6.22 windows98 office2000",*b="windows",c;
  c=findstr(a,b);
  if(c!=NULL)printf("%s\n",c);
  else printf("未找到字符串%s\n",b);
}
```

试题五、程序填空题（20分）。

下面的程序首先定义了一个结构体变量（包括年、月、日），然后从键盘上输入任意的一天（包括年月日），最后计算该日是当年中的第几天，此时要考虑闰年问题。

现在的程序是一个不完整的程序，请在下画线空白处将其补充完整，以便得到正确的答案，但不得增删原来的语句。

```
struct datetype
{ int year;
  int month;
  int day;
}date;
void main()
{ int i,day_sum;
  static int day_tab[13]={0,31,28,31,30,31,30,31,31,30,31,30,31};
  printf("请输入年、月、日:\n");
  scanf("%d,%d,%d", &date.year, &date.month, &date.day);
  day_sum=0;
  for(i=1;i<date.month;i++)day_sum+=day_tab[i];
        (1)       ;
  if((date.year%4==0 && date.year %100 !=0||date.year%400==0) &&
        (2)       )
    day_sum+=1;
  printf("%d月%d日是%d年的第%d天\n",date.month,date.day,date.year, day_sum);
}
```

模拟试题（二）参考答案

第一部分：笔试部分（总分 100 分）

试题一、语言基础选择题（每小题 1 分，共 25 分）。

1. D   2. B   3. C   4. D   5. C   6. B   7. C   8. A   9. D
10. B   11. A   12. C   13. B   14. A   15. C   16. B   17. D   18. A
19. C   20. A   21. C   22. B   23. C   24. B   25. C

试题二、程序阅读选择题（每选项 3 分，共 45 分）。

1. B   2. A   3. D   4. D   5. C
6. D   7. B   8. B   9. A   10. C
11. B   12. C   13. A   14. D   15. B

试题三、程序设计题（每题 15 分，共 30 分）。

1. 源程序如下：

```
#include<stdio.h>
void main()
{ unsigned int n;          /*n 为输入的十进制整数，转换后的二进制结果存放在数组 b 中*/
  int b[16],k,r;
  for(k=0;k<16;k++)b[k]=-1;          /*结果数组赋初值*/
  printf("input a data:\n");
  scanf("%d",&n);
  printf("(%d)10=(",n);
  k=0;
  do
  {  r=n%2;
     b[k++]=r;
     n/=2;
  }while(n);
  for(k=15;k>=0;k--)          /*输出转换后的结果*/
     if(b[k]!=-1)printf("%d",b[k]);
  printf(")2\n");
}
```

2. 源程序如下：

```
#define N 30
#include<stdio.h>
struct info{                          /*定义学生基本信息类型*/
  char name[9];
  int age;
  int score[5];
  float aver;
};
void main()
{ void swap();
  struct info a[N];
  int i,j,k;
  for(i=0;i<N;i++)                          /*输入初始数据*/
  {  scanf("%s",a[i].name);scanf("%d",&a[i].age);
```

```
      a[i].aver=0;
      for(j=0; j<5;j++)
      {  scanf("%d",&a[i].score[j]);
         a[i].aver+=a[i].score[j]/5.0;
      }
   }
   for(i=0;i<N-1;i++)                    /*排序*/
   {  k=i;
      for(j=i+1;j<N;j++)
         if(a[j].aver>a[k].aver)k=j;
      swap(a+i,a+k);                     /*两条数据互换*/
   }
   for(i=0;i<N;i++)                      /*输出排序结果*/
   {  printf("%s,%4d",a[i].name,a[i].age);
      for(j=0;j<5;j++)printf("%4d ",a[i].score[j]);
      printf("%6.1f\n",a[i].aver);
   }
}
/*交换数据*/
void swap(struct info *x,struct info *y)
{ struct info temp;
  temp=*x;*x=*y;*y=temp;
}
```

第二部分：上机部分（总分40分）

试题四、程序改错题（20分）。

修改后的正确程序如下：

```
#include<stdio.h>
#include<string.h>
char *findstr(char *s1,char *s2)
{
  int i,j,ls1,ls2;
  ls1=strlen(s1);
  ls2=strlen(s2);
  for(i=0;i<=ls1-ls2;i++)
  { for(j=0;j<ls2;j++) if(s1[j+i]!=s2[j])break;
    if(j==ls2)return(s1+i);               /*修改的第1处错误*/
  }
  return NULL;
}
void main()
{ char *a="dos6.22windows2000officeXP",*b="windows",*c;/*修改的第2处错误*/
  c=findstr(a,b);
  if(c!=NULL)printf("%s\n",c);
  else printf("未找到字符串%s\n",b);
}
```

试题五、程序填空题（20分）。

（1）day_sum+=date.day   （2）date.month>=3 或 date.month>2

模拟试题（三）

第一部分：笔试部分（总分 100 分）

试题一、语言基础选择题（每小题 1 分，共 25 分）。按各小题的要求，从提供的候选答案中选择一个正确的，并把所选答案的字母填入答卷纸的对应栏内。

1. C 语言中规定复合语句用一对（　　）括起来。

    A. 方括号　　　　　B. 小括号　　　　　C. 花括号　　　　　D. 尖括号

2. 下列变量中（　　）不是 C 语言的合法变量。

    A. ab#　　　　　　B. _leap　　　　　　C. b12　　　　　　D. Temp_

3. 下列语句中不正确的是（　　）。

    A. x=y=3;　　　　B. x=3: y=3;　　　　C. int x,y;　　　　D. x=3, y=3;

4. 下列组数中，两个数相等的组数是（　　）。

    A. 0123, 123　　　B. 0123, 0x123　　　C. 0123, 83　　　　D. 0x123, 83

5. 在 C 语言的源程序中，main() 的位置（　　）。

    A. 必须在程序的最开始部分　　　　　　B. 必须在系统调用的库函数的后面

    C. 可以任意选择　　　　　　　　　　　D. 必须在程序的最后

6. 在 VC++ 6.0 中 short 型数据在内存中占 2 个字节，long 型数据占（　　）个字节。

    A. 8　　　　　　　B. 4　　　　　　　　C. 2　　　　　　　D. 1

7. 表达式 20/3 的值是（　　）。

    A. 7　　　　　　　B. 6.67　　　　　　　C. 6.666667　　　　D. 6

8. char 型数据在内存中以（　　）形式存放。

    A. ASCII 码　　　　B. 字符　　　　　　C. 字符串　　　　　D. BCD 码

9. 定义变量时省略了存储类型符，系统将默认该变量为（　　）。

    A. static　　　　　B. register　　　　　C. auto　　　　　　D. FILE

10. 以下叙述中错误的是（　　）。

    A. 在一个函数内的复合语句中定义的变量，在本函数范围内有效

    B. 函数中的形式参数是局部变量

    C. 在不同函数中可以使用相同名字的变量

    D. 在一个函数内定义的变量只能在本函数范围内有效

11. 设有如下定义：

```
short int m,n,a,b,c;
m=n=a=b=c=0;
```

则执行语句(m=a==b) || (n=c==b);之后，m 和 n 的值分别是（　　）。

    A. 0,0　　　　　　B. 0,1　　　　　　　C. 1,0　　　　　　D. 1,1

12. 在定义函数时，函数返回值类型可以省略不写，此时的默认类型为（　　）。

    A. int　　　　　　B. float　　　　　　C. double　　　　　D. void

13. 表达式 "0 ? 2.0, 3/2:0==3>2 ? 55 : 6.0, 4%3" 的结果是（　　）。

    A. 1.333333　　　B. 1　　　　　　　　C. 6.0　　　　　　D. 1.5

14. 下列程序段：

```
int x=1,y=1;
if(x=2) y=3; else y=4;
```

执行后，x 和 y 的值分别是（　　）。

    A. 1，1 　　　　B. 2，3 　　　　　　C. 1，4 　　　　　　　D. 2，4

15. 下列语句序列：

```
int x=1,y=1;
if(0)if(1)x=2;else y=3;
```

执行后，x 和 y 的值分别是（　　）。

    A. 1，1 　　　　B. 2，3 　　　　　　C. 2，1 　　　　　　　D. 1，3

16. 对变量作用域描述正确的是（　　）。

    A. 仅限于本程序 　　　　　　　　　　B. 只和变量的类型有关

    C. 和程序运行的过程有关 　　　　　　D. 取决于变量定义的位置和存储类型

17. 对一维数组 a 进行正确初始化的语句是（　　）。

    A. int a[10]=(0,0,0,0,0); 　　　　　　B. int a[10]={ };

    C. int a[]={0}; 　　　　　　　　　　D. int a[10]={10*1};

18. 已知 int x,y;，则语句组 "x+=y; y=x-y; x-=y;" 的功能是（　　）。

    A. 把 x 和 y 按升序排列 　　　　　　B. 把 x 和 y 按降序排列

    C. 结果依赖于具体的 x 和 y 的值 　　D. 交换 x 和 y 的值

19. C 语言程序的 3 种基本结构是（　　）。

    A. 顺序、循环、子程序 　　　　　　　B. 选择、递归、循环

    C. 顺序、选择、循环 　　　　　　　　D. 嵌套、选择、循环

20. 针对下面的联合类型定义：

```
union Mytype
{ int i;
  char c;
  float f;
}a;
```

叙述正确的是（　　）。

    A. a 所占的内存空间长度等于成员 f 的内存长度

    B. a 的地址和它的各成员的地址不同

    C. a 可以作为函数参数

    D. 不能对 a 赋值，但可以在定义 a 时对它初始化

21. 下列语句序列：

```
char s[5]={'a','b','\0','c','\0'};
printf("%s", s);
```

执行后的正确结果是（　　）。

    A. 'a''b' 　　　　　　B. ab 　　　　　　C. ab c 　　　　D. ab\0c\0

22. 语句 int *ptr[3];中定义的变量 ptr 是（　　）。

    A. 一个指向函数的指针

    B. 一个指向整型变量的指针

C. 一个指向包含了 3 个整型元素的一维数组的指针

D. 一个指针数组名，其中每个数组元素都是一个指向整型变量的指针

23. 已知 char s[10];，则不能表示 s[1]地址的选项是（　　）。

  A. s+1   B. s++   C. &s[0]+1   D. &s[1]

24. 函数调用语句 fun((m1,m2),(m3,m4,m5),m6)中包含了（　　）个实在参数。

  A. 1   B. 3   C. 5   D. 6

25. 若已定义：

  int a[]={0,1,2,3,4,5,6,7,8,9}, *p=a,i;

假设 0≤i≤9，则对 a 数组元素不正确的引用是（　　）。

  A. a[p-a]   B. &a[i]   C. p[i]   D. *(*(a+i))

试题二、程序阅读选择题（每选项 3 分，共 45 分）。按各小题的要求，从提供的候选答案中选择一个正确的，并把所选答案的字母填入答卷纸的对应栏内。

1. 下述程序的运行结果是（　　）。

```
#include<stdio.h>
void main()
{ int x=10,y=10;
   printf("%d,%d\n",x--,--y);
}
```

  A. 10,10   B. 10,9   C. 9,9   D. 9,10

2. 下述程序的运行结果是（　　）。

```
#include<stdio.h>
#define M 3
#define N M+1
#define NN N*N/2
void main()
{ printf("%d\n",NN);
}
```

  A. 3   B. 4   C. 6   D. 8

3. 下述程序的运行结果是（　　）。

```
#include<stdio.h>
int fun(int a);
void main()
{ int a=2,i;
   for(i=0;i<3;i++)printf("%2d",fun(a));
}
int fun(int a)
{ int b=1;static int c=1;
   b++;c++;
   return(a+b+c);
}
```

  A. 4 5 6   B. 6 6 6   C. 5 6 7   D. 6 7 8

4. 下述程序的运行结果是（　　）。

```
#include<stdio.h>
void main()
```

```
{ int a=1,b=6,c=4,d=2;
  switch(a++)
  { case 1: c++;d++;
    case 2: switch(++b)
            {  case 7:c++;
               case 8:d++;
            }
    case 3: c++; d++; break;
    case 4: c++; d++;
  }
  printf("%d,%d\n",c,d);
}
```
　A. 5,3　　　　　　　B. 7,5　　　　　　C. 8,6　　　　　　D. 4,2

5. 下述程序的运行结果是（　　）。
```
#include<stdio.h>
void main()
{ int i;
  for(i=0;++i;i<9)
  {
    if(i==3){printf("%d\n",i);break;}
    printf("%d ",++i);
  }
}
```
　A. 2 3　　　　　　　B. 3 4　　　　　　C. 0 1 2 3　　　　D. 1 2 3

6. 下述程序的运行结果是（　　）。
```
#include<stdio.h>
void main()
{ char *alpha[6]={"ABCD","EFGH","IJKL","MNOP","QRST","UVWX"};
  char **p;int i;
  p=alpha;
  for(i=0;i<4;i++)printf("%s",p[i]);
  printf("\n");
}
```
　A. ABCDEFGHIJKL　　　　　　　　B. ACEGIK
　C. ABCDEFGHIJKLMNOP　　　　　D. AEIMQU

7. 下述程序的运行结果是（　　）。
```
#include<stdio.h>
void main()
{
  static int a[]={1,2,3,4,5,6,7,8};
  int *p=a;
  *(p+3)+=2;
  printf("%3d%3d\n",*p,*(p+3));
}
```
　A. 1 6　　　　　　　B. 1 5　　　　　　C. 1 4　　　　　　D. 1 3

8. 下述程序的运行结果是（　　）。
```
#include<stdio.h>
void main()
```

```
{ int a;
  printf("%d\n",(a=3*5,a*4,a+5));
}
```
A. 65   B. 20   C. 15   D. 10

9. 下述程序的运行结果是（   ）。

```
#include<stdio.h>
int fun(int a,int b);
void main()
{   int i=2,p;
    p=fun(i,i+1);
    printf("p=%d",p);
}
int fun(int a,int b)
{   int c=a;
    if(a>b)c=1;else if(a==b)c=0;else c=-1;
    return(c);
}
```
A. p=-1   B. p=0   C. p=1   D. p=2

10. 下述程序的运行结果是（   ）。

```
#include<stdio.h>
union p
{ int i;
  char c[2];
}x;
void main()
{ x.c[0]=13;
  x.c[1]=0;
  printf("%d\n", x.i);
}
```
A. 13   B. 130   C. 013   D. −13

11. 下述程序的运行结果是（   ）。

```
#include<stdio.h>
void main()
{ char a[]="language",*p=a;
  while(*p!='u')
  { printf("%c",*p-32);
    p++;
  }
}
```
A. LANGUAGE   B. language   C. LANG   D. langUAGE

12. 下述程序的运行结果是（   ）。

```
#include<stdio.h>
void main()
{   enum team { my,your=4,his,her=his+10} ;
    printf("%d,%d,%d,%d\n",my,your,his,her) ;
}
```
A. 0,1,2,3   B. 0,4,0,10   C. 0,4,5,15   D. 1,4,5,15

13. 下述程序的运行结果是（　　）。

```
#include<stdio.h>
int m=13;
int fun(int x,int y)
{   int m=3;return (x*y-m);
}
void main()
{   int a=7,b=5;printf("%d\n",fun(a,b)/m);
}
```

   A. 1   B. 2   C. 7   D. 10

14. 下述程序的运行结果是（　　）。

```
#include<stdio.h>
void fun(int *x,int *y)
{ printf("%d %d ",*x,*y);
   *x=3; *y=4;
}
void main()
{ int x=1,y=2;
  fun(&y,&x);
  printf("%d %d ",x,y);
}
```

   A. 1 2 1 2   B. 2 1 4 3   C. 2 1 1 2   D. 1 2 3 4

15. 下面程序的功能是（　　）。

```
#include<stdio.h>
void main()
{ FILE *point1,*point2;
  point1=fopen("file1.asc","r");
  point2=fopen("file2.asc","w");
  while(!feof(point1)) fputc(fgetc(point1),point2);
  fclose(point1);
  fclose(point2);
}
```

   A. 检查两个文件的内容是否相同

   B. 判断两个文件是否一个为空而另一个不为空

   C. 将文件 file1.asc 中的内容复制到文件 file2.asc 中

   D. 将文件 file2.asc 中的内容复制到文件 file1.asc 中

试题三、程序设计题（每题 15 分，共 30 分）。

1. 所谓水仙花数，是指这样一种三位数，该数的各个数位上数字的立方和等于它本身。例如，153 就是一个水仙花数，因为 1*1*1+5*5*5+3*3*3=153。试编程求出所有的水仙花数，并显示这些水仙花数的个数。

2. 所谓回文，是指这样一种字符串，在读取该字符串时，从左往右得到的结果与从右往左得到的结果是一样的。例如，"123321"、"madam"、"did"这些字符串都是回文，而"program"、"1234"就不是回文。现在从键盘上输入一个字符串，请编程判断它是不是回文，是回文的显示 Yes，不是回文的显示 No。

第二部分：上机部分（总分 40 分）

试题四、程序改错题（20 分）。

下列程序用来统计某足球队在联赛当中的积分情况。假设某队在全部 m 场比赛中每场的进球数和失球数都存储在数组 xx 中，其中 2≤m≤50。根据"胜一场得 3 分，平一场得 1 分，负一场得 0 分"的计分原则，计算出这个球队的总积分 T、净胜球数 N、总进球数与失球数的比值 R。

例如，某支球队各场比赛的结果如下所示（数据全部由键盘输入）：

```
4                  /*共 4 场比赛*/
3    2             /*第 1 场比赛进 3 球失 2 球*/
1    1             /*第 2 场比赛进 1 球失 1 球*/
2    0             /*第 3 场比赛进 2 球没失球*/
1    2             /*第 4 场比赛进 1 球失 2 球*/
```

则该队有关比赛的统计数据如下：

T=7（积 7 分），N=2（净胜球 2 个），R=1.4（总进球数与总失球数的比值）

现在程序中发现有两个错误，请找出错误并将错误改正过来，使程序能正确运行。要求在调试过程中不能改变程序结构，更不能增加（或者删除）语句。

```c
#include<stdio.h>
struct winlost
{ int win;
  int lost;
};
struct result
{ int t;
  int n;
  float r;
};
void Total(int m,struct winlost *xx,struct result *final)
{ int i;
  final->t=final->n=final->r=0;
  for( i=0;i<m;i++ )
   { if( xx[i].win>xx[i].lost )final->t+=3;
     else if(xx[i].win==xx[i].lost)final->t+=1;
         else final->n+=xx[i].win;
     final->r+=xx[i].lost;
   }
  i=final->n;
  final->n=i-final->r;
  final->r=i/final->r;
}
void main()
{ int i,m;
  struct winlost aa[50];
  struct result last;
  printf("\n\nHow many times of competetion does the team take?\n");
  scanf("%d",&m);
  printf("\n\nPlease enter %d results of each competition\n",m);
```

```
    printf("(Win  Lost)\n");
    for(i=0;i<m;i++)scanf("%d%d",&aa[i].win,&aa[i].lost);
    Total(m,aa,last);
    printf("\n\nThe result of each competetion:");
    for(i=0;i<m;i++)
    printf("\n No.%2d  %2d:%2d(win:lost)",i+1,aa[i].win,aa[i].lost);
    printf("\n\tt=%2d",last.t);
    printf("\nn=%2d",last.n);
    printf("\nr=%5.2f\n",last.r);
    }
```

试题五、程序填空题（20 分）。

下面的程序用来验证"哥德巴赫猜想"，即任何一个不小于 4 的偶数都可以表示为两个素数的和，并且要求打印出所有的可能情况。例如：

4=2+2

18=5+13，18=7+11

48=5+43，48=7+41，48=11+37，48=17+31，48=19+29

现在程序是一个不完整的程序，请在下画线空白处将其补充完整，以便得到正确的答案，但不得增加或删除原来的语句。

```
    #include<stdio.h>
    int prime(int m)
    { int k;
      for(k=2;k<m;k++) if(   (1)   ) return 0;
      return 1;
    }
    void main()
    { int n,i;
      clrscr();
      do
      { printf("Input n: ");
        scanf("%d",&n);
      }while(n%2||n<4);
      for(i=2;i<=n/2;i++)
        if(prime(i)  &&   (2)   )printf("%d=%d+%d\n",n,i,n-i);
    }
```

模拟试题（三）参考答案

第一部分：笔试部分（总分 100 分）

试题一、语言基础选择题（每小题 1 分，共 25 分）。

1. C 2. A 3. B 4. C 5. C 6. B 7. D 8. A 9. C

10. A 11. C 12. A 13. B 14. B 15. A 16. D 17. C 18. D

19. C 20. A 21. B 22. D 23. B 24. B 25. D

试题二、程序阅读选择题（每选项 3 分，共 45 分）。

1. B 2. C 3. D 4. B 5. A 6. C 7. A 8. B 9. A

10. A　11. C　12. C　13. B　14. B　15. C

试题三、程序设计题（每题15分，共30分）。

1. 源程序如下：

```
/*求出所有的水仙花数*/
#include<stdio.h>
void main()
{
    int k,n,a,b,c;
    n=0;                           /*计数器*/
    for(k=100;k<1000;k++)
  { a=k/100;                       /*百位数字*/
    b=k%100/10;                    /*十位数字*/
    c=k%10;                        /*个位数字*/
    if(a*a*a+b*b*b+c*c*c==k)
    { printf("%5d",k);
      n++;
    }
  }
    printf("\nn=%d\n",n);
}
```

运行结果为：

153　370　371　407

2. 源程序如下：

```
/*判断是否是回文*/
#include<stdio.h>
#include<string.h>
/*如果是回文返回1,否则返回0*/
int IsPalindrome(char *front)
{ char *rear;
  if(*front=='\0')return 1;
  rear=front+strlen(front)-1;      /*将指针rear定位到串的末尾*/
  while(*front==*rear && front++<rear--);
  if(front>=rear)return 1;
  else return 0;
}
void main()
{ char s[81];
  printf("Input a string:\n");
  gets(s);
  printf(IsPalindrome(s)? "Yes\n": "No\n");
}
```

第二部分：上机部分（总分40分）

试题四、程序改错题（20分）。

修改后的正确程序如下：

```
void Total(int m,struct winlost *xx,struct result *final)
{
    int i;
```

```
    final->t=final->n=final->r=0;
    for(i=0;i<m;i++)
    {
      if(xx[i].win>xx[i].lost)final->t+=3;
        else if(xx[i].win==xx[i].lost)final->t+=1;
      final->n+=xx[i].win;                /*修改的第 1 处错误*/
        final->r+=xx[i].lost;
    }
    i=final->n;
    final->n=i-final->r;
    final->r=i/final->r;
}
void main()
{  ...
    printf("\n\nHow many times of competetion does the team take?\n");
    scanf("%d",&m);
    printf("\n\nPlease enter %d results of each competition\n",m);
    printf("(Win  Lost)\n");
    for(i=0;i<m;i++)scanf("%d%d", &aa[i].win, &aa[i].lost);
    Total(m,aa,&last);                    /*修改的第 2 处错误*/
    printf("\n\nThe result of each competetion:");

}
```

试题五、程序填空题（20 分）。

（1）`m%k==0` 或者 `!(m%k)`

（2）`prime(n-i)==1` 或者 `prime(n-i)` 或者 `prime(n-i)!=0`

模拟试题（四）

第一部分：笔试部分（总分 100 分）

试题一、语言基础选择题（每小题 1 分，共 25 分）。按各小题的要求，从提供的候选答案中选择一个正确的，并把所选答案的字母填入答卷纸的对应栏内。

1. 在一个 C 语言的源程序中，main()函数的位置（   ）。

    A. 必须在最后
    B. 在对 main()进行声明的语句的后面
    C. 必须在最开始
    D. 可以任意

2. C 语言中的标识符只能由字母、数字和下画线 3 种字符组成，且第一个字符（   ）。

    A. 必须为字母或下画线

    B. 必须为下画线

    C. 必须为字母

    D. 可以是字母、数字和下画线中的任一种字符

3. 十进制整数在计算机内存中是以（   ）形式存放。

    A. 原码   B. 补码   C. 反码   D. ASCII 码

4. 下列选项中，结果为 1 的表达式是（   ）。

A. 1-'0'　　　　　B. '1'-0　　　　　C. 1-'\0'　　　　　D. '\0'-'0'

5. 已知 ch 是字符型变量，下面不正确的赋值语句是（　　　）。

　　A. ch=5+9;　　　B. ch='a+b';　　　C. ch='\0';　　　D. ch='7'+'6';

6. 若变量已正确定义，要将 a 和 b 中的数据进行互换，不正确的语句组是（　　　）。

　　A. a=a+b, b=a-b, a=a-b;　　　　　B. t=a, a=b, b=t;

　　C. a=t; t=b; b=a;　　　　　　　　D. t=b; b=a; a=t;

7. 已知整型变量 a=10，则执行完语句 a+=a-=a*a;后 a 的值是（　　　）。

　　A. 20　　　　　B. 0　　　　　C. -80　　　　　D. -180

8. 设有如下定义：

```
struct datatype
{ int a;
  float b;
}data,*p=&data;
```

则对 data 中的成员 a 能正确引用的是（　　　）。

　　A. (*p).data.a　　B. (*p).a　　　C. p->data.a　　　D. p.a

9. C 语言的字符串以（　　　）来结束。

　　A. 空格字符　　　B. 空字符　　　C. 句号　　　D. 分号

10. 以下选项中正确的函数声明是（　　　）。

　　A. double f(int x; y);　　　　　　B. double f(int x; int y);

　　C. double f(int x, y);　　　　　　D. double f(int x, int y);

11. 设有如下宏定义，执行语句 z=2*(N+Y(5+1));后 z 的值为（　　　）。

```
#define N 3
#define Y(n) ((N+1)*n)
```

　　A. 24　　　　　B. 42　　　　　C. 48　　　　　D. 54

12. a 是 int 型变量，在不超出范围的情况下，和表达式 a<<2 等价的是（　　　）。

　　A. a*4　　　　　B. a/2　　　　　C. a*2　　　　　D. a/4

13. 设 x、y 和 z 是 int 型变量，且 x=3,y=4,z=5，则下面表达式中值为 0 的是（　　　）。

　　A. !((x<y)&&!z||1)　　B. 'x'&&'y'　　　C. x||y+z&&y-z　　　D. x<=y

14. 下列语句序列执行后，x、y 的值分别是（　　　）。

```
int x=1,y=1;
if(x=2) y=3;
```

　　A. 1,1　　　　　B. 2,3　　　　　C. 1,3　　　　　D. 2,1

15. 若有以下的说明，则结果为 6 的表达式是（　　　）。

```
int a[10]={1,2,3,4,5,6,7,8,9,10},*p=a;
```

　　A. *p+6　　　　B. p+5　　　　　C. *p+=6　　　　D. *(p+5)

16. 若有以下函数调用语句，此时实参的个数是（　　　）。

```
fun(a+b,(y=10,y),fun(n,k,d));
```

　　A. 3　　　　　B. 4　　　　　C. 5　　　　　D. 6

17. 在下面的说明语句中定义了一个大小为（　　　）个元素的数组。

```
static int a[10]={1,2,3,4};
```

A. 4　　　　　　　　B. 6　　　　　　　　C. 10　　　　　　　　D. 14

18. 能正确表示逻辑关系"a≤0 或者 a≥10"的 C 语言表达式是（　　）。

　　A. a>=10 or a<=0　　　　　　　　　　B. a>=10||a<=0

　　C. a>=0 || a<=10　　　　　　　　　　D. a>=10 && a<=0

19. 对下述程序段的正确评价是（　　）。

```
#include<stdio.h>
#define MYF void myf(void) {printf("Hello \n");}
#define EXECMYF myf();
MYF
void main(void)
{ EXECMYF
}
```

　　A. 程序不能执行　　　　　　　　　　B. 程序有语法错误

　　C. 执行后屏幕上出现 Hello　　　　　　D. 程序不能链接

20. 以下的 for 循环是（　　）。

```
for(x=0,y=0;(y!=123)&&(x<4);x++);
```

　　A. 无限循环　　　　　　　　　　　　B. 循环格式不对

　　C. 执行 3 次　　　　　　　　　　　　D. 执行 4 次

21. 以下能对二维数组 b 正确进行初始化的语句是（　　）。

　　A. int b[2][3]={{1,1},{2,2},{3,3}};　　B. int b[3][]={{1},{2},{3}};

　　C. int b[][]={1,2,3,4,5,6};　　　　　　D. int b[][3]={{1,1,1},{2,2},{3}};

22. 以下叙述正确的是（　　）。

　　A. break 语句只能用于 switch 语句

　　B. 在 switch 语句中必须使用 default

　　C. 在 swith 语句中可以不使用 break 语句

　　D. break 语句必须与 switch 语句中的 case 配对使用

23. 若有下面的说明，则下列描述正确的是（　　）。

```
char  s1[10]="china";
char  s2[]="china";
```

　　A. s1 和 s2 占用相同数目的内存单元

　　B. s2 占用的内存单元数比 s1 多

　　C. s2 占用的内存单元数比 s1 少

　　D. s1 和 s2 占用的内存单元数不可比较

24. 下面语句的作用是定义（　　）。

```
typedef int INTEGER;
```

　　A. 整型变量　　　B. 整型数组　　　C. 整型函数　　　D. 整型类型

25. C 语言中操作文件的正确顺序是（　　）。

　　A. 读写、关闭、打开　　　　　　　　B. 打开、读写、关闭

　　C. 打开、关闭、读写　　　　　　　　D. 读写、打开、关闭

试题二、程序阅读选择题（每选项 3 分，共 45 分）。按各小题的要求，从提供的候选答案中选择一个正确的，并把所选答案的字母填入答卷纸的对应栏内。

1. 下列程序的运行结果是( )。

```
#include<stdio.h>
void main()
{ char a=3,b=6,c;
  c=a^b<<2;
  printf("%x\n",c);
}
```

   A. 16   B. 18   C. 1b   D. 1e

2. 下列程序的运行结果是( )。

```
#include<stdio.h>
void main()
{ int a=-1,b=4, k;
  k=(++a<0)&&(!(b--<=0));
  printf("%d,%d,%d\n",k,a,b);
}
```

   A. 1,0,4   B. 1,0,3   C. 0,0,3   D. 0,0,4

3. 下列程序的运行结果是( )。

```
#include<stdio.h>
void main()
{ int w=4,x=3,y=2,z=1;
  printf(" %d\n", (w<x?w:z<y?z:x));
}
```

   A. 0   B. 1   C. 2   D. 3

4. 下列程序的运行结果是( )。

```
#include<stdio.h>
void main()
{ static int a[]={3,9,12,15,18,21,24};int i;
  for(i=0;i<7;i++,i++)printf("%d ",a[i]);
}
```

   A. 3 12 18 24   B. 3 9 12 15 18 21 24

   C. 9 15 21   D. 3 9 12 15

5. 下列程序的运行结果是( )。

```
#include<stdio.h>
void main()
{ char *alpha[6]={"ABCD","EFGH","IJKL","MNOP","QRST","UVWX"};
  char **p;int i;
  p=alpha;
  for(i=0;i<4;i++)printf("%s",p[i]);
  printf("\n");
}
```

   A. ABCDEFGHIJKL   B. ABCD

   C. AEIM   D. ABCDEFGHIJKLMNOP

6. 下列程序的运行结果是( )。

```
#include<stdio.h>
void main()
{ int i,j,m=0;
```

```
for(i=1;i<=15;i+=4)
  for(j=3;j<=19;j+=4)m++;
printf("%d\n",m);
}
```

A. 12   B. 15   C. 20   D. 25

7. 下列程序的运行结果是（　　）。

```
#include<stdio.h>
void show(int x,int y)
{ printf("x=%d,y=%d\n",x,y);
  x=40; y=80;
}
void main()
{ int x=100,y=200;
  show(y,x);
  printf("x=%d,y=%d\n",x,y);
}
```

A. x=100,y=200   B. x=100,y=200
   x=100,y=200   x=400,y=800

C. x=200,y=100   D. x=200,y=100
   x=400,y=800   x=100,y=200

8. 下列程序的运行结果是（　　）。

```
#include<stdio.h>
void main()
{ int i=1,j=3;
  printf(" %d,",i++);
  { int i=0;
    i+=j*2;
    printf("%d,%d,",i,j);
  }
  printf("%d,%d\n",i,j);
}
```

A. 1,6,3,1,3   B. 1,6,3,2,3   C. 1,6,3,6,3   D. 1,7,3,2,3

9. 下列程序的运行结果是（　　）。

```
#include<stdio.h>
#include<string.h>
void fun(char *w,int m)
{ char s,*p1,*p2;
  p1=w;p2=w+m-1;
  while(p1<p2)
  { s=*p1++;*p1=*p2--;*p2=s; }
}
void main()
{ char a[]="ABCDE";
  fun(a,strlen(a));
  puts(a);
}
```

A. EDCBA   B. AEAEA   C. AEEAE   D. EAEEA

10. 下列程序的运行结果（   ）。

```
#include<stdio.h>
typedef union
{ long x[2];
  int y[2];
  char z[2];
}DATATYPE;
DATATYPE a;
void main()
{ printf("%d\n",sizeof(a));}
```

　　A. 8　　　　　　　B. 14　　　　　　　C. 16　　　　　　　D. 22

11. 下列程序的运行结果是（   ）。

```
#include<stdio.h>
int b=3;
fun(int *k)
{ int b=2;
  b=*(k++)*b;
  return (b);
}
void main()
{ int a[]={11,12,13,14,15,16};
  b=fun(&a[1])*b;
  printf("%d\n",b);
}
```

　　A. 24　　　　　　　B. 72　　　　　　　C. 11　　　　　　　D. 33

12. 下列程序的运行结果是（   ）。

```
#include<stdio.h>
#define SUB(a)  a*a
void main()
{ printf("%d\n",SUB(3+2));}
```

　　A. 25　　　　　　　B. 24　　　　　　　C. 11　　　　　　　D. 12

13. 以下程序用于计算 2000 年 11 月 20 日是本年的第几天。请在所提供的答案中选择一个正确的。

```
#include<stdio.h>
struct mydate
{ int year,month,day;
};
int nthday(struct myday *calday);
void main()
{ struct myday daycal;
  daycal.year=2000;
  daycal.month=11;
  daycal.day=20;
  printf("d%\n",nthday(_____(1)_____));
}
int nthday(struct mydate *calday)
{ int monthday[]={0,31,28,31,30,31,30,31,31,30,31,30,31};
  int nth=0,i;
  if((calday->year%4==0 && calday->year%100!=0)||(calday->year%400==0))
```

```
        monthday[_____(2)_____] = 29 ;
        for(i=0;i<calday->month;_____(3)_____,i++);
        nth+=calday->day;
        return  nth;
    }
```

（1）A. *daycal   B. &daycal   C. daycal   D. mydate

（2）A. 1   B. 0   C. 2   D. 3

（3）A. nth=monthday[i]   B. nth+=monthday[i]

    C. nth   D. monthday[i]

试题三、程序设计题（每题 15 分，共 30 分）。

1. 从键盘上输入两个正整数，求它们的最大公约数和最小公倍数。

2. 设计一个完整的 C 语言程序，要求完成以下功能：从键盘上输入一个长整数 s，从个位数字开始，按照从低位向高位的原则，逐次取出长整数 s 中第奇数位上的数字，即分别取出个位数字、百位数字、万位数字，……最后把这些取出来的数字反向构成一个新的整数存放在变量 t 中。例如，当 s 中的数为 7654321 时，得到的结果 t 为 7531；当 s 中的数为 12345678 时，得到的结果 t 为 2468。

第二部分：上机部分（总分 40 分）

试题四、程序改错题（20 分）。

从键盘上输入 10 个自然数，然后将它们存入数组 a 中。以下程序用来统计数组 a 中所有素数的和，其中函数 isprime(x)用来判断自变量 x 是否为素数。

现在程序中发现有两个错误，请找出错误并将错误改正过来，使程序能正确运行。要求在调试过程中不能改变程序结构，更不能增加（或者删除）语句。

```
#include<stdio.h>
int isprime(int x);
void main()
{ int i,a[10],*p=a,sum=0;
  printf("Enter 10 positive integers:\n");
  for(i=0;i<10;i++)scanf("%d",&a[i]);
  for(i=0;i<10;i++)
    if(isprime(*p)==1)
    { printf("%d ",*(a+i));
      sum+=*(a+i);
    }
  printf("\nThe sum=%d\n",sum);
}
int isprime(int x)
{ int i=2;
  for(; i<=x/2; i++)
    if(x/i==0)return(0);
  return (1);
}
```

试题五、程序填空题（20 分）。

以下程序用于实现数组 a 中全体元素的首尾逆置，即数组中首尾对应位置的元素进行对调。例如，假设原来数组中存储的元素分别为 1,5,3,4，则逆置后的结果就是 4,3,5,1。程序中逆置的过程是通过调用函数 invert()得到的。

现在的程序是一个不完整的程序，请你在下画线空白处将其补充完整，以便得到正确的答案，但不得增删原来的语句。

```c
#include<stdio.h>
#define N 10
void invert(int *s,int i,int j)
{ int t;
  if(i<j)
  { t=*(s+i);*(s+i)=*(s+j);*(s+j)=t;
    invert(s,_____(1)_____,j-1);
  }
}
void main()
{ int a[N],i;
  for(i=0;i<N;i++)scanf("%d",a+_____(2)_____);
  invert(a,0,N-1);
  for(i=0;i<N;i++)printf("%d",a[i]);
  printf("\n");
}
```

模拟试题（四）参考答案

第一部分：笔试部分（总分100分）

试题一、语言基础选择题（每小题 1 分，共 25 分）。

1. D   2. A   3. B   4. C   5. B   6. C   7. D   8. B   9. B
10. D   11. C   12. A   13. A   14. B   15. D   16. A   17. C   18. B
19. C   20. D   21. D   22. C   23. C   24. D   25. B

试题二、程序阅读选择题（每选项 3 分，共 45 分）。

1. C   2. D   3. B   4. A   5. D   6. C   7. D   8. B   9. C
10. A   11. B   12. C   13. （1）B   （2）C   （3）B

试题三、程序设计题（每题 15 分，共 30 分）。

1. 源程序如下：

```c
#include<stdio.h>
void main()
{ int m,n,t,a,b;
  do
  { printf("input two positive integers:\n");
    scanf("%d%d",&m,&n);
  }while(m<=0||n<=0);                    /*输入两个正整数*/
  a=m; b=n;                             /*分别转存到变量 a 和 b 中*/
```

```
/*以下用辗转相除法（又名欧几里得算法）求两个正整数的最大公约数*/
t=m%n;
while(t)
{ m=n; n=t; t=m%n; }
printf("Greatest common divisor = %d\n",n);      /*最大公约数*/
printf("Least common multiple = %d\n",a*b/n);    /*最小公倍数*/
}
```

2. 源程序如下：

```
#include<stdio.h>
void fun(long s,long *t)
{ long m=10;
  *t=s%10;
  while(s>0)
  { s=s/100;
    *t=s%10*m+*t;
    m=m*10;
  }
}
void main()
{ long s,t;
  printf("\nPlease enter s:");
  scanf("%ld",&s);
  fun(s,&t);
  printf("The result is: %ld\n",t);
}
```

第二部分：上机部分（总分 40 分）

试题四、程序改错题（20 分）。

修改后的正确程序如下：

```
#include<stdio.h>
int isprime(int x);
void main()
{ int i,a[10],*p=a,sum=0;
  printf("Enter 10 num:\n");
  for(i=0;i<10;i++)scanf("%d",&a[i]);
  for(i=0;i<10;i++)
    if(isprime(*(p+i))==1 )          /*修改的第 1 处错误*/
    {
      printf("%d ",*(a+i));
      sum+=*(a+i);
    }
  printf("\nThe sum=%d\n",sum);
}
int isprime(int x)
{ int i=2;
  for(;i<=x/2;i++)
  if(x%i==0)return(0);               /*修改的第 2 处错误*/
  return (1);
}
```

试题五、程序填空题（20 分）。

（1）i+1　　　　　　　　（2）i

模拟试题（五）

第一部分：笔试部分（总分 100 分）

试题一、语言基础选择题（每小题 1 分，共 25 分）。按各小题的要求，从提供的候选答案中选择一个正确的，并把所选答案的字母填入答卷纸的对应栏内。

1. 下列语句序列执行后，x、y 的值分别是（　　　）。

   ```
   x=1;y=1;
    if(0){if(1)x=2;}else y=3;
   ```

   A. 1，1　　　　　B. 2，3　　　　　　　　　C. 2，1　　　　　D. 1，3

2. C 语言中运算对象必须是整型的运算符是（　　　）。

   A. %=　　　　　　B. /　　　　　　　　　　C. =　　　　　　D.<=

3. C 程序中的 3 种基本结构是顺序结构、（　　　）和循环结构。

   A. 递归结构　　　　　　　　　　　　　B. 中断结构

   C. 选择结构　　　　　　　　　　　　　D. 嵌套结构

4. 下列数据不属于 C 语言中 short 类型常数的是（　　　）。

   A. 0xaf　　　　　B. 0　　　　　　　　C. 037　　　　　D. 32768

5. 语句 printf("%d",(a=2)&&(b=-2)); 的输出结果是（　　　）。

   A. 无输出　　　　B. 结果不确定　　　　C. -1　　　　　D. 1

6. 以下叙述中错误的是（　　　）。

   A. 用户所定义的标识符应尽量做到"见名知意"

   B. 用户所定义的标识符必须以字母或者下画线开头

   C. 用户所定义的标识符允许使用关键字

   D. 在用户所定义的标识符中，英文字母大、小写分别代表不同的标识符

7. 若有说明语句：int a,b,c,*d=&c;，则能正确从键盘读入 3 个整数分别赋给变量 a、b、c 的语句是（　　　）。

   A. scanf("%d%d%d",&a,&b,&d);　　　　　　　B. scanf("%d%d%d",&a,&b,d);

   C. scanf("%d%d%d",a,b,d);　　　　　　　　D. scanf("%d%d%d",a,b,*d);

8. 设 int b=2;，表达式(b>>2)/(b>>1)的值是（　　　）。

   A. 0　　　　　　B. 2　　　　　　　　C. 4　　　　　D. 8

9. 下列语句序列执行后的输出结果是（　　　）。

   ```
   int x=1,y=-3;
   printf("%d\n",(x-- && ++y));
   ```

   A. -3　　　　　B. -2　　　　　　　　C. 1　　　　　D. 0

10. 设有如下说明 int s[2]={0,1},*p=s;，则下列错误的语句是（　　　）。

    A. s+=1;　　　　B. p+=1;　　　　　　C. *p++;　　　　D. (*p)++;

11. 下列语句序列执行后，a[0],a[1],a[2]的值分别是（　　　）。

```
int a[]={10,11,12},*p=&a[0];
*p++;*p+=1;
```

    A. 10,11,12   B. 11,12,12   C. 10,12,12   D. 11,11,12

12. 以下是 "死循环" 的程序段的是（   ）。

    A. `for(i=1;;)`

```
{ if(++i%2==0) continue ;
  if(++i%3==0) break ;
}
```

    B.
```
i=32767;
do
{ if(i<0) break;
}while(++i);
```

    C. `for(i=1;;)`

```
if(++i<10) continue;
```

    D.
```
i=1
While(i--);
```

13. 说明语句 int *f( );中的标识符 f 代表（   ）。

    A. 一个用于指向整型数据的指针变量   B. 一个用于指向一维数组的行指针

    C. 一个用于指向函数的指针变量   D. 一个返回值为指针型的函数名

14. 以下选项中不是字符常量的是（   ）。

    A. 't'   B. '\t'   C. '\n'   D. "n"

15. 下列程序段中的循环体共执行了（   ）次。

```
static int x;
do{ x+=x*x;}while(x);
```

    A. 0   B. 1

    C. 无穷多   D. 循环的次数取决于 x

16. 优先级最高的运算符是（   ）。

    A. >   B. =   C. %   D. &&

17. 以下叙述中正确的是（   ）。

    A. 全局变量的作用域一定比局部变量的作用域大

    B. 函数的形参属于全局变量

    C. 未在定义语句中赋初值的 auto 变量和 static 变量的初值都是随机的

    D. 静态类别（static）变量的生存期贯穿整个程序运行的始终

18. 以下程序段的输出结果是（   ）。

```
int a=1234;printf("%2d\n",a);
```

    A. 12   B. 34

    C. 1234   D. 提示出错，无结果

19. 以下选项中不属于 C 语言的类型的是（   ）。

    A. signed short int   B. unsigned long int

    C. unsigned int   D. long short

20. 有关下列定义的正确描述是（   ）。

```
char x[]="abcdefg";
char y[8]={'a','b','c','d','e','f','g','\0'};
```

    A. 数组 x 和数组 y 中的数据元素完全相同

    B. 数组 x 和数组 y 的长度暂时不能确定

    C. 数组 x 的长度大于数组 y 的长度

D. 数组 x 的长度小于数组 y 的长度

21. 下列运算符中优先级最低的是（　　　）。

    A. || B. !=   C. <=   D. +

22. 若有以下结构类型定义，则正确的引用或者定义是（　　　）。

```
struct example
{ int x;
  int y;
}v1;
```

    A. example.x=10   B. example v2.x=10;

    C. struct v2; v2.x=10;   D. struct example v2={10,20};

23. 下面程序段输出的结果是（　　　）。

```
int p,a[3][3]={1,2,3,4,5,6,7,8,9};
for(p=0;p<3;p++)printf("%d",a[p][2-p]);
```

    A. 357   B. 159   C. 369   D. 147

24. 已知以下语句 int max2(int a, int b), (*pf)( );，若要使函数指针变量 pf 指向函数 max2()，则正确的赋值方法是（　　　）。

    A. pf=max2;   B. *pf=max2;

    C. pf=max2(a,b);   D. *pf=max(a,b);

25. 函数 fread(buffer, size, count, fp)中参数 buffer 的正确含义是（　　　）。

    A. 一个文件指针，指向要读的文件

    B. 一个整型变量，代表要读入的数据项总数

    C. 一个指针，指向要读入数据的内存区

    D. 一个存储区，指向要读入的数据项

试题二、程序阅读选择题（每选项 3 分，共 45 分）。按各小题的要求，从提供的候选答案中选择一个正确的，并把所选答案的字母填入答卷纸的对应栏内。

1. 下列程序的输出结果是（　　　）。

```
#include<stdio.h>
void main()
{ int x=10,y=10,i;
  for(i=0;x>8;y=++i)printf("%3d%3d",x--,y);
}
```

  A. 10 19 2   B. 9 8 7 6   C. 10 9 9 0   D. 10 10 9 1

2. 以下程序的输出结果是（　　　）。

```
#include<stdio.h>
void main()
{ int x=1,a=0,b=0;
  switch(x)
  { case 0:b++;
    case 1:a++;
    case 2:a++; b++;
  }
  printf("a=%d,b=%d\n",a,b);
}
```

A. a=2,b=1   B. a=1,b=1   C. a=1,b=0   D. a=2,b=2

3. 以下程序的输出结果是（   ）。

```
#include<stdio.h>
void main()
{ int i=0,a=0;
  while(i<20)
  { for(;;)
      if((i%10)==0) break;else i--;
    i+=11;a+=i;
  }
  printf("%d\n",a);
}
```

    A. 21   B. 32   C. 33   D. 11

4. 以下程序的输出结果是（   ）。

```
#include<stdio.h>
int d=1;
fun(int p)
{ static int d=5;
  d+=p;
  printf("%3d",d);
  return(d);
}
void main()
{ int a=3;printf("%3d\n",fun(a+fun(d)));
}
```

    A. 6 9 9   B. 6 6 9   C. 6 15 15   D. 6 6 15

5. 以下程序的输出结果是（   ）。

```
#include<stdio.h>
func(int a,int b)
{ static int m=0,i=2;
  i+=m+1;
  m=i+a+b;
  return m;
}
void main()
{ int k=4,m=1,p;
  p=func(k,m);printf("%d,",p);
  p=func(k,m);printf("%d\n",p);
}
```

    A. 8,17   B. 8,16   C. 8,20   D. 8,8

6. 以下程序的输出结果是（   ）。

```
#include<stdio.h>
int abc(int u,int v);
void main()
{ int a=24,b=16,c;
  c=abc(a,b);
  printf("%d\n",c);
}
```

```
int abc(int u,int v)
{ int w;
  while(v)
  { w=u%v;u=v;v=w; }
  return u;
}
```

A. 6   B. 7   C. 8   D. 9

7. 以下程序调用 findmax() 函数求数组中最大元素所在的下标，请选择填空。

```
#include<stdio.h>
void findmax(int *s,int t,int *k)
{ int p;
  for(p=0,*k=p; p<t; p++)if(s[p]>s[*k])(     (7)    );
}
void main()
{ int a[10],i,k;
  for(i=0;i<10;i++)scanf("%d",&a[i]);
  findmax(a,10,&k);
  printf("%d,%d\n",k,a[k]);
}
```

A. k=p   B. *k=p-s   C. k=p-s   D. *k=p

8. 以下程序的输出结果是（   ）。

```
#include<stdio.h>
typedef union
{ long x[2];
  int y[4];
  char z[8];
}MYTYPE;
MYTYPE them;
void main()
{ printf("%d\n",sizeof(them));
}
```

A. 8   B. 16   C. 24   D. 32

9. 以下程序的输出结果是（   ）。

```
#include<stdio.h>
struct stu
{ int num;
  char name[10];
  int age;
};
void fun(struct stu *p)
{ printf("%s\n",(*p).name);}
void main()
{ struct stu students[3]={{9801,"Zhang",20},
      {9802,"Wang",19},{9803,"Zhao",18}};
  fun(students+2);
}
```

A. Zhang   B. Zhao   C. Wang   D. 18

10. 以下程序的输出结果是（   ）。

```
#include<stdio.h>
void main()
{ int a[3][3],*p,i;
  p=&a[0][0];
  for(i=0;i<9;i++) p[i]=i+1;
  printf("%d \n",a[1][2]);
}
```
  A．3   B．6   C．9   D．随机数

11．以下程序的输出结果是（   ）。
```
#include<stdio.h>
#include<string.h>
void main()
{ char arr[2][4];
  strcpy(arr[0],"you");strcpy(arr[1],"me");
  arr[0][3]='&';
  printf("%s \n",arr);
}
```
  A．you&me   B．you   C．me   D．y&m

12．以下程序的输出结果是（   ）。
```
#include<stdio.h>
#define MA(x)  x*(x-1)
void main()
{ int a=1,b=2;
  printf("%d \n",MA(1+a+b));
}
```
  A．6   B．8   C．10   D．12

13．执行下列程序时输入 <u>123□456□789</u>↙（注：□代表空格），则输出结果是（   ）。
```
#include<stdio.h>
void main()
{ char s[100];int c,i;
  scanf("%c",&c);scanf("%d",&i);scanf("%s",s);
  printf("%c,%d,%s\n",c,i,s);
}
```
  A．123,456,789 B．1,456,789   C．1,23,456,789 D．1,23,456

14．以下程序的输出结果是（   ）。
```
#include<stdio.h>
void main()
{ struct cmp
  { int x;
    int y;
  }cnum[2]= {{1,3},{2,7}};
    printf("%d\n",cnum[0].y/cnum[0].x*cnum[1].x);
}
```
  A．0   B．1   C．3   D．6

15．以下程序的输出结果是（   ）。
```
#include<stdio.h>
void main()
```

```
{ char ch[3][4]={"123","456","78"},*p[3];
  int i;
  for(i=0;i<3;i++) p[i]=ch[i];
  for(i=0;i<3;i++) printf("%s",p[i]);
}
```

  A. 123456780   B. 123 456 780   C. 12345678   D. 147

试题三、程序设计题（每题 15 分，共 30 分）。

1. 从键盘上输入一个正数 n 来表示月份，要求显示与之对应的第 n 个月的英文单词，其中 n 的值介于[1,12]内。例如，如果输入 8，则显示"August"。若输入的 n 值不在范围内，则显示"Illegal month"的提示信息。

2. 两个单位进行围棋团体赛，根据比赛规则每个队各出 3 人参加。假设甲队的 3 名参赛选手为 A、B 和 C，乙队的参赛选手为 X、Y、Z。当抽签结果出来后，有人向队员打听比赛对阵形势。A 说他的对手不是 X，C 说他不和 X、Z 比赛。请根据上述线索编程，确定三对选手的对阵名单。

第二部分：上机部分（总分 40 分）

试题四、程序改错题（20 分）。

下面程序的功能是，删除一维整型数组 a 中的下标为 d 的数组元素。程序中先后调用了 getindex()、arrout()和 arrdel()三个自定义函数，其中函数 arrout()用来输出数组中的全部元素，函数 arrdel()进行所要求的删除运算，而函数 getindex()则用来输入被删数组元素所在的下标值，如果输入的下标越界，还会被要求重新输入，直到输入正确为止。例如，删除前数组 a 有 10 个元素，分别是{ 21,22,23,24,25,26,27,28,29,30 }，此时，如果输入的被删下标值为 5，则删除后的结果就是{ 21,22,23,24,25,27,28,29,30 }。

现在程序中发现有两个错误，请找出错误并将错误改正过来，使程序能正确运行。要求在调试过程中不能改变程序结构，更不能增加（或者删除）语句。

```
#include<stdio.h>
#define NUM 10
void arrout(int w,int m)
{ int k;
  for(k=0;k<m;k++)printf("%4d",w[k]);
  printf("\n");
}
arrdel(int *w,int n,int k)
{ int i;
  for(i=k;i<n-1;i++)w[i+1]=w[i];
  n--;
  return n;
}
getindex(int n)
{ int i;
  do
  { printf("\nEnter the index [0<=i<=%d]:",n-1);
    scanf("%d",&i);
  } while(i<0||i>n-1);
```

```
        return i;
    }
    void main()
    {   int n,d,a[NUM]={ 21,22,23,24,25,26,27,28,29,30 };
        n=NUM;
        printf("\n\nOutput primary data :\n\n");
        arrout(a,n);
        d=getindex(n);
        n=arrdel(a,n,d);
        printf("\n\nOutput the data after delete :\n\n");
        arrout(a,n);
    }
```

试题五、程序填空题（20分）。

下面程序中的函数 fun() 的功能是，首先分别将 a 所指的字符串和 b 所指的字符串进行首尾颠倒，然后按照"先 a 串中的字符，后 b 串中的字符"的顺序进行交叉合并，最后得到的结果存入 c 所指的数组中。在交叉合并的过程中，如果 a 串和 b 串不等长，则长串必定存在剩余的部分字符，此时，将多出的剩余串连接到 c 的末尾上去。例如，假设合并前 a 串为 "1234567"，b 串为 "abcd"，则交叉合并后得到的结果 c 串就是 "7d6c5b4a321"。

现在的程序是一个不完整的程序，请你在下画线空白处将其补充完整，以便得到正确的答案，但不得增删原来的语句。

```
    #include<stdio.h>
    #include<string.h>
    void myswap(char *s)
    { char *sp,*st,ch;
      sp=s;
      st=s+strlen(s)-1;
      while(_____(1)_____)
      { ch=*sp;*sp=*st;*st=ch;
    sp++;st--;
      }
    }
    void fun(char *a,char *b,char *c)
    { char s1[100],s2[100];
      char *sa,*sb;
      strcpy(s1,a);strcpy(s2,b);
      myswap(s1);myswap(s2);
      sa=s1;sb=s2;
      while(*sa!='\0'||*sb!='\0')
      { if(*sa)
        { *c=*sa;c++;sa++; }
        if(*sb)
        { *c=*sb;c++;sb++; }
      }
          _____(2)_____ ;
    }
    void main()
```

```
{ char s1[100],s2[100],t[100];
  printf("enter string s1: "); gets(s1);
  printf("enter string s2: "); gets(s2);
  fun(s1,s2,t);
  printf("\n\nThe result string is :%s\n",t);
}
```

模拟试题（五）参考答案

第一部分：笔试部分（总分 100 分）

试题一、语言基础选择题（每小题 1 分，共 25 分）。

1. D 2. A 3. C 4. D 5. D 6. C 7. B 8. A 9. C
10. A 11. C 12. C 13. D 14. D 15. B 16. C 17. D 18. C
19. D 20. A 21. A 22. D 23. A 24. A 25. C

试题二、程序阅读选择题（每选项 3 分，共 45 分）。

1. D 2. A 3. B 4. C 5. A 6. C 7. D 8. B 9. B
10. B 11. A 12. B 13. D 14. D 15. C

试题三、程序设计题（每题 15 分，共 30 分）。

1. 源程序如下：

```
/*把输入的数字月份转换为英文单词表示*/
#include<stdio.h>
char *month_name(int n)
{ char *name[]={"Illegal month","January","February","March","April",
  "May","June","July","August","September","October","November","December"};
  return (n<1||n>12)? name[0]: name[n];
}
void main()
{ int n;
  printf("Please input n: ");
  scanf("%d", &n);
  printf("\nMonth No.%d means %s\n",n,month_name(n));
}
```

2. 源程序如下：

```
/*比赛名单的确定*/
#include<stdio.h>
void main()
{ char a,b,c;
  printf("The list of match is:");
  for(a='X';a<='Z';a++)            /*a、b、c 三人的对手是 x、y、z 中的某一个*/
  for(b='X';b<='Z';b++)
    if(a!=b)
      for(c='X';c<='Z';c++)
        if(a!=c && b!=c && a!= 'X' && c!= 'X' && c!='Z')
          printf("A --- %c  B --- %c  C --- %c\n", a, b, c);
}
```

运行结果为：

```
The list of match is: A --- Z  B --- X  C --- Y
```

第二部分：上机部分（总分40分）

试题四、程序改错题（20分）。

修改后的正确程序如下：

```
...
void arrout(int w[],int m)                /*修改的第1处错误*/
{
   int k;
   for(k=0;k<m;k++)printf("%4d",w[k]);
   printf("\n");
}
arrdel( int *w,int n,int k )
{  int i;
   for(i=k;i<n-1;i++)w[i]=w[i+1];         /*修改的第2处错误*/
   n--;
   return  n;
}
...
```

试题五、程序填空题（20分）。

（1）sp<=st   （2）*c='\0'

附录 A　常用字符与 ASCII 码对照表

ASCII 值	字符	控制字符	ASCII 值	字符	控制字符	ASCII 值	字符	ASCII 值	字符
0	（null）	NUL	29	GS（↔）	GS	58	:	87	W
1	^A（☺）	SOH	30	RS（▲）	RS	59	;	88	X
2	^B（☻）	STX	31	US（▼）	US	60	<	89	Y
3	^C（♥）	ETX	32	（space）		61	=	90	Z
4	^D（♦）	EOT	33	!		62	>	91	[
5	^E（♣）	END	34	"		63	?	92	\
6	^F（♠）	ACK	35	#		64	@	93	]
7	^G（beep）	BEL	36	$		65	A	94	^
8	^H（◘）	BS	37	%		66	B	95	–
9	^I（tab）	HT	38	&		67	C	96	`
10	^J（line feed）	LF	39	'		68	D	97	a
11	^K（home）	VT	40	(		69	E	98	b
12	^L（form feed）	FF	41	)		70	F	99	c
13	^M（carriage return）	CR	42	*		71	G	100	d
14	^N（♫）	SO	43	+		72	H	101	e
15	^O（✿）	SI	44	,		73	I	102	f
16	^P（►）	DLE	45	–		74	J	103	g
17	^Q（◄）	DC1	46	.		75	K	104	h
18	^R（↕）	DC2	47	/		76	L	105	i
19	^S（‼）	DC3	48	0		77	M	106	j
20	^T（¶）	DC4	49	1		78	N	107	k
21	^U（§）	NAK	50	2		79	O	108	l
22	^V（▬）	SYN	51	3		80	P	109	m
23	^W（↨）	ETB	52	4		81	Q	110	n
24	^X（↑）	CAN	53	5		82	R	111	o
25	^Y（↓）	EM	54	6		83	S	112	p
26	^Z（→）	SUB	55	7		84	T	113	q
27	ESC（←）	ESC	56	8		85	U	114	r
28	FS（∟）	FS	57	9		86	V	115	s

续表

ASCII 值	字符	控制字符	ASCII 值	字符	控制字符	ASCII 值	字符	ASCII 值	字符
116	t		119	w		122	Z	125	}
117	u		120	x		123	{	126	~
118	v		121	y		124	|	127	

附录 B　常用库函数一览表

标准 C 提供了 300 多个库函数，限于篇幅，本附录仅从教学角度出发，列出了部分最基本的库函数的使用方法，读者如有其他需要，请参阅有关手册。

一、数学函数

调用数学函数时，要求在源文件中包含如下命令行：

　　　　#include<math.h> 或者 #include"math.h"

函数名	函数原型	函数功能	函数返回值	说　明
abs	int abs(int x);	求整数 x 的绝对值	计算结果	
acos	double acos(double x);	计算 $\cos^{-1}(x)$ 的值	计算结果	x 的范围[-1,1]
asin	double asin(double x);	计算 $\sin^{-1}(x)$ 的值	计算结果	x 的范围[-1,1]
atan	double atan(double x);	计算 $\tan^{-1}(x)$ 的值	计算结果	
atan2	double atan2(double x, double y);	计算 $\tan^{-1}(x/y)$ 的值	计算结果	
cos	double cos(double x);	计算 $\cos x$ 的值	计算结果	x 的单位为弧度值
cosh	double cosh(double x);	计算 x 的双曲余弦 $\cosh(x)$ 的值	计算结果	
exp	double exp(double x);	求 e^x 的值	计算结果	
fabs	double fabs(double x);	求 x 的绝对值	计算结果	
floor	double floor(double x);	求出不大于 x 的最大整数	该整数对应的双精度实数	
fmod	double fmod(double x, double y);	求整数 x/y 的余数	返回余数的双精度数	
frexp	double frexp(double x, int *eptr);	把双精度数 val 分解为数字部分（尾数）x 和以 2 为底的指数 n，即 val= $x*2^n$，其中 n 存放在 eptr 指向的变量中	返回数字部分 x $0.5 \leq x < 1$	
log	double log(double x);	求自然对数 $\ln x$	计算结果	
log10	double log10(double x);	求常用对数 $\log_{10}x$	计算结果	
modf	double modf(double val, double *iptr);	把双精度数 val 分解为整数部分和小数部分，把整数部分存到 iptr 所指的变量中	val 的小数部分	
pow	double pow(double x, double y);	计算 x^y 的值	计算结果	

函数名	函数原型	函数功能	函数返回值	说　明
rand	int rand(void);	产生-90 至 32 767 之间的随机整数	随机整数	
sin	double sin(double x);	计算 sinx 的值	计算结果	x 的单位为弧度值
sinh	double sinh(double x);	计算 x 的双曲正弦函数 sinh(x)的值	计算结果	
sqrt	double sqrt(double x);	计算 x 的算术平方根	计算结果	x 应该≥ 0
tan	double tan(double x);	计算 tan(x)的值	计算结果	x 的单位为弧度值
tanh	double tanh(double x);	计算 x 的双曲正切函数 tanh(x)的值	计算结果	

二、字符函数与字符串函数

调用字符函数时，要求在源文件中包含如下命令行：

```
#include<ctype.h>
```

或者

```
#include"ctype.h"
```

而调用字符串函数时，要求在源文件中包含如下命令行：

```
#include<string.h>
```

或者

```
#include"string.h"
```

函数名	函数原型	函数功能	函数返回值	头文件
isalnum	int isalnum(int ch);	检查 ch 是否是字母或数字	是返回 1；不是返回 0	ctype.h
isalpha	int isalpha(int cha);	检查 ch 是否为字母	是返回 1；不是返回 0	ctype.h
iscntrl	int iscntrl(int ch);	检查 ch 是否为控制字符		ctype.h
isdigit	int isdigit(int ch);	检查 ch 是否为数字字符		ctype.h
isgraph	int isgraph(int ch);	检查 ch 是否可打印字符（其 ASCII 值在 0x21 到 0x7e 之间），不包括空格字符		ctype.h
islower	int islower(int ch);	检查 ch 是否为小写字母		ctype.h
isprint	int isprint(int ch);	检查 ch 是否可打印字符（其 ASCII 值在 0x21 到 0x7e 之间），包括空格字符		ctype.h
ispunct	int ispunct(int ch);	检查 ch 是否是标点符号，即除了字母、数字和空格之外的所有可打印字符		ctype.h
Isspace	int isspace(int ch);	检查 ch 是否是空格、跳格符（制表符）或换行符		ctype.h
isupper	int isupper(int ch);	检查 ch 是否是大写字母		ctype.h
isxdigit	int isxdigit(int ch);	检查 ch 是否是十六进制数		ctype.h
strcat	char *strcat(char *str1, char *str2);	把字符串 str2 接到字符串 str1 的末尾	Str1	string.h
strchr	char *strchr(char *str, int ch);	找出字符串 str 中第一次出现字符 ch 的位置	返回指向该位置的指针，如找不到，则返回空指针值	string.h

续表

函数名	函数原型	函数功能	函数返回值	头文件
strcmp	int strcmp(char *str1, char *str2);	比较两个字符串 str1 和 str2 的大小	str1<str2，返回负数 str1=str2，返回 0 str1>str2，返回正数	string.h
strcpy	char *strcpy(char *str1, char *str2);	把 str2 所指向的字符串复制到 str1 中去	返回 str1	string.h
strlen	unsigned int strlen(char *str);	求字符串 str 的长度	返回字符串中字符的个数（不包括终止符 '\0'）	string.h
strstr	char *strstr(char *str1, char *str2);	找出字符串 str2 在字符串 str1 中第一次出现的位置	返回该位置的指针，如找不到，则返回空指针	string.h
tolower	int tolower(int ch);	把字符 ch 转换为小写字母	与 ch 对应的小写字母	ctype.h
toupper	int toupper(int ch);	把字符 ch 转换为大写字母	与 ch 对应的大写字母	ctype.h

三、输入/输出函数

调用字符函数时，要求在源文件中包含如下命令行：

```
#include<stdio.h>
```

或者

```
#include"stdio.h"
```

函数名	函数原型	函数功能	函数返回值
clearer	void clearer(FILE *fp);	清除所有与文件指针 fp 有关的出错信息	
fclose	int fclose(FILE *fp);	关闭 fp 所指的文件，释放文件缓冲区	出错返回非 0，否则返回 0
feof	int feof(FILE *fp);	检查文件是否结束	遇文件结束返回非0，否则返回0
fgetc	int fgetc(FILE *fp);	从 fp 所指的文件中读取下一个字符	出错返回 EOF，否则返回所读字符
fgets	int *fgets(char *buf, int n, FILE *fp);	从 fp 所指的文件中读取一个长度为（n-1）的字符串，并将其存入 buf 所指的存储区	返回 buf 所指地址，若遇文件结束或出错返回 NULL
fopen	FILE *fopen(char *filename, char *mode);	以 mode 指定的方式打开名为 filename 的文件	成功则返回文件指针（文件信息区的起始地址），否则返回 NULL
Fprintf	int fprintf(FILE *fp, char *format, args,…);	把 args 的值按 format 指定格式输出到 fp 所指的文件中	实际输出的字符总数
fputc	int fputc(char ch, FILE *fp);	把字符 ch 输出到 fp 所指的文件中	成功返回输出的字符 ch，否则返回 EOF
fputs	int fputs(char *str, FILE *fp);	把字符串 str 输出到 fp 所指的文件中	成功返回最后输出的字符，否则返回 EOF
fread	int fread(char *pt, unsigned size,unsigned n, FILE *fp);	从 fp 指定的文件中读取长度为 size 的 n 个数据项，然后存到 pt 所指向的内存区	返回所读数据项的个数，如果遇文件结束或出错返回 0
fscanf	int fscanf(FILE *fp, char*format,args,…);	从 fp 指定的文件中按 format 给定的格式将输入数据送到 args 所指定的内存单元中	已输入的数据个数

函数名	函数原型	函数功能	函数返回值
fseek	int fseek(FILE *fp, long offset, int base);		返回当前位置，否则返回-1
ftell	long ftell(FILE *fp);	返回 fp 所指文件的读/写位置	返回文件 fp 的读/写位置
fwrite	int fwrite(char *pt, unsigned size, unsigned n, FILE *fp);	把 pt 所指的 n*size 个字节的内容输出到 fp 所指的文件中去	写到文件 fp 中的数据项的个数
getc	int getc(FILE *fp);	从 fp 所指的文件中读取一个字符	成功则返回所读的字符，若遇文件结束或出错，则返回 EOF
getchar	int getchar(void);	从标准输入设备中读取一个字符	成功则返回所读字符，若遇文件结束或出错，则返回 EOF
getw	int getw(FILE *fp);	从 fp 指定的文件中读取下一个字（整数）	返回输入的整数，若遇文件结束或出错则返回-1（非ANSI函数）
printf	int printf(char *format, args, …);	把输出表列 args 按 format 指定的格式输出到标准输出设备中	输出字符的个数
putc	int putc(int ch,FILE *fp);	把字符 ch 输出到 fp 所指的文件中（与 fputc()作用相同）	成功返回输出的字符 ch，否则返回 EOF（与 fputc()作用相同）
putchar	int putchar(char ch);	把字符 ch 输出到标准输出设备	成功则返回输出的字符 ch，出错则返回 EOF
puts	int puts(char *str);	把 str 所指的字符串输出到标准输出设备，并把'\0'转换为回车换行符	成功返回换行符，若出错则返回 EOF
rename	int rename(char *oldname, char *newname);	把 oldname 所指文件重命名为由 newname 所指的文件名	成功返回 0，否则返回-1
rewind	void rewind(FILE *fp);	将文件位置指针置于文件的开头	
scanf	int scanf(char *format, args, …);	从标准输入设备按 format 所指定的格式把输入的数据存入到 args 所指向的单元	已输入的数据的个数，若出错则返回 0

四、动态存储分配函数

调用动态存储分配函数时，要求在源文件中包含如下命令行：

```
#include<stdlib.h>
```

或者

```
#include"stdlib.h"
```

函数名	函数原型	函数功能	函数返回值
Calloc	void *calloc(unsigned n, unsigned size);	分配 n 个数据项的内存空间，每个数据项的大小为 size 个字节	分配内存单元的起始地址，若不成功则返回 0
Free	void free(void *fp);	释放 p 所指的内存单元	
Malloc	void *malloc(unsigned size);	分配 size 个字节的存储区	返回所分配的内存地址，若内存不够，则返回 0
Realloc	void *realloc(void *p, unsigned size);	将 p 所指的已分配的内存区的大小改为 size, size 可以比原来分配的空间大或者小	返回指向该内存的指针

参 考 文 献

[1] 罗坚，王声决，等. C 语言程序设计[M]. 3 版. 北京：中国铁道出版社，2009.

[2] 罗坚，王声决，等. C 语言程序设计实验教程[M]. 北京：中国铁道出版社，2009.

[3] 罗坚，王声决，等. C 程序设计教程[M]. 北京：中国铁道出版社，2007.

[4] 罗坚，王声决，等. C 程序设计实验教程[M]. 北京：中国铁道出版社，2007.

[5] 何钦铭，等. C 语言程序设计[M]. 2 版. 北京：高等教育出版社，2012.

[6] 郑阿奇. Visual C++教程[M]. 北京：清华大学出版社，2005.

[7] [美]B W, KERNINGHAN,D M RITCHIE . C 程序设计语言[M]. 徐宝文，等，译. 北京：机械工业出版社，2001.